新一代信息技术系列教材
应用型人才培养精品教材

新一代
信息技术

南永新　刘　昊　包学红◎主编

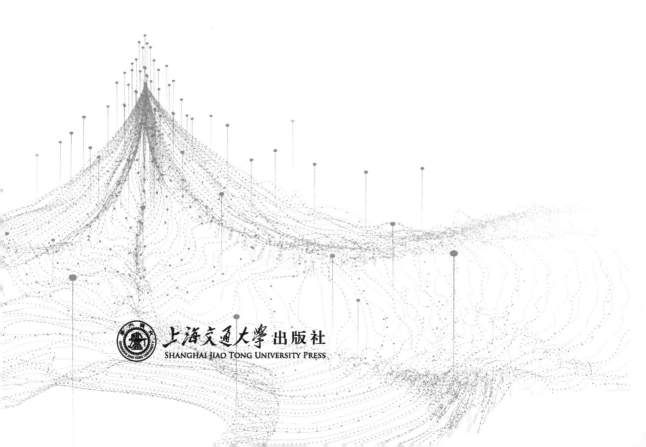

上海交通大学出版社
SHANGHAI JIAO TONG UNIVERSITY PRESS

内容提要

本书按照《高等职业教育专科信息技术课程标准》的课程目标和教学要求,主要针对信息技术课程拓展模块中关于新一代新信息技术的知识内容进行组织编写。全书共分为 9 个模块,包括新一代信息技术概述、下一代通信网络、三网融合、物联网技术、云计算基础与应用、人工智能和虚拟现实技术、新型平板显示、高性能集成电路和信息安全技术的知识内容。每个模块后面还安排了思考与练习,帮助读者及时巩固所学知识。

本书可作为高等职业院校理工科专业信息技术课程选修课的教材,也可供从事信息技术相关工作的人员学习参考。

图书在版编目(CIP)数据

新一代信息技术/南永新,刘昊,包学红主编. 一
上海:上海交通大学出版社,2024.3
ISBN 978 - 7 - 313 - 28689 - 5

Ⅰ.①新… Ⅱ.①南…②刘…③包… Ⅲ.①信息技
术 Ⅳ.①TP3

中国国家版本馆 CIP 数据核字(2023)第 078996 号

新一代信息技术
XINYIDAI XINXI JISHU

主　　编:南永新　刘　昊　包学红
出版发行:上海交通大学出版社　　　　　　　　地　　址:上海市番禺路 951 号
邮政编码:200030　　　　　　　　　　　　　　电　　话:021 - 64071208
印　　制:上海万卷印刷股份有限公司　　　　　经　　销:全国新华书店
开　　本:787mm×1092mm　1/16　　　　　　印　　张:16.5
字　　数:419 千字
版　　次:2024 年 3 月第 1 版　　　　　　　　印　　次:2024 年 3 月第 1 次印刷
书　　号:ISBN 978 - 7 - 313 - 28689 - 5
定　　价:98.00 元

前　言

当今社会,信息技术的发展日新月异,特别是以云计算、大数据、人工智能、移动通信技术、量子信息、区块链等为代表的新一代信息技术扮演着越来越重要的角色。认识、了解、发展新一代信息技术已成为建设创新国家的重要战略目标。

为落实《国家职业教育改革实施方案》,推进国家教学标准落地实施,提升职业教育质量,教育部针对职业院校专业人才培养方案制订与实施工作提出:高等职业学校应当将信息技术列为必修课或限定选修课。本书为积极响应教育部的人才培养方案,适应"互联网＋职业教育"的新要求而编写。

按照教育部发布的《高等职业教育专科信息技术课程标准》课程目标和教学要求,本书内容包括新一代信息技术概述、下一代通信网络、三网融合、物联网技术、云计算基础与应用、人工智能和虚拟现实技术、新型平板显示、高性能集成电路和信息安全技术的知识内容。旨在引导学生在掌握《大学生计算机基础》课程的基础上深入认识新一代信息技术,掌握与新一代信息技术相关的一些基本操作,从而为以后学习新一代信息与专业融合,努力实现"互联网＋职业教育"奠定良好的基础。

本书推荐学时见下表。

模块	内　容	学时
1	新一代信息技术概述	8
2	下一代通信网络	8
3	三网融合	4
4	物联网技术	12
5	云计算基础与应用	12
6	人工智能和虚拟现实技术	8
7	新型平板显示	8
8	高性能集成电路	8
9	信息安全技术	4
总　　计		72

本书有两大特色。一是注重课程思政。本书将课程思政融入整个编写过程中,部分章节提供一个课程思政之窗,以爱党、爱国、爱社会主义、爱人民、爱集体为主线,围绕家国情怀、文化素养等进行知识点讲解,引导学生树立科技兴国、技术引领的世界观、人生观和价值观。二

是体现新颖性。本书在讲解新一代信息技术时,都紧跟时代和技术的发展的步伐。在讲解知识点,力求做到语言精练,图文并茂,通俗易懂。针对理论知识部分的简单内容,通常只进行简要讲解;针对较难理解与掌握的内容,则使示意图和结构图进行演示,用深入浅出的图文让读者一目了然。

本书由兰州石化职业技术大学南永新、刘昊、包学红主编。其中南永新编写了本书的模块1、模块2、模块3,包学红编写了本书的模块4、模块5、模块9,刘昊编写了模块6、模块7、模块8。

由于新一代信息技术发展迅速,编者的水平有限,本书难免有不足和疏漏之处,恳请读者批评指正。

编　者

2023 年 1 月

目　录

模块 1 新一代信息技术概述

新一代信息技术是国家确定的七个战略性新兴产业之一,分为六个方面,分别是下一代通信网络、物联网、三网融合、新型平板显示、高性能集成电路和以云计算为代表的高端软件。

知识目标

(1) 了解新一代信息技术的基本概念。
(2) 了解信息技术的发展历程。
(3) 了解新一代信息技术的典型应用。
(4) 了解新一代信息技术产业发展的总体趋势。
(5) 掌握新一代信息技术各主要代表技术的技术特点。
(6) 理解新一代信息技术的发展路线和应用价值。

能力目标

(1) 能说出信息技术和新一代信息技术的定义和基本特征。
(2) 能够说出下一代通信网络、物联网、三网融合、云计算、人工智能的概念。
(3) 能列举学习和生活中常见的新一代信息技术。
(4) 能够讲述发展新一代信息技术的重要意义。
(5) 能列举云计算、大数据、物联网、人工智能等新一代信息技术在日常生活和工作中的应用。

1.1 认识新一代信息技术

新一代信息技术(new generation of information technology,NGIT)是国务院确定的七个战略性新兴产业之一,本书主要引导学生初步认识什么是新一代信息技术,了解新一代信息技术的概念、产生背景、国家政策和发展方向。

1.1.1 了解信息技术

认识新一代信息技术,先要了解信息技术的概念、发展历程和典型应用。

1. 什么是信息技术

信息技术的定义可以分为狭义和广义两种。狭义的信息技术含义有三种:一是信息处理的技术,即将信息技术等同于计算机技术;二是计算机技术与通信技术的结合;三是计算机技术＋通信技术＋控制技术。广义的信息技术是指完成信息的获取、加式、传递、再生和使用等功能的技术,能够扩展人的信息器官功能,因此可以认为信息技术是指以电子计算机和现代通信技术为主要手段,实现信息的获取、加工、传递和应用等功能的综合技术。

2. 认识信息技术的发展历程

从古至今人类社会共经历了五次信息技术的重大发展革命,如图1-1所示。每一次信息技术的变革,都对人类社会的发展产生巨大的推动力。

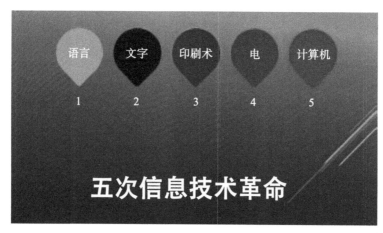

图1-1 五次信息技术革命

第一次信息技术革命是以语言的产生和应用为特征。语言的产生是历史上最伟大的信息技术革命,它成为人类进行思想交流和信息传播不可缺少的工具。发生在距今35 000～50 000年前。

第二次信息技术革命是以文字的创造、纸张的产生和使用为特征。没有文字,人类文明就不能很好地流传下来。文字和纸张出现以后,人类对信息的保存和传播取得重大突破,较大地突破了时间和地域的局限。时间为铁器时代,约公元前14世纪。

第三次信息技术革命是以印刷术的发明和使用为特征。随着文字和纸张的使用,书籍、报刊成为重要的信息储存和传播的媒体。公元6世纪我国开始有雕版印刷,大约在公元1040年,我国开始使用活字印刷技术,至15世纪开始使用臻于完善的近代印刷术。欧洲1451年开始使用印刷技术。印刷术的发明避免了古人手抄文稿的烦琐,同时也避免了因传抄多次而产生的各种错误。

第四次信息技术革命是以电信传播技术的发明为特征。1837年美国人莫尔斯研制了世界上第一台有线电报机。电报机利用电磁感应原理(有电流通过,电磁体有磁性;无电流通过,电磁体无磁性),使电磁体上连着的笔发生转动,从而在纸带上画出点、线符号。这些符号的适当组合称为莫尔斯电码,可以表示全部字母,于是文字就可以经电线传送出去了。1844年5月24日,人类历史上的第一份电报从美国国会大厦传送到了40英里①外的巴尔的摩城。1864年英国著名物理学家麦克斯韦发表了一篇论文《电与磁》,预言了电磁波的存在。1876年

---

① 1英里＝1.609 344千米。

3月10日,美国人贝尔用自制的电话同他的助手通了话。1894年电影问世。1895年俄国人波波夫和意大利人马可尼分别成功地进行了无线电通信实验。1925年英国首次播映电视。电话、广播、电视的使用,使人类进入利用电磁波传播信息的时代。

第五次信息技术革命是以电子计算机和通信卫星的出现为特征。电子计算机的广泛使用、通信卫星发射升空以及计算机网络系统遍布全球,使信息的收集、处理、存储、传递、应用等都达到了空前发达的程度。

3. 信息技术的典型应用

信息技术的应用已经遍及教育、科研、工业、农业、商业、医学、交通、军事等各个领域。新一代信息技术被确定为七大战略性新兴产业之一。"十三五"规划指出坚持创新发展,拓展产业发展空间,支持节能环保、生物技术、信息技术、智能制造、高端装备、新能源等新兴产业发展,支持传统产业优化升级,并指出构建产业新体系,促进信息技术向市场、设计、生产等环节渗透,推动生产方式向柔性、智能、精细转变。"十四五"规划指出推动教学评价方式创新,运用人工智能、大数据、区块链等现代信息技术,探索开展学生各年级学习情况全过程纵向评价、德智体美劳全要素横向评价,实施基于大数据的多维度、综合性、智能化评价。由此可见,信息技术扮演着越来越重要的角色。

(1) 信息技术在教育领域的应用。随着计算机技术、网络技术以及人工智能技术的逐步普及和推广应用,基于计算机和互联网的计算机辅助教育、多媒体教育、网络开放教育、MOOC等新模式开始出现并不断发展,成为信息技术改变教育的典型。信息技术改变教育示意图如图1-2所示。学生能够根据需要和兴趣,选择辅助学习软件进行个性化学习;教师可以利用多媒体开展互动的教学活动。当前,我国教育信息化已经度过了以基本条件建设和普及应用为主的早期发展阶段,进入以信息技术与教育全面深度融合为基础推进创新发展的新阶段。没有信息化就没有现代化,以教育信息化全面推动教育现代化已成为我国教育事业改革发展的战略选择和新一轮国际竞争中"弯道超车"的重要方向。

图1-2　信息技术改变教育示意图

(2) 信息技术在科研中的应用。使用电子显微镜将物体放大,使人们观察到更微观的世界,大大扩展人的视觉范围。

（3）信息技术在工业中的应用。机器设备的自动化与智能化使人们从繁重的劳动中解放出来。以 5G、云计算、边缘计算、大数据、人工智能为代表的数字前沿科技,与行业领域进行深度融合,落地孵化出大量的创新应用场景。工业 4.0 示意图如图 1-3 所示。

（4）信息技术在农业中的应用。利用卫星可以收集地面上的植物、土壤的资料,掌握水资源的分布,了解农作物的长势和病虫害信息,监视森林火灾,监测海洋、河流、湖泊、大气层的污染情况。现代智慧农业场景如图 1-4 所示。

图 1-3　工业 4.0 示意图

图 1-4　现代智慧农业场景

（5）信息技术在商业中的应用。到超市购物时,收款员只需用读码器在每种物品的条码上扫一下,就可以自动计算应付款额;到时银行存取款时,也离不开计算机及网络的支持。

（6）信息技术在医学中的应用。CT、超声成像、心电图、脑电图等先进的检测技术为疾病诊断提供了方便,赢得了很多的治疗时间。

（7）信息技术在交通管理中的应用。城市交通监管系统可以随时了解交通状况,记录车辆的运行情况,合理控制红绿灯信号;电子不停车收费系统（electronic toll collection,ETC）的使用可以大大提高道路和通信效率。

（8）信息技术在军事领域的应用。信息技术对现代化武器装备、指挥方式、作战形式、军队结构以及战略、战术等都产生了巨大的影响。例如,现代化军用飞机的飞行速度可达几倍的声速、飞行高度可达 1 万米以上,只有用雷达才能发现、跟踪它们,得到有关其机型、速度、方位等方面的信息;只有利用计算机技术,才能在极短的时间内计算出防空导弹的发射参数,并指挥导弹攻击入侵的敌机。此外,在现代战争中,电子侦察、电子预警、电子干扰、声呐探测、雷达系统、红外瞄准与夜视装置都离不开现代信息技术。

1.1.2　新一代信息技术发展的背景和重点领域

随着科技的发展,出现了更多的新兴技术,这些技术使得信息技术的涵盖领域更多、应用范围更广。当下新一代信息技术的代表技术包括人工智能、量子信息、移动通信、物联网、区块链、大数据和云计算等。

《国务院关于加快培育和发展战略性新兴产业的决定》（以下简称《决定》）中列了七大国家

战略性新兴产业体系,包括节能环保、新一代信息技术、生物产业、新能源、新能源汽车、高端装备制造业和新材料,如图 1-5 所示。《决定》中与新一代信息技术相关内容为"加快建设宽带、泛在、融合、安全的信息网络基础设施,推动新一代移动通信、下一代互联网核心设备和智能终端的研发及产业化,加快推进三网融合,促进物联网、云计算的研发和示范应用。着力发展集成电路、新型显示、高端软件、高端服务器等核心基础产业。提升软件服务、网络增值服务等信息服务能力,加快重要基础设施智能化改造。大力发展数字虚拟等技术,促进文化创意产业发展"。其中与通信业有关的是宽带网络、新一代移动通信(TD-LTE 及其后续标准 5G)、下一代互联网核心设备和智能终端、三网融合、物联网等。

图 1-5　七大国家战略性新兴产业体系

1. 推动新一代信息技术发展的背景

2009 年 1 月 28 日,在美国总统奥巴马和工商领袖举行的圆桌会议上,IBM 首席执行官彭明盛首次提出了"智慧地球"的概念,建议美国要形成智慧型的基础设施,奥巴马政府对此给予了积极的回应。应该说,物联网就是这些智慧型基础设施中的一个概念。随着奥巴马的推荐,物联网成为当时全世界关注的焦点。物联网是各类传感器和现有的互联网相互衔接的一个新技术。应该说,物联网就其本身来说,代表了下一代信息技术。

2009 年 8 月,国务院总理温家宝在视察中国科学院无锡物联网产业研究所时,提出建立"感知中国"中心,物联网被正式列为国家五大新兴战略性产业之一写入"政府工作报告",物联网在中国受到全社会极大关注。物联网的概念与其说是一个外来概念,不如说它已经是一个"中国制造"的概念。我国高度关注、重视这方面的研究。

2014 年 9 月,"首届全球传感器高峰论坛暨物联网应用峰会"在江苏无锡召开,创造了 2 000 多人参会的空前规模。本次峰会发布了《2014 中国物联网产业发展年度蓝皮书》,物联网技术比以往更接近实用化,已逐步由实验室走向市场。

2020 年 6 月 30 日,中央全面深化改革委员会第十四次会议审议通过的《关于深化新一代信息技术与制造业融合发展的指导意见》强调,要加快推进新一代信息技术和制造业融合发展,要顺应新一轮科技革命和产业变革趋势,以供给侧结构性改革为主线,以智能制造为主攻方向,加快工业互联网创新发展,加快制造业生产方式和企业形态根本性变革,夯实融合发展的基础支撑,健全法律法规,提升制造业数字化、网络化、智能化发展水平。

2020年9月23日,国家发改委、科技部、工业和信息化部、财政部联合印发《关于扩大战略性新兴产业投资 培育壮大新增长点增长极的指导意见》,指出要加快新一代信息技术产业提质增效。加大5G建设投资,加快5G商用发展步伐,各级政府机关、企事业单位、公共机构优先向基站建设开放,研究推动将5G基站纳入商业楼宇、居民住宅建设规范。加快基础材料、关键芯片、高端元器件、新型显示器件、关键软件等核心技术攻关,大力推动重点工程和重大项目建设,积极扩大合理有效的投资。稳步推进工业互联网、人工智能、物联网、车联网、大数据、云计算、区块链等技术集成创新和融合应用。加快推进基于信息化、数字化、智能化的新型城市基础设施建设。围绕智慧广电、媒体融合、5G广播、智慧水利、智慧港口、智慧物流、智慧市政、智慧社区、智慧家政、智慧旅游、在线消费、在线教育、医疗健康等成长潜力大的新兴方向,实施中小企业数字化赋能专项行动,推动中小微企业"上云用数赋智",培育形成一批支柱性产业。实施数字乡村发展战略,加快补全农村互联网基础设施短板,加强数字乡村产业体系建设,鼓励开发满足农民生产生活需求的信息化产品和应用,发展农村互联网新业态新模式。实施"互联网+"农产品出村进城工程,推进农业农村大数据中心和重要农产品全产业链大数据建设,加快农业全产业链的数字化转型。

2. 新一代信息技术发展的重点领域

1)人工智能

新一代信息技术立足人工智能研发优势,做大做强人工智能产业。依托企业推动国际人工智能研究院建设,构建以国际知名科学家为核心的人才团队,开展人工智能前沿技术研究。推进人工智能与大数据技术与应用创新平台建设,大力发展服务机器人、工业机器人、特种机器人及机器人关键核心部件,打造国内一流的人工智能产业示范园区。

大力发展智能服务机器人,以智能感知、模式识别、智能分析和智能决策为重点,推进教育娱乐、医疗康复、养老陪护、安防救援等特定应用场景的智能服务机器人研发及产业化。加快推进工业机器人智能化升级,以机器视觉、自主决策为突破方向,重点开发搬运、检测、装配、喷涂、打磨、焊接、码垛等领域的智能工业机器人,实现高危险、高洁净度等特定生产场景的快速响应,全面提升工业机器人控制、传感、协作和决策性能。

推动人工智能与行业应用深度融合,鼓励人工智能企业面向城市管理、安防、金融、交通、社区、旅游等领域推出人脸识别、语音识别、机器翻译、视频理解、图像分析、用户画像、精准营销等可嵌入、轻量级智能服务。促进人工智能与教育、金融、医疗、环境、家居等行业融合发展,加速关键行业数字化、网络化、智能化的发展。人工智能宣传图如图1-6所示。

2)云计算和大数据

新一代信息技术将围绕工业、农业、金融、电信、就业、社保、交通、教育、环保、安监等重点领域应用需求,支持建设区域混合云服务平台。开展优秀云服务解决方案推广活动,鼓励优秀云计算企业和服务商创新发展,支持企业购买云服务产品保险,通过市场化方式转移和分散风险,推广云计算服务模式,促进各类信息系统向云计算服务平台迁移。

新一代信息技术推动大数据采集、汇集、存储、融合、炼化、应用、安全等技术的深入研究,支持大数据产品的研究开发、应用服务和产业化,支持大数据创业创新活动建设,支持面向产业/行业的大数据平台建设。云计算大数据宣传图如图1-7所示。

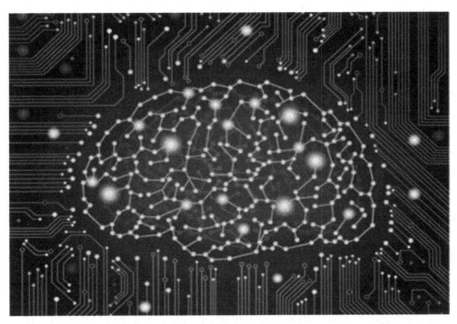

图 1-6 人工智能宣传图

图 1-7 云计算大数据宣传图

围绕智慧城市建设,推动政府公共信息、企业信息安全有序开放,着力打造大数据全产业链。推进大数据在工业领域应用,支撑服务智能制造、服务型制造、协同生产、精准生产、个性化生产,形成数据驱动工业创新发展的新模式。提升大数据在应急管理、医疗卫生、人社保障、工商质监、旅游交通、警务教育、海洋渔业、水利农业等领域的开发应用水平,提升政府治理能力和社会生活信息化水平。

3) 高端软件和信息技术服务

把握数字经济软件定义、数据驱动、融合发展特征,支持高端软件创新,构建自主可控的高端软件产业体系。支持基础软件、工业软件、安全软件、行业应用软件的开发和应用推广,协同带动通用应用软件、嵌入式软件以及软件服务外包产业发展,大力发展基于新一代信息技术的高端外包服务。

面向重点行业需求建立安全可靠的基础软件产品体系,加强云计算、物联网、产业互联网、智能硬件等领域操作系统研发和应用,加快发展面向大数据应用的数据库系统和面向行业应用需求的中间件,支持发展面向网络协同优化的办公软件等通用软件。

发展面向工业行业应用需求的操作系统、智能硬件轻量级操作系统、智能成套装备嵌入式实时工业操作系统、工业实时数据库,发展汽车电子、通信产品、家电产品等嵌入式软件,推动软件在医药、汽车、钢铁、能源、化工等领域的广泛应用。重点发展 MES(制造执行系统)、SCADA(数据采集与监控系统)等生产控制软件。普及 CAD(计算机辅助设计)、PLM(产品生命周期管理)、SCM(供应链管理)等软件系统在工业企业的应用。

开展区块链、共识机制、智能合约等关键技术的研发。积极拓展区块链的应用场景,在智能制造、供应管理、金融科技、电子商务、医疗卫生、教育就业等经济社会领域开展应用实践。加强区块链与新一代信息技术的融合研究和应用,推进构建区块链在物理、数据、应用系统、加密、风控等方面的安全体系。

促进信息技术服务业迈向高端。积极推动企业在系统集成各环节向高端发展,鼓励探索前沿技术驱动的服务新业态,推动骨干企业在新兴领域加快行业解决方案研发和推广应用。面向重点行业领域应用需求,提升"互联网＋""智能＋"综合集成应用水平,积极培育信息消费。形成面向新型系统架构及应用场景的工程化、平台化、网络化信息技术服务能力,发展微服务、智能服务、开发运营一体化等新型服务模式,提升信息技术服务层级。

4) 5G 通信与新一代物联网

新一代信息技术将加速推动试验网、试商用和商用网络建设步伐,开展 5G 应用示范,引导 5G 与各行业应用融合发展。支持 IPv6 应用服务建设,开展网络体系架构、安全性和标准研究,部署基于 IPv6 的下一代互联网,鼓励开发基于 IPv6 的移动互联网应用和服务。支持研发基于 5G 和支持 IPv6 规范的网络设备、终端等产品,提高适配光纤通信的网络设备与终端产品的制造能力。5G 实现万物互联宣传图如图 1-8 所示。

图 1-8　5G 实现万物互联宣传图

新一代信息技术支持企业开展 NB-IoT、车联网、物联网芯片、RFID、智能传感器、物联网网关、物联网软件等关键技术的研究,推动物联网在工业制造、产品智能化、近距离无线通信、计算机视听觉、生物特征识别、环境识别、网络管理、人工智能、人机交互、检验检测等领域的高速发展。打造具有行业属性的可全国推广的智慧物联平台,提高我国物联网骨干企业的技术水平和创新能力,力争在传感器、核心芯片、RFID、嵌入式软件、系统集成等领域培育一批骨干企业,有序推进工业、农业、交通、电力、环保、物流、家居等领域物联网示范应用工程。

　　5) 集成电路

　　新一代信息技术的发展也会加快引进和大力发展芯片封装、测试等生产线建设,引进一批具有自主知识产权的集成电路设计、生产、封装、测试的企业,加快引进和大力培育硅片、封装胶等集成电路配套材料生产企业,重点推动传感器芯片、IC 封装等集成电路相关企业落户。重点发展传感器、3D 传感器、光通信、新型显示、物联网、高端装备等产业所需的芯片,加快核心芯片的设计、开发和产业化,推动集成电路设计、软件开发、系统集成、内容与服务聚集与协同创新。

　　6) 产业互联网

　　新一代信息技术的发展也将推动产业互联网创新发展战略和智能制造工程,支持企业加快数字化、网络化、智能化改造,集中力量攻克关键技术,实施智能制造带动提升行动,培育智能制造生态体系。加快企业互联、企业内外部的互联、企业产业链之间的协同。推动建设低时延、高可靠、广覆盖的工业互联网基础设施。加强产业互联网平台培育,推动大、中、小企业全产业链的数据开放和共享。加快产业互联网创新中心和基地建设,支持和推广一批创新应用试点项目,深化企业上云,培育企业级、行业级互联网平台,打造产业互联网产业集群。

　　通过大数据、云计算、区块链、人工智能等新一代信息技术,搭建共享平台,实现资源与要素有效配置,激发新业态。依托优势产业,建立产业互联网平台,推动大、中、小企业全产业链的数据开放和共享。加快工业互联网创新中心和基地建设,支持和推广一批创新应用试点项目,打造全国一流的工业互联网产业集群,以智能制造带动提升产业发展,培育智能制造生态体系。产业互联网技术体系如图 1-9 所示。

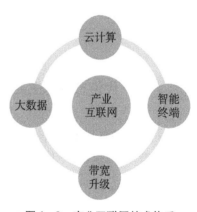

图 1-9　产业互联网技术体系

1.1.3　认识新一代信息技术产业

　　新一代信息技术产业的本质内涵是“新一代”,必须明白“新一代”究竟“新”在哪里。信息领域的各个分支——集成电路、计算机、通信、软件等都在进行代际转移。集成电路制造已进入“后摩尔”时代;计算机系统开始进入“云计算”时代;无线通信正在从第四代移动通信(4th generation,4G)走向第五代移动通信(5th generation,5G)时代;软件行业已进入端到端设计(也有人称之为跨界垂直整合)时代。

　　从传统电子信息产业到新一代信息技术产业是产业的“代际变迁”。IDC 公司把新一代信息技术产业称为“第三平台”。该公司认为,1985 年以前普遍采用的大型主机是第一代信息技术(information technology,IT)平台;1985～2005 年流行的是以个人计算机、互联网和服务器为主的第二代 IT 架构;从 2005 年开始,以云计算、移动互联网、大数据、社交网络为特征的新一代 IT 架构(被称为第三代 IT 平台,)正在蓬勃发展之中。2013 年全球 IT 支出约 37 万亿美元。至 2020 年,第三代 IT 平台的市场规模达到 53 万亿美元。2013～2020 年,IT 部门 90%

的增长由第三平台驱动。

新一代信息产业的主要特点是,以围绕云计算和移动互联网的新产品为基础,通过丰富的服务,为客户创造新的价值。如果说过去 20 年信息产业的重点是生产和销售计算机、通信和电视设备,信息化的主要工作是推进数字化,那么未来的新一代信息技术产业的重点是网络化和智能化,将更加关注数据和信息内容本身,从制造加工回归到"信息"产业本来的轨道。

新一代信息技术产业不仅重视信息技术本身的创新进步和商业模式的创新,而且强调信息技术渗透融合到社会和经济发展的各个行业,推动其他行业的技术进步和产业发展,新一代信息技术产业发展的过程,实际上也是信息技术融入社会经济发展各个领域创造新价值的过程。近年来蓬勃兴起的产业互联网是过去 20 年消费互联网的升级,各行各业都将演变成互联网产业。

🔲 思政视窗

推进 5G 规模化应用

2022 年 3 月 5 日上午,国务院总理李克强作政府工作报告,强调促进数字经济发展,加强数字中国建设整体布局。具体措施包括建设数字信息基础设施,推进 5G 规模化应用,促进产业数字化转型,发展智慧城市、数字乡村;加快发展工业互联网,培育壮大集成电路、人工智能等数字产业,提升关键软硬件技术创新和供给能力;完善数字经济治理,释放数据要素潜力,更好赋能经济发展、丰富人民生活。

1.2 新一代信息技术主要内容

新一代信息技术是国务院确定的七个战略性新兴产业之一,国务院要求要加大财税金融等扶持政策力度。新一代信息技术产业分为以下几个方面,如图 1 - 10 所示。

图 1 - 10 新一代信息产业分类图

1.2.1 下一代通信网络

下一代通信网络(next generation network,NGN)指一个建立在 IP 技术基础上的新型公共电信网络,它能够容纳各种形式的信息,在统一的管理平台下,实现音频、视频、数据信号的传输和管理,提供各种宽带应用和传统电信业务,是一个真正实现宽带窄带一体化、有线无线一体化、有源无源一体化、传输接入一体化的综合业务网络。

　　下一代通信网络是以软交换为核心,能够提供包括语音、数据、视频和多媒体业务的基于分组技术的综合开放的网络架构。目前,下一代通信网络的研究主要包括网络体系架构、传输效率、安全、资源管理和调度策略、隐私保护等网络通信和计算机网络相关的内容。

　　下一代移动通信网络主要指 5G 和 6G 的研究和实施,5G 网络需要面临的技术挑战主要是高速率、端到端时延、高可靠性、大规模连接、用户体验和效率。因此,业务需求对下一代通信网络的研究提出了更高的要求。2020 年,国际电信联盟(International Telecommunication Union,ITU)对 5G 的要求包括更好的使用者传输速率体验,100 Mb/s 以上;更高的峰值传输速率,20 Gb/s;单位面积在单位时间内更高的传输数据量,10~100 Mb/(s·m²);更高的频谱使用率,3 倍以上;更快的移动速度,500 km/h;更低的延迟,1 ms 以下;更高密度的装置联机,100 万个装置每平方千米;更低的耗能,电力消耗为 1% 以内。

1.2.2　物联网

　　物联网是一个基于互联网、传统电信网等信息承载体,让所有能够被独立寻址的普通物理对象实现互联互通的网络。物联网的概念包含两层意思,一是物联网核心和基础仍然是互联网,它是在互联网基础上延伸和扩展的网络;二是物联网用户端延伸和扩展到了任何物体与物体之间,进行信息交换和通信。简而言之,物联网就是“物物相连的互联网”。在这个网络中,物体之间能够彼此进行“交流”,而无须人工干预。

　　物联网有三项基本特征:一是各类终端实现“全面感知”;二是电信网、互联网等融合实现“可靠传输”;三是云计算等技术对海量数据“智能处理”。

　　一般认为,物联网的体系结构主要由感知层、网络层和应用层组成。感知层相当于人体的皮肤和五官,它利用 RFID、摄像头、传感器、GPS、二维码等随时随地识别和获取物体的信息。网络层相当于人体的神经中枢和大脑,它通过移动通信网络与互联网的融合,将物体的信息实时准确地传递出去;应用层相当于人的社会分工,它与行业需求相结合,对感知层得到的信息进行处理,实现智能化识别、定位、跟踪、监控和管理等应用。物联网体系结构如图 1-11 所示。

图 1-11　物联网体系结构

物联网是新一代信息技术的高度集成和综合运用,对新一轮产业变革和经济社会绿色、智能、可持续发展具有重要的意义。"十二五"时期,我国在物联网关键技术研发、应用示范推广、产业协调发展和政策环境建设等方面取得了显著成效,成为全球物联网发展最活跃的地区之一。"十三五"时期,我国经济进入新常态,创新是引领发展的第一动力,促进物联网、大数据等新技术、新业态广泛应用,培育壮大新动能成为国家战略,物联网进入跨界融合、集成创新和规模化发展的新阶段。物联网与我国新型工业化、城镇化、信息化、农业现代化建设深度交汇,具有广阔的发展前景。

2020年抗击新冠疫情期间,远程监控、线上零售、线上教育、远程办公等新业态、新模式不断涌现。在国家相关政策以及市场需求的推动下,2021年成为我国物联网高速发展的一年,截至2022年底,我国累计建成物联网5G基站数超140万个,充分发挥了物联网追踪追溯技术在"抗疫"的作用,助力复工复产。

物联网从概念到应用场景越发丰富。现如今,物联网已在安防监控、智能交通、智能电网、智能物流、智慧农业等各个领域实现多点开花。随着"十四五"规划的发布和顶层设计的落地,以及各地相关措施的实施,我国物联网必将迎来爆发式的发展。

在新时代、新态势、新征程下物联网领域也即将开启新的发展阶段。物联网本身是在需求牵引和技术推动下持续发展的一种新模式、新技术、新业态,也将是推动数字经济的重要抓手,物联网的发展与实施,需要全领域协同发展,才能真正开启万物互联新时代。万物互联宣传图如图1-12所示。

图1-12　万物互联宣传图

1.2.3　三网融合

三网融合是指电信网、广播电视网、互联网在向宽带通信网、数字电视网、下一代互联网演进过程中,三大网络通过技术改造,其技术功能趋于一致,业务范围趋于相同,网络互联互通、

资源共享,能为用户提供语音、数据和广播电视等多
种服务。如图 1-13 所示。

三网融合并不意味着三大网络的物理合一,而
是指高层业务应用的融合。三网融合应用广泛,遍
及智能交通、环境保护、政府工作、公共安全、平安家
居等多个领域。以后的手机可以看电视、上网,电视
可以打电话、上网,电脑也可以打电话、看电视。三
者之间相互交叉,形成你中有我、我中有你的格局。

图 1-13 三网融合

从 2010 年初提出三网融合,到 7 月份确定首批
试点城市,三网融合进程几经曲折,但也从侧面反映了国家对于三网融合的重视程度。另外,
三网融合后,从运营商角度看,由三分天下变为四强争霸。因此,网络的双向改造成为广电运
营商的重点,而网络的扩容成为电信运营商的重点,但无论如何,都利好光通信行业。

目前电信、广播电视和互联网三网融合试点方案已经启动,并应用到了教育云平台。根据
《素质教育云平台》要求,由亚教网进行研发使用的"三网合一智慧教育云"平台,将电信、广播
电视和互联网进行三网融合,在教育领域中达到资源共享。

三网融合的优点主要有五点:一是信息服务将由单一业务转向文字、话音、数据、图像、视
频等多媒体综合业务;二是有利于极大地减少基础建设投入,并简化网络管理,降低维护成本;
三是将使网络从各自独立的专业网络向综合性网络转变,网络性能得以提升,资源利用水平进一
步提高;四是三网融合是业务的整合,它不仅继承了原有的话音、数据和视频业务,而且通过网络
的整合,衍生出了更加丰富的增值业务类型,如图文电视、VoIP、视频邮件和网络游戏等,极大地
拓展了业务提供的范围;五是三网融合打破了电信运营商和广电运营商在视频传输领域长期
的恶性竞争状态,各大运营商将在一口锅里抢饭吃,看电视、上网、打电话资费可能打包下调。

1.2.4 新型平板显示

目前,在平板显示领域薄膜晶体管液晶显示器(TFT-LCD)仍以其巨大的产业规模、市场
份额(85%以上)和广泛的应用领域范围占绝对主导地位。TFT-LCD 产业已进入稳定增长
期,但面板尺寸大型化、超高清化和触控化的趋势明显,给行业带来结构性增加机会。

新型平板显示技术包含多个方面,不仅仅局限于显示技术本身,还包括与显示设备关系密
切的其他技术。目前的关注热点主要有有机发光半导体(OLED)、电子纸、发光二极管(LED)
背光、高端触摸屏和平板显示上游材料等。

OLED 和 TFT-LCD 相比,具有显示效果好、轻薄省电、可柔性弯折等优势,被公认是替代
薄膜晶体管(TFT)的下一代显示技术。目前 A 股涉及 OLED 技术的公司主要有深天马和彩
虹股份。

电子纸也是新型显示技术的一大发展方向,其采用的原理是通过反射环境光线进行显示,
由于其轻薄省电、可卷折以及更接近自然印刷品的观看体验,未来将主要用于替代纸质媒体。
目前涉及电子纸核心技术研究的公司主要有莱宝高科,涉及电子纸下游产品——电纸书的公
司主要有汉王科技和新华传媒。

由于液晶显示器(LCD)材料本身不发光,LCD 显示设备普遍使用冷阴极荧光灯管(cold
cathode fluorescent lamp, CCFL)作为背光源。随着 LED 白光技术的发展,发光效率进一步提
高,其显色性能和能耗指标都已大大高于 CCFL,因此未来 LED 背光技术将逐渐取代 CCFL

作为 LCD 显示设备的背光源。目前涉及 LED 背光芯片、模组研发的公司主要有士兰微、长城开发、三安光电、浙江阳光和歌尔声学。

触摸屏和平板显示设备的关系密切，很多技术具有高度通用性。目前电容式触摸屏是发展的主流方向，具有高精度、耐用和多点触摸等优点，涉及电容式触摸屏技术的公司主要有莱宝高科、欧菲光和长信科技。

一直以来，我国平板显示上游材料基本依靠进口，近几年随着国内企业研发实力的增强，已有企业能够生产部分上游材料，产品品质接近国际先进水平。目前涉及显示设备上游材料的公司主要有生产 TFT-LCD 用平板玻璃的彩虹股份和生产液晶材料的诚志股份。

1.2.5 高性能集成电路

集成电路(integrated circuit，IC)产业属于传统电子制造业，市场规模非常庞大。除了具有成熟行业的周期性特点，集成电路还具有高新技术产业的特性，即技术不断进步，新产品推出取代老产品等特点。中国作为集成电路技术的新兴国家，市场规模的复合增长率显著高于全球平均水平，年均可达 16% 以上。

目前我国 IC 产品普遍较为低端，高端集成电路产业仍然处于成长期。未来随着对专用高集成度 IC 的需求越来越大、大功率型 IC 在节能减排中的应用会越来越广泛，高性能集成电路产业将具有很好的发展前景。

1.2.6 云计算

云计算是指将计算任务分布到由大规模的数据中心或大量的计算机集群构成的资源池上，使各种应用系统能够根据需要获取计算能力、存储空间和各种软件服务，并通过互联网将计算资源免费或按需租用方式提供给使用者。由于云计算的"云"中的资源在使用者看来是可以无限扩展的，并且可以随时获取，按需使用，随时扩展，按使用付费，这种特性经常被称为像水电一样使用的 IT 基础设施。

随着云计算技术的发展，云计算服务的模式主要有以下三种，如图 1-14 所示。

(1) 基础设施即服务(infrastructure as a service，IaaS)，消费者通过 Internet 可以从完善的计算机基础设施获得服务。例如：硬件服务器租用。这就是数据中心的资源管理达到的目标。

(2) 软件即服务(sofware as a service，SaaS)，是一种通过 Internet 提供软件的模式，用户无须购买软件，而是向提供商租用基于 Web 的软件，来管理企业经营活动。

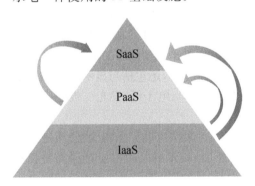

图 1-14 云计算服务的模式

(3) 平台即服务(platform as a service，PaaS)，是指将软件研发的平台作为一种服务，以 SaaS 的模式提交给用户。因此，PaaS 也是 SaaS 模式的一种应用。但是，PaaS 的出现可以加快 SaaS 的发展，尤其是加快 SaaS 应用的开发速度。例如：软件的个性化定制开发。云计算不光管理资源，还要管理应用。

国际数据公司(International Data Corporation，IDC)预测"整个云"支出，即全球在云服务、支撑云供应链的硬件和软件组件以及围绕云服务的专业和管理机会方面的总支出，到

2025 年将超过 1.3 万亿美元,而维持 16.9% 的复合年增长率(compound annual growth rate, CAGR)。

当前我国正处于移动互联网发展的关键时期,工业化和信息化融合发展正在深入推进,云计算的发展正处于黄金时期。近年来,云计算需求增长主要来自传统 IT 设备的改造与转型、新型应用软件的升级和移动互联网的广泛普及,本土的软硬件生产商、系统集成商、5G 应用提供商和云计算平台提供商将在新型产业中面临巨大商机。云计算概念按不同的服务类型可分为以下四种。

(1) 软硬件平台提供商:云计算的实现依赖于能够实现虚拟化、自动负载平衡、随需应变的软硬件平台。这部分公司的产品主要特点是灵活和稳定兼备的集群方案,以及标准化、廉价的硬件产品,对应的公司有神州数码、浪潮信息、华为、中兴等。

(2) 系统集成商:帮助用户搭建云计算的软硬件平台,尤其是企业私用云。这部分公司普遍具有强大的研发能力和足够的技术团队,以及灵活可复制性的产品,对应的公司有神州数码、浪潮软件、东软集团、中国软件等。

(3) 服务提供商:这一部分涵盖了为企业和个人用户提供计算机和存储资源的 IaaS 公司,是云计算的核心领域之一,今后绝大多数的计算处理以及应用开发将在这些服务中展开,对应的公司有阿里、华为、神州数码、网宿科技等。

(4) 应用开发商:即应用服务提供商。对应的公司有用友软件、焦点科技等。

思政视窗

推动产业变革的十大信息技术

在政策驱动、产业变革、融合发展、智能转型的新形势下,电子信息技术无疑仍是引领新一轮变革的主导力量。在这新的时间阶段,哪些技术领域可能孕育世界级创新,是中国的发力重点?

(1) 智能终端和云服务:随着智能手机、可穿戴设备、服务机器人的普及,人们已越发离不开这些智能终端。而云服务是这些智能终端发挥强大功能的"大脑"。未来,智能终端与云服务的融合,将为人类开启智能社会的大门。

(2) 下一代网络通信技术:随着网络通信技术的持续发展、网络内容服务的不断丰富,人类似乎已经离不开网络。但下载高清视频、享受网络交互体验等带来的却是网络拥堵不堪。只有下一代网络通信技术才可以满足智能社会对大数据传输和更高网速的需求。

(3) 先进传感和物联网技术:智能制造、智慧生活离不开传感与物联网技术。可以说,先进传感与物联网技术是中国制造的核心技术,也是造福民生的重要技术保障。

(4) 机器人和无人系统:近年来,机器人与无人系统发展迅猛,阿西莫、阿特拉斯、机器狗、达芬奇手术机器人、全球鹰无人机、谷歌自动驾驶汽车等新技术与新产品层出不穷。未来,机器人与无人系统必将在生产、生活中发挥更大的作用,大大加速人类社会的发展进程。

(5) 高级人工智能:谷歌 AlphaGo 与李世石的对弈,再次燃起人们对人工智能的关注。近年来,人工智能的发展极为迅速,机器学习取代机器计算的时代或将到来。在不久的将来,谁敢保证电影《机械姬》《她》中的情境不会在现实世界中再现?

(6) 虚拟现实和增强现实:2015 年,Magic Leap 公司发布的几段视频成功吸引了全球网民的眼球。虚拟现实和增强现实迅速成为人们关注的焦点。虽然近期虚拟现实和增强现实产业大多出现在娱乐领域,但未来应用不可限量。

（7）快数据：目前，海量数据的使用并不充分和高效。因此，快数据成为大数据处理的研究方向。针对快数据处理模型的相关研究也逐步发展和成熟。如何快速、准确地处理数据将成为未来数据管理方向的主流。

（8）3D打印技术：3D打印是一种快速成型技术，结合计算机数字图纸通过层叠打印的方式将塑料或金属塑造成目标形状。3D打印技术在部件加工、工业设计等领域有巨大前景。未来将从工业应用扩展到生物、医学、食品等领域。

（9）信息安全与防护：信息安全与防护不但关系到国家安全，更涉及公众的切身利益。在信息安全领域，传统的防护方式已逐渐跟不上形势。基于机器学习的安全与防护、硬件安全与防护等新的信息安全防护技术亟待突破。

（10）新型半导体材料与高端元器件：半导体材料与元器件是当代信息技术发展的基石。新型半导体材料与高端元器件领域的突破将是信息技术继续前进和发展的原动力，是产业变革的重要支撑。

1.3 新一代信息技术发展和应用分析

1.3.1 新一代信息技术发展趋势展望

新一代信息技术与工业技术的融合与创新正在以前所未有的广度和深度推动制造业发展模式的变革。美国IT咨询公司Gartner系统分析了近年来IT领域战略性技术的发展趋势：云计算和移动应用从兴起走向成熟；以大数据为代表的数据处理和分析技术持续发展升级；3D打印技术方兴未艾；以物联网为基础的智能制造技术向智能机器及其互联方向发展，并成为近两年的热点，工业互联网正在工业领域实现万物互联；计算、存储、软件和网络技术持续升级，并不断取得突破。麦肯锡研究院发布《颠覆技术：即将变革生活、商业和全球经济的发展》的研究报告称，新一代信息技术作为颠覆性技术正在全面重塑我们的未来发展模式。

根据国家工信部的统计，2015年中国电子信息产业（电子制造＋软件信息服务）主营业务收入达到15.4万亿元人民币，同比增长10.4％；2016年我国电子信息产业主营业务收入达到16.9万亿元人民币，是2012年的1.55倍，年均增速11.6％，2022年达到28.2万亿元人民币，如图1-15所示。

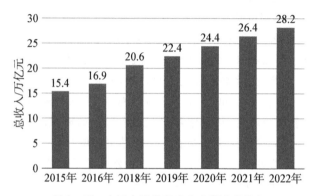

图1-15 中国电子信息产业主营业务收入

新一代信息技术产业发展的新趋势:数字、智能、跨界、融合。我国新一代信息产业发展新趋势主要体现在以下几个方面。

(1)"数字经济"将成为新一代信息技术产业的创新引擎。在过去的 10 年中,移动互联网的成熟发展奠定了数字经济蓬勃发展的基础。在未来的 10 年中,新一代信息技术产业的发展会使数字经济进入了一个新的发展平台,即一个由"云+数据+人工智能"结合的广义数字经济正在浮现:公共云变成基础设施,数据变成生产资料,人工智能变成新的创新引擎,物联网成为互联网智能化技术与实体经济的黏合剂。

(2)人工智能将成为新一代信息产业的新战场。新一代的信息技术是以人工智能为代表的泛技术,人工智能已经变成全球高科技企业之间最重要的一个新战场,竞争程度非常激烈。在新一轮的竞争中,我国的挑战是如何从以市场规模领先转变为技术领先。全球市场里面有非常多的机遇,尤其是我国的互联网科技和人工智能,很有可能在"一带一路"沿线国家获得巨大的成功。例如,支付宝在印度与 PayTM 合作两年发展了 2.3 亿用户,阿里巴巴正在帮助马来西亚构建电商、物流、移动支付、云平台四位一体的平台模式,我国的共享单车也在全球引发了一轮新的自行车共享浪潮。

(3)产业经济载体向大工程与大平台升级迈进。当前 2018 年流行一个"新四大发明"的说法,分别是网购、高铁、移动支付和共享单车。新"四大发明"代表了我国两种创新模式,一种是大工程模式,另一种是大平台模式,两者都和我国独有的体制和文化分不开。

大工程模式:从都江堰到大运河,再到高铁、航母、大飞机,这些重大的工程承载着国家的战略价值,是国之重器,体现了我国经济发展的制度优势。

大平台模式:我国在移动互联网时代创造了借助互联网的平台模式,如大淘宝平台、支付宝和微信。这些模式充分发挥了人口红利、网络红利、数据红利和智能手机的渗透性,通过我国一体化的社会文化体系构建了一个平台模式。

在人工智能与物联网引领发展的趋势里,同时产生了智能化技术的集聚爆发和各行各业的场景革命两个趋势。在人工智能与相关芯片、物联网技术等方面,需要"产、学、研"联动的一体化"大工程"模式;而在智能化技术与各行各业融合方面,需要一种开放的平台模式做"场景化创新"。实体经济与互联网、大数据、人工智能融合,需要广义的公共云服务才能承载这个"大工程+大平台"模式,人工智能等新一代信息技术才能最终兑现它的价值。

(4)未来五年跨界融合机遇,智能化革命是其关键主题。下一个五年,全球的新兴科技会有巨大的跨界融合,智能产品与智能化服务的增量可能会与三个区域的融合有关:一是以美国硅谷和以色列为代表的原创科技、产品创新的领导者,他们具备极高的人才储备和原创 IP;二是拥有新兴科技市场最具增长潜力消费人群的中国和南亚地区;三是在自动化生产设备、智能机器人、芯片半导体等硬件方面有技术储备国家,如日本、韩国、德国、瑞士等。这三种区域与产业力量的融合,会以实体经济的智能化为发展重点,而且会在智能网联汽车、全屋智能家居、智能智慧医疗、人工智能机械设备、智能机器人等方面有所体现。

1.3.2　新一代信息技术应用价值分析

新一代信息技术核心应用价值主要来源于其内涵。

(1)云计算。作为一种低成本的资源交付和使用模式,用以提供可用的、便捷的、按需的网络访问,包括 IaaS、PaaS、SaaS 等类型。通过可配置、低成本的计算资源共享池(包括网络、服务器、存储、应用软件和服务等),实现资源的快速提供。云计算以扩大 IT 公共产品和服务提供能力为主要模式,可大幅提升 IT 系统效率,降低总体拥有成本,提升信息服务质量,创新信息服务模式,实现业务的移动、在线、跨域协同。

(2) 工业互联网。通过实现工业系统与高级计算、分析、感应技术以及互联网的连接融合,建立智能机器间连接以及人机连接,结合工业软件和大数据分析,重构工业形态,激发生产力。智能网络可实现互联机器网络的优化;系统级优化让员工能够提高效率并降低成本;智能决策让智能软件能够巩固机器和系统级的收益;持续学习成为更好地设计新产品和服务的关键。

(3) 大数据。将计算技术与科学工程领域有机结合,实现各领域海量数据的获取、存储、管理、深度分析和可视化展现。从 IT(信息技术)到 DT(数据技术),大数据使组织具有更强的洞察发现力、流程优化能力和科学决策力,可充分利用海量、高增长率和多样化的信息资产。从大数据中可以发现新知识、新规律;让企业进行更准确的商业决策;通过大数据提供更好服务;关联全量数据分析可提高商业价值。

(4) 智能制造。通过先进传感、仪器、监测、控制和过程优化技术与实践的组合,将信息和通信技术与制造环境融合在一起,形成赛博物理系统(cyber-physical systems,CPS),实现工厂和企业中能量、生产率和成本的实时管理。"动态感知"可全面感知企业、车间、设备的实时运行状态;"实时分析"可对获取的业务实时运行状态数据进行及时、快速的分析;"自主决策"可按照设定规则,根据数据分析结果,自主做出判断和选择;"精准执行"可执行决策,对设备状态、车间和生产线运行做出优化调整。

总体来说,新一代信息技术在市场供给侧可以支持企业提供更多类型的产品、服务,创建新的业务形态,提升质量和效益;在需求侧则可满足用户大规模个性化定制需求,支持人类对美好未来的向往。在整个社会的价值链流动中作为新兴的生产力工具正在起到无可替代的赋能作用。

思政视窗

"高速公路"全面建成,IPv6阔步向前

IPv6 作为新一代互联网重要创新平台,具有网络地址充足、可拓展报头、分段路由可溯源的优势,为 5G、物联网、云计算、大数据、人工智能、工业互联网等新技术的融合创新发展提供坚实支撑,成为网络技术重点创新方向和万物互联时代重要基石。

从 2003 年中国下一代互联网示范工程(CNGI)正式启动至今,二十年的发展,彰显着 IPv6 的无限发展潜力。

不止步:从"通路"走向"通车"

为加快推动我国 IPv6 从"通路"走向"通车",工业和信息化部已经连续三年先后开展"IPv6 网络就绪""IPv6 端到端贯通""IPv6 流量提升"等系列专项工作,组织全行业扎实推进各项工作。

工业和信息化部总工程师韩夏在 2021 中国 IPv6 创新发展大会上介绍了我国在 IPv6 网络建设上实现的诸多突破:一是 IPv6"高速公路"全面建成,我国已申请 IPv6 地址资源位居全球第一,国内用户量排名前 100 的商业网站及应用均可通过 IPv6 访问;二是终端设备加快升级,端到端贯通关键环节实现突破;三是创新活力持续释教,IPv6 用户和流量规模显著提升,截至 2021 年 8 月,我国 IPv6 活跃用户数已达 5.51 亿,约占中国网民数的 54.52%。我国移动

网络 IPv6 流量从无到有，占比达到 22.87%，提前超额完成年度目标。

下一程："IPv6＋"大显身手

为应对数字化发展带来的新挑战，"IPv6＋"创新技术体系应运而生。"IPv6＋"是 IPv6 下一代互联网的升级，是面向 5G 和云时代的 IP 网络创新体系，中国在'IPv6＋'技术体系创新上，处于全球领先地位。据华为技术有限公司副总裁胡克文介绍，在商用进展方面，中国已经成功部署了超过 84 张网络，涉及政府、金融、能源、制造等多个行业，占全球商用部署数量的80% 以上；在认证体系方面，中国信通院创建了全球首个"IPv6＋"认证评估体系，助力"IPv6＋"产业规范、健康发展，华为也成为首家通过该项认证的网络设备厂商；在产业生态方面，中国 IPv6＋创新推进组吸纳 40 多个产业链伙伴，围绕技术创新与商用落地等课题进行深入研究，同时与 IETF、ETSI 等全球相关组织协同推动"IPv6＋"技术发展，构建网络空间命运共同体。

"十四五"时期是我国加快数字化发展、建设网络强国和数字中国的重要战略机遇期，也是推动 IPv6 实现创新发展的关键时期。可以预见"IPv6"将作为一个引擎，充分释放 IPv6 灵活开放能力，实现网络升级，促进下一代互联网服务能力提升，在千行百业的数字化发展中大显身手，助力数字中国扬帆远航。

思考与练习1

一、判断题

1. 通过局域网上网的计算机的 IP 地址是固定不变的。（　　）
2. 物联网的核心和基础仍然是互联网，它是在互联网基础上的延伸和扩展的网络。（　　）
3. 云计算的特点有：按需、自助；快速弹性；广泛的网络访问，可度量服务。（　　）

二、选择题

1. 下一代通信网络主要以哪一项技术为主（　　）。
   A. 电路交换　　B. 分组交换　　C. 报文交换　　D. 频率交换
2. 物联网技术作为智慧城市建设的重要技术，其架构一般可分为感知层、网络层和应用层，其中（　　）负责信息采集和物物之间的信息传输。
   A. 感知层　　B. 网络层　　C. 应用层　　D. 汇聚层
3. 第一次信息技术革命是以（　　）为特征。
   A. 语言的产生和应用　　　　B. 文字的创造
   C. 印刷术的发明　　　　　　D. 电子计算机的出现
4. 下一代通信网络是以（　　）为核心，能够提供包括语音、数据、视频和多媒体业务的基于分组技术的综合开放的网络架构。
   A. 计算机　　B. 骨干网络　　C. 软交换　　D. 视频电话
5. 与大数据密切相关的技术是（　　）
   A. 蓝牙　　B. 云计算　　C. 博弈论　　D. 相对论
6. 大数据应用须依托的新技术有（　　）。
   A. 大规模存储与计算　　　　B. 数据分析处理
   C. 智能化　　　　　　　　　D. 以上三个选项都对
7. 物联网的全球发展形势可能提前推动人类社会进入"智能时代"，也称（　　）。
   A. 计算时代　　B. 信息时代　　C. 互联时代　　D. 物联时代

8. (　　)被认为下一个万亿级的信息产业。

    A. 射频识别　　　　B. 智能芯片　　　　C. 软件服务　　　　D. 物联网

9. 2009年8月,温家宝总理提出了(　　),物联网被正式列为国家五大新兴战略型产业之一。

    A. 感知中国　　　　B. 智慧城市　　　　C. 智慧地球　　　　D. 智慧校园

10. "感知中国"是我国政府为促进(　　)技术发展而制定的。

    A. 集成电路技术　　　　　　　　　　B. 电力汽车技术

    C. 新型材料技术　　　　　　　　　　D. 物联网技术

11. 云计算的层次服务不包括以下哪一项(　　)。

    A. 硬件即服务(HaaS)　　　　　　　B. 基础设施即服务(IaaS)

    C. 平台即服务(PaaS)　　　　　　　D. 软件即服务(SaaS)

三、综合题

1. 简述五次信息技术革命的主要特征。

2. 举例说明新一代信息技术应用的典型应用。

3. 《国务院关于加快培育和发展战略性新兴产业的决定》中关于发展"新一代信息技术产业"的主要内容是什么?

4. 简述新一代信息技术发展的总体趋势。

5. 简述新一代信息技术主要内容。

6. 查况相关文献资料,展望机器人将会在哪些应用领域大展身手。

模块 2　下一代通信网络

下一代通信网络(next generation network，NGN)是以软交换为核心的,能够提供包括语音、数据、视频和多媒体业务的基于分组技术的综合开放的网络架构,代表了通信网络发展的方向。

知识目标

(1) 理解下一代通信网络的概念和特点。
(2) 掌握下一代通信网络的网络结构。
(3) 掌握下一代通信网络的关键技术。
(4) 了解 IPv6 地址的结构、特点以及 IPv4 到 IPv6 的过渡技术。
(5) 掌握下一代网络技术的主要协议。
(6) 了解 5G 技术的特点和应用。

能力目标

(1) 能列举学习和生活中常见的新一代通信网络技术。
(2) 具备在不同设备中配置并使用 IPv6 地址的能力。
(3) 能列举 5G 技术在日常生活的应用实例。

2.1　认识下一代通信网络

2.1.1　下一代通信网络产生的背景

现有的通信网无法满足用户对未来通信服务的要求。随着无线通信和 Internet 应用的普及,人们的工作和生活对通信服务的依赖性越来越强。作为用户,希望通信网能够提供更方便(随时、随地、以任何方式)、更快速、价格更便宜的通信服务,特别是渴望能够在单一通信环境中提供话音、图像和视频等综合业务,现有通信网继续发展很难满足用户的上述要求。我国通信网接入类型及主流时间如表 2-1 所示。

表 2-1　我国通信网接入类型及主流时间

序号	接入类型	主流时间
1	Modem	2003～2005 年
2	ADSL	2003～2005 年
3	LAN	2005～2007 年
4	无线接入	2005 年～至今
5	HFC(Cable Modem)	2004～2007 年
6	FTTH	2007 年～至今

现有的通信网是由多个独立向用户提供专项服务的业务网络组成,如 PSTN 网以提供话音业务为主,分组数据网主要提供数据传送业务,还有无线移动网、寻呼网等,各种业务网络间只是在承载层互联,没有实现控制和业务层面的互通。

通信运营商为了降低网络建设运营成本,使自身具有持久竞争力,迫切需要改变现有网络模式。由于政府管制的放松,准入门槛的降低,今后运营商间的竞争会更加激烈,通信资费会进一步下降。资费的下降会进一步刺激通信业务量上升,这就需要更多的网络资源支持。面对现有多个独立提供专项服务的业务网络,作为通信网运营商在网络建设时,如果局限于某一业务网络规模的扩大,则会进一步增加各个网络的投资和维护运营成本,而且无法提供综合性通信服务,最终失去持续发展的能力。而在现有的各个业务网络基础上实现网络间控制和业务层面互通,在技术和改造成本上都存在很大风险。

对于信息、传媒服务商,当今的通信网仍是一个封闭的网络,很难直接利用通信网向他们的用户提供个性化的新业务,造成通信网上的业务种类相对贫乏,网络利用率不高。

正是基于上述背景,人们希望构建下一代通信网络来代替现有的通信网,以期解决现有通信网的弊端。下一代通信网络就是集语音、数据、传真和图像通信(视频业务)为一身、能够满足用户各种需求的多功能通信网络。能够完成和实现这一需求的网络技术,就是以软交换为核心的 NGN 技术。在 IP 技术比较好地解决了各种不同特性的信号在网络上以共性进行传输的技术问题后,IP 技术作为今后通信技术的核心,已经被业内的专业技术人员认可。因此,全球通信业务和数据联网协议正在快速地向 IP 汇聚,在整个电信行业,基于 IP 技术的电信业务在整个电信业务中所占的比重在逐步上升,并且最终将取代电路交换技术成为通信技术的主流。在这种形势下,底层的传输技术必将向最佳支持 IP 技术的方向融合,这是通信技术发展的必然的趋势。

2.1.2　下一代通信网络的概念和特点

1. 下一代通信网络的概念

欧洲电信标准化委员会(ETSI)认为,下一代网络只是在电信和信息领域用来指代业务基础设施变化的一个代名词,它包含了针对 PSTN/ISDN/GSM Phase2 以后的所有网络发展趋势。国际电联(ITU-T)下一代网络标准化小组提出,下一代网络应是 PSTN、移动通信网和分组网(ATM/IP)的融合,未来的网络应在统一的分组网上支持各种业务。

所谓下一代网络,是一个极其松散定义的术语,泛指一个不同于目前一代的、大量采用创新技术的、以 IP 为中心的、可以支持语音、数据和多媒体业务的融合网络。下一代网络是一个内涵十分广泛的术语,从不同角度对下一代通信网络可以有不同的理解。从通信网络的发展角度来看,下一代网络就是组网简单灵活,架构方便,可以提供大宽带、高效率、高质量、更安全的网络;从技术发展的角度来看,下一代网络就是基于 IP 技术的网络;从业务开展的角度来看,下一代网络是适宜开展多业务(包括话音、高速数据、视频)的平台,适宜网络和行业的融合,甚至是直接完成三网融合的网络;从运营者的角度来看,下一代网络就是能够给用户提供更广泛、更有用、更方便、低成本、高效益的网络。

简单来说,下一代通信网络就是集语音、数据、传真和图像通信(视频业务)于一身,能够满足用户各种需求的多功能通信网络。广义的下一代网络实际包含了所有新一代网络技术,而狭义的下一代网络技术往往特指以软交换为控制层,兼容所有三网技术的开放体系结构。一方面,NGN 不是现有电信网和 IP 网的简单延伸和叠加,而是两者融合的结果,所涉及的也不仅仅是单项结点技术和网络技术,而是整个网络的框架,是一种整体网络解决方案;另一方面,NGN 的出现与发展不是革命,而是演进,即在继承现有网络优势的基础上实现的平滑过渡。

根据下一代通信网络的产生背景和应用,可以将下一代通信网络理解为,一个通过高速公共传输链路和路由器等节点,利用 IP 承载语音、数据和视像所有比特流的多业务网;一个能为各种业务提供有保证的服务质量的网络;一个在与网络传送层及接入层分开的服务平台上提供服务与应用的网络;一个向用户提供宽带接入,能充分发挥容量潜力的网络;一个具有后向兼容性,能充分挖掘现有网络设施潜力和保护已有投资,允许平滑演进的网络。

2. 下一代通信网络的特点

下一代通信网络具有如下六个主要特点。

(1)开放的、分层的网络构架体系。新一代通信网络基于 IP 分组,以包的形式传送。网络体系采用分层结构,分为接入层、传送层、控制层、业务层等,以尽可能地实现承载与控制、呼叫/会晤、应用/业务等功能的分离。

(2)业务统一控制。下一代通信网络打破了现有的通信网针对不同业务而建设多个网络的模式,通过软交换实现对各种业务的统一控制,可以非常方便地实现各种业务间的信息交互,用户可在单一通信环境中使用话音、图像和视频等综合业务。

(3)新业务提供能力强。下一代通信网络在应用服务器上提供标准、开放的业务接口,允许业务提供者和业务使用者共同开发各种定制的业务,从而促进由第三方提供更贴近用户需求的增值业务。

(4)综合接入控制能力强。下一代通信网络通过媒体网关、信令网关和接入服务器支持众多的协议,通过这些协议实现各种终端设备统一接入和控制。

(5)高效的运行支持系统。下一代通信网络中设置相应的功能服务器,统一对各种业务进行必要的计费、鉴权、认证,同时通过策略服务器对网络进行动态操作维护管理。

(6)可靠性和安全性高。下一代通信网络采用分布式结构、电信级设备的可靠性保证了网络中无单点故障,同时安全保护机制保证数据传送及业务实现的安全性。

2.1.3　下一代网络的网络结构

电信网络从承载单一业务的独立网络向承载多种业务的统一的下一代网络的演变正成为既定的事实,运营商必须设法改变其现有网络的设计,以适应迅速增长的数据通信业务。改变的核心是利用分布式的体系结构,将语音和数据汇聚在同一个无缝网络中,通过将接入、呼叫控制和电信应用程序分离的层次结构,使运营商利用现有网络提供更灵活的适应性和更强的管理能力,这种网络结构就是下一代网络的基本框架。目前,下一代网络的总体发展方向是应用分组化的基础设施。

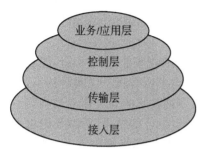

图 2-1 下一代网络体系结构

下一代通信网络从逻辑功能上可划分成四个层面:接入层、传输层、控制层和业务/应用层,如图 2-1 所示。

（1）接入层。各种媒体网关专职提供传统终端的接入和与传统网络接口的功能,实现 TDM 与分组之间的转换,主要完成编码格式变换、压缩解压、信令协议适配等。在物理实体上包括各种用户驻地网、宽窄带综合接入设备和媒体网关。

（2）传输层。传输层为控制信息和媒体流提供承载通道,使有服务质量保证的电话业务及宽带业务和应用成为可能。传输层是一个基于 IP/ATM 网络的公用宽带数据传送网络平台,大容量 WDM 传输网络、高速 IP 路由器/ATM 交换机将构成下一代网络的传送层物理实体。

（3）控制层。控制层提供呼叫控制和连接控制功能,实现各种信令协议的互通和转换。控制层是下一代网络控制核心,它采用软交换技术,通过标准的 API(开放式应用程序接口)与业务层进行信息交互,根据业务层的要求处理各种信令,控制传输层完成业务信息包和相关控制信息包的路径交换。交换控制层同时还负责部分公共基本业务控制。通常呼叫服务器(call server)是交换控制层的物理实体。

（4）业务/应用层。业务/应用层提供增值业务逻辑、业务开发平台和第三方可编程接口,负责各种业务流程的控制、服务性能以及智能化过程。各种特征服务器和第三方服务器构成业务层。

下一代通信网络的层次化网络结构不仅实现了业务控制与网络连接的分离,而且实现了连接控制与传输媒体分离,解决了现有通信网络中的业务与设备紧耦合、提供新业务需要对众多的设备进行更新、周期长、反应慢、市场竞争力不强的问题。另外,各层次间基于标准的协议接口互通,可以各自独立发展,分别采购,增加网络灵活性和稳定性,降低采购成本。

思政视窗

从国货之光到中国骄傲:华为助力中国航天

2021 年 6 月 17 日,神舟十二号顺利发射,三位航天英雄顺利进入空间站,开启了为期三个月的"太空之旅"。通过太空直播视频我们发现,在空间站的工作之外,航天员们还可以连接Wi-Fi,用手机或其他智能设备浏览新闻、和家人视频通话等,真实呈现了我们对神秘太空的科学幻想。

在航天员太空现场直播中,不少细心的网友发现,在科学专业的空间站作业中,惊现不少我们日常生活中也在高频率使用的科技单品,用于空间站的办公和日常生活。其中,眼尖的网友发现的华为产品有华为 P30 手机、华为 Freebuds Studio 头戴耳机、华为 Mate Pad Pro 平板电脑。这也被华为消费者业务手机产品线总裁何刚亲自发文认领"感谢中国航天员的选择,很荣幸能以这种方式参与伟大的航天事业。"

通过宇航员们在空间站的日常工作、生活,让我们见识到了祖国科技的强大,也让我们认识别到了众多在空间站上使用的国产品牌。相信随着国内科技的发展,将会有更多的国产品牌走出国门,让世界为之羡慕。

2.2　下一代通信网络的关键技术

以软交换为核心、以 IP/ATM 为骨干网的下一代网络是一种融合的网络,不仅能够实现传统的电信网络、计算机网络和有线电视网的融合,也将实现固定网络和移动网络的融合。在向下一代网络演进的过程中,需要注意的是与现有网络之间的互通和平滑过渡。目前,全球支撑下一代网络的主要技术有软交换、IPv6、宽带接入、城域网、光纤高速传输技术、光交换与智能光网、媒体网关技术、信令网关技术等。

2.2.1　光纤传输通信技术

NGN 需要更高的速率、更大的容量,但到目前为止能够看到的,并能实现的最理想传送媒介仍然是光。因为只有利用光谱才能带给我们充裕的带宽。光纤高速传输技术现正沿着扩大单一波长传输容量、超长距离传输和密集波分复用(dense wavelength division multiplexing,DWDM)系统三个方向在发展。

光纤通信的原理:在发送端首先把传送的信息(如话音)变成电信号,然后调制到激光器发出的激光束上,使光的强度随电信号的幅度(频率)变化而变化,并通过光纤发送出去;在接收端,检测器收到光信号后把它变换成电信号,经解调后恢复原信息。光纤传输示意如图 2-2 所示。

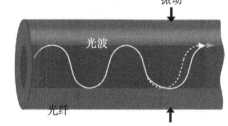

图 2-2　光纤传输示意图

光纤通信的重要优势有三点:一是通信容量大,一根光纤的潜在带宽可达 20T Hz;二是信号串扰小,保密性能好;抗电磁干扰,做到高保真;三是尺寸小,重量轻,便于铺设和运输。

2.2.2　光交换与智能光网

随着信息技术的飞速发展,数据业务的信息量急剧增长,采用光学技术来扩充核心传输网容量已成为网络运营商和设备制造商的共识。而在信息容量需求呈爆炸性增长的今天,智能光网络可能凭借其可进行动态分配网络带宽以及高性价比的特点,成为一项重要的新型通信传输技术而得到广泛应用。NGN 需要更加灵活、更加有效的光传送网。组网技术现正从具有分插复用和交叉连接功能的光联网向利用光交换机构成的智能光网发展,从环形网向网状网发展,从光-电-光交换向全光交换发展。图 2-3 是以光交换为主的数字校园网络拓扑图。

智能交换光网络(intelligent optical network,ION)集话音信号传输、Internet IP 业务传输、ATM 信号传输、FRAME RELAY 传输、数字图像信号传输于一体,可以在同一传送平台提供话音信号、数据信号、图像信号的传输,实现传输网络的统一,使传输服务提供商在较低的投资下提供全业务传输服务,增强传输业务服务商的竞争能力。智能光网络是一种具有智能、灵活、高效为网络业务服务等特点的新型网络。智能光网能在容量灵活性、成本有效性、网络可扩展性、业务灵活性、用户自助性、覆盖性和可靠性等方面比点到点传输系统和光联网带来

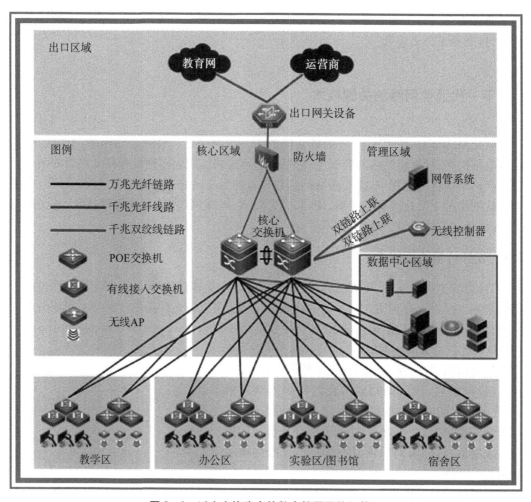

图 2-3 以光交换为主的数字校园网络拓扑图

更多的好处。它可以为下一代网络的扩展和高速业务服务提供技术支持。

  智能光网的主要功能特征：为不同业务提供不同的管理和流量控制的功能；灵活、动态的波长选路和带宽资源分配功能；自动发现和动态链路管理功能；网络故障拥塞时的强大网络生存维护能力和快速自愈保护功能等。

  智能光网的主要技术为自动发现技术和光网络协议与管理技术。

  （1）自动发现技术。智能光网中的自动发现技术主要包括邻接发现、拓扑发现和业务发现等关键技术。邻接发现包括本节点连出到邻接链路的各种状态、参数；拓扑发现能够处理链路状态信息的刷新问题，能够依靠邻接定义处理相邻节点间的链路连接问题；业务发现可以使终端系统和网络能够彼此确认并描述业务，提供信息，建立 IP 标签和波长的关系。

  （2）光网络协议与管理技术。光网络协议可以在 ION 中实现快速地分配带宽、路由、监控和有效的恢复。智能光网的管理可以实现网络操作系统与网元之间更加高效的通信功能。

2.2.3 宽带接入技术

  NGN 必须要有宽带接入技术的支持，因为只有接入网的带宽瓶颈被打开，各种宽带服务与应用才能开展起来,网络容量的潜力才能真正发挥。宽带接入方面的技术五花八门,主要有以下四种技术:一是基于高速数字用户线(very-high-bit-rate digital subscriber loop,VDSL);二是基于以太网无源光网(ethernet passive optical network,EPON)的光纤到户(fiber to the home,FTTH);三是自由空间光系统(free space optical communications,FSO);四是无线局域网(wireless local area network,WLAN)。从长远来看,具有带宽优势的光纤接入网特别是无源光网络(xPON)是比较理想的方式,FTTH 则是趋于完美的解决方案。

1. FTTX

光纤接入技术是指在接入网中采用光纤传输介质构成光纤用户环路,实现用户高性能宽带接入的一种方案。光接入网的各种类型,都是通过光网络(optical networking,ON)实现的。光纤接入的主要优点:降低维护费用和故障率;配合本地网结构的调整,减少节点,扩大覆盖;充分利用光纤化所带来的一系列好处。家庭用户上网连接如图 2-4 所示。

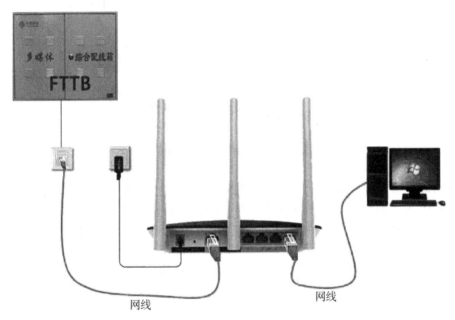

图 2-4　家庭用户上网连接示意图

2. 宽带 PON 技术

无源光网络(passive optical network,PON)是指采用无源光分支器的光纤接入网,它可以节省光线路终端(optical line terminal,OLT)光接口和光纤资源,易于升级扩容,便于维护管理。从长远来看,宽带 PON 技术在未来实现 FTTH 方面具有较好的发展前景。

3. 光纤到户

FTTH 是宽带发展的最终理想,它能够满足各类用户的多种需求,如高速通信、家庭购物、实时远程教育、视频点播(video on demand,VOD)、高清晰度电视(high definition television,HDTV)等。

2.2.4　城域网

城域网也是 NGN 中不可忽视的一部分。城域网是高度竞争和开放的网络环境,不仅是广域网与局域网的桥接区或传统长途网与接入网的桥接区,也是底层传送网、接入网与上层各种业务网的融合区,还是传统电信网与数据网的交叉融合地带和未来的三网融合区。城域网的解决方案众多,有基于 SONET/SDH/SDH 的、基于 ATM 的,也有基于以太网或 WDM 的,以及 MPLS 和 RPR(弹性分组环技术)等。图 2-5 为教育城域网拓扑图。

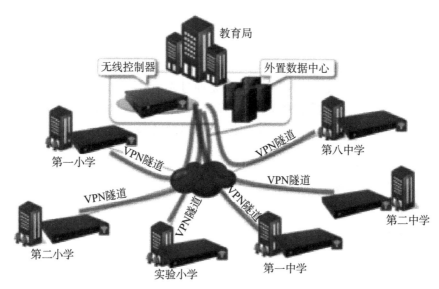

图 2-5　教育城域网架构拓扑图

城域网的主要特点:可扩展性速率可扩至数 10 Gb/s,节点数目远远超过传统 SDH/SONET 的 16 节点的极限;费用低,包括每 Gb/s 的费用、初期投资、运输维护费等;支持下一代网络的各种业务,支持各种物理接口,支持以大量的基于软件的 QoS 控制为基础的新业务生成,支持以强大的服务等级协议(service level agreement,SLA)监视能力为基础的计费和监控,支持基于 IP 协议的业务;安全性好,有备份软件,支持环形拓扑和光纤保护或恢复。

2.2.5　IPv6 技术

目前使用的 IPv4 采用 32 位地址长度,只有大约 43 亿个地址,且已在 2019 年全部分配完毕。早在 1990 年,国际互联网工程任务组(Internet Engineering Task Force,IETF)就预见了这一状况,并启动 IP 新版本的设计工作,经过多次讨论、修订和定位之后,在 1993 年得到了一个名为 SIPP(simple Internet protocol plus)的协议,即 IPv6,也叫网际协议第 6 版。

1. IPv6 地址的表示方法

IPv6 地址共 128 位,分 8 组表示,每组 16 位。因为 4 个二进制数就可以用一个十六进制数表示,所以每组由 4 个十六进制数组成,每个数之间用“:”分隔。每组中前面的 0 可以省略。但每组必须有一个数,如“1180:0:0:9210:200C:417A:0:8000”“FEDC:AB45:3320:98AB:7830:3320:4321:DAEF”。

在 IPv6 地址中有时会出现连续的几组零,为了简化这书写,这些零可以用“::”代替,但一个地址中只能出现一次“::”,如表 2-2 所示。

表 2-2　IPv6 地址的表示方法

序号	原地址	简化地址
1	1080:0:0:0:90:800:201C:417A	1080::90:800:201C:417A
2	FF01:0:0:202:0:0:1:303	FF01::202:0:0:1:303 或 FF01:0:0:202::1:303
3	0:0:0:0:0:0:0:2	::2

在某些情况下,IPv4 地址需要包含在 IPv6 地址中。这时,最后两组用现在习惯使用的 IPv4 的十进制表示方法,前六组表示方法同上。例如,IPv4 地址 61.1.44.2 包含在 IPv6 地址中表示为 0:0:0:0:0:0:61.1.44.2,或者是::61.1.44.2。

2. IPv6 地址的结构

128 位的 IPv6 地址由 64 网络地址和 64 位主机地址组成。其中,64 位的网络地址又分为 48 位的全球网络标识符和 16 位本地子网标识符,如图 2-6 所示。

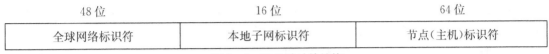

48 位	16 位	64 位
全球网络标识符	本地子网标识符	节点(主机)标识符

图 2-6　IPv6 地址的结构

3. IPv6 的特点

IPv6 协议不仅适用于网络上的计算机,还适用于所有的通信设备,如手机、无线设备、电话等。IPv6 的主要特点如下。

(1) 更大的地址空间。IPv6 地址长度为 128 位(16 字节),即有 2^{128}(3.4×10^{38})个地址,这一地址空间是 IPv4 地址空间的 296 倍。在 IPv6 庞大的地址空间中,目前全球入网设备已分配的地址仅占其中极小的一部分,有足够的余量可供未来的发展所用。

(2) 简化的报头和灵活的扩展。IPv6 对数据报报头进行了简化,将其基本报头长度固定为 40 个字节,减少了处理开销并节省了网络带宽。此外,IPv6 定义了多种扩展报头,使得其变得极其灵活,能提供对多种应用的强力支持,同时又为以后支持新的应用提供了可能。

(3) 多样化的地址类型。IPv6 定义了三种不同的地址型:单点传送地址、多点传送地址和任意点传送地址。所有类型的 IPv6 地址都属于接口(interface)不是节点(node)。一个 IPv6 单点传送地址被赋给某一个接口,而一个接口只能属于某一个特定的节点,因此一个节点的任意一个接口的单点传送地址都可以用来标识该节点。

(4) 即插即用的连网方式。IPv6 允许主机发现自身地址并自动完成地址更改,这种机制既不需要用户花精力进行地址设定,又可以大大减轻网络管理者的负担。IPv6 有两种自动设定功能:一种是和 IPv4 自动设定功能相同的"全状态自动设定"功能;另一种是"无状态自动设定"功能。

(5) 网络层的认证与加密。IP 安全协议(IPSee)是 IPv4 的一个可选扩展协议,但却是 IPv6 必需的组成部分,其主要功能是在网络层为数据包提供加密和鉴别等安全服务。IPSee 提供了认证和加密两种安全机制。

(6) 服务质量的满足。服务质量(quality of service,QoS)通常是指通信网络在承载业务时为业务提供品质保证。基于 IPv4 的 Internet 在设计之初,只有一种简单的服务,即采用"最大努力(best effort)"传输。但是随着多媒体业务(如 IP 电话、视频点插、在线会议)的增加,对传输延时和延时抖动有着越来越严格的要求,因此对服务质量的要求也越来越高。IPv6 数据报中包含一个 8 位业务流类别(class)和一个新的 20 位的流标多(flow label),它的目的是允许发送业务流的源节点和转发业务流的路由器在数据报上加上标记,中间节点在接收到数据报后,通过验证它的流标签就可以判断它属于哪个流,然后就可以知道数据报的 QoS 需求,并进行快速转发。

(7) 对移动通信更好的支持。移动互联网已成为人们日常生活的一部分,影响着生活的方方面面。IPv6 提供了可移动的 IP 数据服务,让人们可以在世界各地都使用同样的 IPv6 电址,非常适合无线上网的场景。

2.2.6 软交换

1. 认识软交换

国际软交换协会(International Softswitch Consortium,ISC)对软交换的定义:软交换是提供呼和控制功能的软件实体。下一代网络是业务驱动的网络,通过业务与呼叫控制分离以及呼叫控制与承载分离实现相对独立的业务体系,使业务真正独立于网络,灵活、有效地实现所提供的业务。用户可以自行配置和定义自己的业务特征,不必关心承载业务的网络形式以及终端类型,使得业务和应用的提供有较大的灵活性,从而满足用户不断发展更新的业务需求,也使得网络具有可持续发展的能力和竞争力。

软交换技术作为业务/控制与传送/接入分离思想的体现,是下一代网络体系结构中的关键技术,其核心思想是硬件软件化,通过软件方式来实现原来交换机的控制、接续和业务处理等功能。各实体之间通过标准的协议进行连接和通信,便于在下一代网络中更快地实现各类复杂的协议及更方便地提供业务。

从广义上来看,软交换泛指种体系结构,利用该体系结构可以建立下一代网络框架。软交换的功能涵盖了四个功能层面:接入层、传输层、控制层和业务层,主要由软交换设备、媒体网关、信令网关、应用服务器、IAD 等组成。

从狭义上来看,软交换和软交换设备定位在控制层,实现传统程控交换机的呼叫控制功能。传统程控交换机的呼叫控制功能是和业务结合在一起的,不同的业务需要不同的呼叫控制功能。但软交换是与业务无关的,这就要求软交换提供的呼控制功能是各种业务的基本呼叫控制。未来的软交换应该是尽可能简单的,其智能控制功能部分应尽可能地移至外部的业务层。基于软交换的网络系统结构如图 2-7 所示。

在传统的 PSTN 中,交换机采用垂直、封闭和私有的系统结构,呼叫控制、业务实现以及交换矩阵都集中在一个交换系统内。而软交换的主要设计思想是业务提供与呼叫控制相分离,各个实体之间通过标准的协议进行连接,且基于标准的、开放的系统结构。

下一代网络和软交换的设计思路就是软交换机必须有与网络相连的能力,该网络就是下一代多媒体信令网。软交换机与多媒体信令网相连,就如同软交换机与另一个软交换机相连一样简单。可以说软交换的出发点是"网络就是交换",它是一个基于软件的分布式交换/控制平台,将呼叫控制功能从网关中分离出来,开放了业务、控制、接入和交换间的协议,真正实现了多厂商的网络运营环境,从而方便在网络中引入多种业务。

目前,软交换机的硬件平台多采用业界标准的开放的计算机硬件平台,使运营商能够灵活地实现新业务的开发,并充分利用计算机技术快速发展所带来的性能飞速提高。

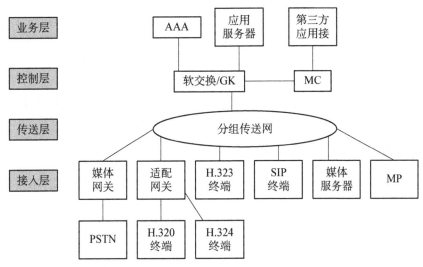

图 2-7　基于软交换技术的网络结构图

2. 软交换的主要功能

软交换是下一代网络的控制功能实体,为下一代网络具有实时性要求的业务提供呼叫控制盒连接控制功能,是下一代网络呼叫与控制的核心。软交换主要功能如下。

(1) 媒体网关接入功能。媒体网关功能是接入到 IP 网络的一个端点/网络中继或几个端点的集合,它是分组网络和外部网络之间的接口设备,提供媒体流映射或代码转换的功能。

(2) 呼叫控制和处理功能。该功能可为基本业务/多媒体业务呼叫的建立、保持和释放提供控制功能,包括呼叫转移、连接控制、智能呼叫触发和资源控制等。

(3) 业务提供功能。在网络从电路交换向分组交换的演进过程中,软交换技术必须能够实现 PSTN/ISDN 交换机所提供的全部业务,包括基本业务和补充业务,还应该与现有的智能网配合提供智能网业务。

3. 软交换的主要应用

虽然软交换网络是一个完整的网络连接方案,可以应用于多个领域,如移动和多媒体领域。但由于其技术较新,就目前的开放情况来看,还主要应用在固定网络的语音业务领域。针对不同的网络状况和业务需求,目前软交换的应用主要集中在以下四个方面。

(1) 分组中继。针对用户数增加对汇接局、长途局容量需求激增以及传输带宽增加的情况,通过采用软交换技术构建分组中继叠加网络,利用媒体网关直接提供高速的分组数据接口,大大减少传输网络中低速交叉连接的数量,对语音进行静音抑制、语音压缩以及 AAL2/ATM 的可变速率适配,降低网络传输成本和宽带需求,从而满足对现有的长途局和汇接局的扩容要求。

(2) 本地接入。在多种多样的接入方式(如 DSL、以太网、Cable、WLAN、双绞线等)条件下,采用软交换技术实现分组语音的本地接入,从某种意义上讲,它不仅完成了 Class5 端局的替代或新建,而且为终端用户提供了数据和语音的综合业务。

(3) 多媒体业务。针对用户多媒体业务的需求,利用软交换技术,将各种应用服务器上的新业务,在软交换设备的集中呼叫控制下,通过各种网关设备最终提供给广大终端用户,其中软交换直接控制着各种新业务的发放和实施,保证了业务在全国开展的及时性。

(4) 3G 核心网。软交换技术不仅适用于固定网络,在 3GPP R4 定义的 3G 无线核心网中也采用软交换技术,实现呼叫控制与媒体承载的分离。与固定网相比,3G 核心网的网络结构与其完全一致,但在移动性管理、安全保密、人证授权等方面,对软交换设备功能进行了相应的扩展。

作为下一代网络控制核心的软交换,结合了传统电话网络可靠性和 IP 技术灵活性、有效性的优点,是传统的电话交换网向分组化网过渡的重要网络概念。

2.2.7 网关技术

以软交换为核心、以 IP/ATM 为骨干的下一代网络是一种融合的网络,不仅能够实现传统的电信网络、计算机网络和有线电视网的融合,也将实现固定和移动网络的融合。现有的各种网络将作为边缘网络通过网关接入到网络核心层,从而实现全网的融合。网关的主要作用就是实现两个异构网络之间的通信。

IETF 的 RFC2719 给出了网关的总体模型,将网关分解为三个功能实体:媒体网关(MG)功能、媒体网关控制(MGC)和信令网关(SG)功能,如图 2-8 所示。

需要注意的是,图 2-8 中网关功能实体在功能逻辑上的分离示意,并不代表物理上三个功能实体都是独立的物理设备。

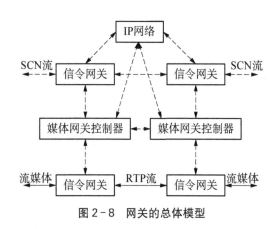

图 2-8 网关的总体模型

1. 媒体网关

媒体网关在 NGN 中扮演着重要角色,如果说软交换是 NGN 的"神经",应用层是 NGN 的"大脑",那么媒体网关就是 NGN 的"四肢"。

任何业务都需要媒体网关在软交换的控制下实现,在相关的标准中,媒体网关的功能被定义为将一种网络中的媒体转换成另一种网络所需的媒体格式。例如,媒体网关能够在电路交换网的承载通道和分组网的媒体流之间进行转换,而且在传输层和应用层都需要这种转换。在传输层,一方面要进行 PSTN 网络侧的复用功能,另一方面还要进行 IP 网络侧的解复用功能。这是因为在 PSTN 中,多个语音通路以 TDM 复用为一帧,而 IP 网络则将语音封装在实时传输协议(real-time transport protocol,RTP)的净荷中进行传输。在应用层,PSTN 和 IP 网络的语音编码机制不同,PSTN 主要采用 G.711 编码,而 IP 网络采用语音压缩编码。

1) 媒体网关的主要功能

(1) 用户或网络接入功能。媒体网关负责各种用户或各种接入网络的综合接入,如普通电话用户、ISDN 用户、ADSL 接入、以太网用户接入或 PSTN/ISDN 网络接入、3G/4G 网络接入等。

(2) 接入核心媒体网络功能。媒体网关以宽带接入手段接入核心媒体网络。目前接入核心媒体网络主要通过 ATM 或 IP 接入。ATM 是面向连接的第 2 层技术,具有可靠的业务质量保证能力,IP 则是目前应用广泛的第 3 层技术。

(3) 媒体流的映射功能。在 NGN 中,任何业务数据都被抽象成媒体流,媒体流可以是语音、视频信息,也可以是综合的数据信息。由于用户接入和核心媒体之间的网络传送机制的不一致性,需要将一种媒体流映射成另一种网络要求的媒体流格式,但是由于业务和网络的复杂性,媒体流映射并不是简单的映射,它涉及媒体编码格式、数据压缩算法、资源预约和分配及特殊资源的检测处理、媒体流的保密等多项与媒体流属性相关的内容。此外,对不同的业务特性又有其特殊的要求,如语音业务对回声抑制、静音压缩、舒适噪声插入等有特殊要求。

(4) 受控操作功能。媒体网关受软交换的控制,它绝大部分的动作,特别是与义务相关的动作都是在软交换的控制下完成的,如编码、压缩算法的选择、呼叫的建立和释放、中断、资源的分配和释放、特殊信号的检测和处理等。媒体网关和软交换之间的特殊关系决定了它们之间控制协议的重要性,MGCP 和 H.248 就是软交换和媒体网关之间的控制协议。

(5) 管理和统计功能。作为网络中的一员,媒体网关同样受到网管系统的统一管理,也要向软交换或网管系统报告相关的统一信息。

2) 媒体网关的分类

从设备本身讲,媒体网关并没有一个明确的分类,因为媒体网关负责将各种用户和网络综合接入到核心网络,但并不是说任何一个媒体网关设备都要支持所有的接入功能。根据媒体网关设备在网络中的位置,可将其分为如下几类。

(1) 中继媒体网关。针对传统的 PSTN/ISDN 的中继媒体网关,负责 PSTN/ISDN 的 C4 或 C5 的汇接接入,将其接入到 ATM 或 IP 网络,主要实现 VoATM 或 VOIP 功能。

(2) 综合接入媒体网关。综合接入媒体网关负责各种用户或接入网的综合接入,如直接将 PSTN/ISDN 用户、以太网用户、ADSL 用户或 V5 用户接入。这类综合接入媒体网关一般放置在靠近用户的端局,具有拨号 Modem 数据业务分流的功能。

(3) 小区或企业用媒体网关。从目前情况看,放置在用户住宅小区或企业的媒体网关主要完成用户语音和数据的综合接入,还会实现视频业务的接入。

2. 媒体网关控制器

媒体网关控制器的功能是控制整个网络,监视各种资源并控制所有连接,也负责用户认证和网络安全,发起和终接所有的信令控制。实际上,媒体网关控制器主要进行信令网关功能的信令翻译。媒体网关控制单元(media gateway control unit,MGCU)是媒体网关控制功能的物理实体,通常,媒体网关控制功能和信令网关控制功能集成在同一个设备中。

软交换、媒体网关控制器和网守都是软交换和下一代网络相关技术中的重要概念,它们的含义在一定程度上容易引起混淆。网守是 H.323 系统中的功能实体,控制一个或多个网关,控制不同网络之间语音电路的建立与终止。媒体网关控制器所起的作用基本上和网守相同,但媒体网关控制器使用的协议是 IETF 定义的媒体网关控制协议(media gateway control protocol,MGCP)。在大多数情况下,媒体网关控制器被统称为软交换,但媒体网关控制器并不等同于软交换,软交换的功能比媒体网关控制器更强大。换句话说,软交换不仅包含了呼叫代理、呼叫服务器、媒体网关控制器等设备的全部功能,还增加了一些扩展功能,可以认为媒体网关控制器只是软交换的一个子集。

H.248/MEGACO 和 MGCP 都是媒体网关控制协议,支持多种复杂的功能,并且能够在标准的、开放的组件上实现业务。

(1) 资源控制。MGC 能够为每一个呼叫动态地分配媒体资源,能够获取媒体网关中各种资源的状态,管理每一个连接,可以根据终端类型的不同(如 TDM、以太网、ATM 或帧中继等终端)建立不同类型的连接。

（2）媒体处理功能。MGC 能够对每一个呼叫中的媒体流参数进行制定或调整。

（3）信号与事件处理。MGC 能命令 MG 对不同媒体流所应监视的事件及其相关的信号进行监视，并报告给 MGC。

（4）连接管理。网关控制协议能在 MGC 和 MG 之间建立一种控制关系，一个 MGC 能管理一个或多个 MG，一个 MG 也可以被多个 MGC 所管理。

（5）安全。媒体网关控制协议必须保证 MGC 和 MG 之间的通信安全。

（6）应用支持。为方便应用的扩展，媒体网关控制协议应尽可能允许 MGC 提供各种附加业务。

3. 信令网关

国际软交换协会的参考模型定义了信令网关功能(SG-F)和接入网信令功能(AGS-F)。

要实现 SCF 和 IP 网络业务的互通，需要信令网关实现 SCN 的信令和 IP 网络的互通。信令网关就是 SG-F 或 AGS-F 的物理实现，负责信令的转换和传递，将 PSTN 中的 No.7 信令转换为 IP 对应的信令协议，如 H.323 消息。通过 SCTP 与软交换通信，信令网关通过 SCTP 将转换后的信令消息传递给软交换，反过来从软交换接收 IP 网上的信令消息，转换为 No.7 信令消息后通过 PSTN 信令接口传递到 PSTN 信令网上。提供 No.7 信令网和分组语音网之间的接口，能将 No.7 信令转换为 IP 传送到软交换中。在实际应用时，信令网关可以是一个独立的设备，也可以是与其他功能综合在一起的设备。

信令网关可分为 No.7 信令网关和 IP 信令网关两种。No.7 信令网关中继 No.7 信令协议的高层(ISUP、SCCP、TCAP)，跨越 IP 网络。No.7 信令网关终接来自一个或多个 PSTN 网络的 No.7 信令消息，并通过基于 IP 的信令传输协议终接 No.7 信令高层协议，到一个或多个基于 IP 的网络组件。通常，No.7 信令网关只提供有限的路由能力，完整的路由能力由软交换机或特殊协议设备(如 H.323 网守或 SIP 代理)提供。在业务应用中主要有两种情况需要IP 信令网关提供 IP 到 IP 的信令转换。一是出于对安全的考虑，需要隐藏在信令消息内部服务商的 IP 地址，IP 信令网关可以看做是部署在分组网络之间的应用程序层网关(application layer gateway，ALG)；二是 IP 信令网关也提供网络地址转换(network address translation，NAT)能力，当数据包穿过网络边界的时候，在传输层把公共 IP 地址转化为私有地址。

信令网关应提供的信令协议包括：①No.7 信令消息传递第二级(MTP-2)，64 kb/s；②No.7 信令消息传递第二级(MTP-2)，2 Mb/s；③No.7 信令消息传递第三级(MTP-3)；④No.7 信令消息信令连接控制部分(SCCP)；⑤No.7 信令消息传递第三级用户适配层(M3UA)；⑥No.7 信令消息传递第二级对等适配层(M2PA)；⑦流控制传送协议(SCTP)；⑧IP 协议。

信令网关使用 M3UA 还是 M2PA，应该从其特点和应用业务来考虑。如果信令网关提供 SCN 和 IP 网的电话互通，则采用 M3UA 比较合适，因为使用 M3UA 不需要 IP 网结点提供 MTP3，避免了提供 IP 网业务结点的厂家开发复杂的 No.7 信令路由管理功能。而 M2PA 的信令网关适用于需要 IP 提供 No.7 信令网的情况，采用 M2PA 的信令网关可以作为 IP 网中 No.7 信令网的信令转接点。

思政视窗

通信专业技术人员职业水平考试是由国家人力资源和社会保障部、工业和信息化部领导下的国家级考试，其目的是科学、公正地对全国通信专业技术人员进行职业资格、专业技术资格认定和专业技术水平测试。

　　通信专业技术人员职业水平评价纳入全国专业技术人员职业资格正书制度统一规划,分初级、中级和高级三个级别层次。参加通信专业技术人员初级、中级职业水平考试,并取得相应级别职业水平证书的人员,表明其已具备相应专业技术岗位工作的水平和能力,用人单位可根据《工程技术人员职务试行条例》有关规定和相应专业岗位工作需要,从获得相应级别、类别职业水平证书的人员中择优聘任。作为一名合格的通信相关专业学生,提升自己的综合素质非常重要、而考证就是督促自己学习技能及证明自己实力的重要形式。

2.3　下一代通信网络中的主要协议

　　NGN 的目标是建设一个能够提供语音、数据、多媒体等多种业务的,集通信、信息、电子商务、娱乐于一体的,满足自由通信的分组融合网络。软交换技术在这样一个异构网络中的作用极为重要。协议的标准化则是实现设备互连互通、提高通信设备工作效率、保障通信服务质量的关键。IETF、ITU-T 制定并完善了一系列标准协议,如 H. 248/Megaco、SIP、BICC、SIGTEAN。下一代网络协议体系结构如图 2-9 所示。

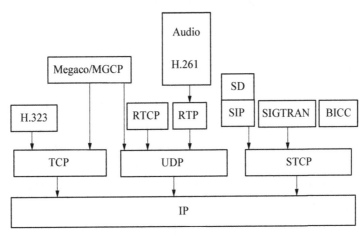

图 2-9　下一代网络协议体系结构图

　　NGN 协议包含非对等和对等两类协议。非对等协议主要指媒体网关控制协议 H. 248/Megaco,对等协议包括 SIP、H. 323、BICC 等。SIGTRAN 为信令传送协议。由于历史原因,NGN 系列协议有些相互补充,有些相互竞争。H. 248/Megaco 是一个非对等主从协议,与其他协议配合可完成各种 NGN 业务。SIP、H. 323 均为对等协议,存在竞争关系。由于 SIP 具有简单、通用、易于展等特性,已逐渐发展成为主流协议。

2.3.1　H. 248/Megaco 协议

　　介绍 H. 248/Megaco 协议之前需要提一下 MGCP。MGCP 是简单网关控制协议(simple gateway control protocol,SGCP)和 IP 设备控制(IP device control,IPDC)协议结合的产物。Lucent、AGCS 等公司后来提出了一种新的媒体网关控制协议(media device control protocol，MDCP），为此，IETF 成立了一个专门的 Megaco 工作组，将 MGCP 和 MDCP 融合为 Megaco 协议，并确定 Megaco 协议为 MGC 和 MG 之间的标准控制协议。

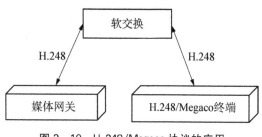

图 2-10 H.248/Megaco 协议的应用

而 ITU-T SG16 工作组也提出了媒体网关控制协议 H.248。ITU-T 的 16 工作组和 IETF 的 Megaco 工作组经过讨论协商，将 Megaco 协议和 H.248 协议进行融合，正式发布了 H.248/Megaco 协议作为标准的媒体网关控制协议，应用在媒体网关和软交换之间、软交换与 H.248/Megaco 终端之间，如图 2-10 所示。

H.248/Megaco 协议提供控制媒体/控制流的建立、修改和释放机制，同时也可携带某些随路呼叫信令，支持传统网络终端的呼叫。H.248/Megaco 协议在构建开放和多网融合的 NGN 中发挥着重要作用。

H.248/Megaco 协议是网关分离概念的产物。网关分离的核心是业务和控制分离，控制和承载分离。这样使业务、控制和承载可独立发展，一方面运营商在充分利用新技术的同时，还可提供丰富多彩的业务，通过不断创新的业务提升网络价值。另一方面，由于 H.248/Megaco 协议是 ITU-T 和 IETF 共同推荐的协议，很多设备制造商和运营商都看好这个协议。

2.3.2 SIP

会话初始协议（session initiation protocol，SIP）是 IETF 制定的多媒体通信系统框架协议之一，它是一个基于文本的应用层控制协议，独立于底层协议，用于建立、修改和终止 IP 网上的双方或多方多媒体会话。与 H.248/Megaco 协议不同，SIP 是对等协议。SIP 中有客户机和服务器之分。客户机是指为了向服务器发送请求而与服务器建立连接的应用程序。用户代理（User Agent）和代理（Proxy）中含有客户机。服务器是用于向客户机发出的请求提供服务并回送应答的应用程序。SIP 的工作方式为客户机发起请求，服务器进行响应。SIP 主要应用于 SIP 终端和软交换之间。软交换和各种应用服务器之间以及软交换和软交换之间，如图 2-11 所示。SIP 协议借鉴了 HTTP、SMTP 等协议的特点，支持代理、重定向、登记定位用户等功能，支持用户移动，与 RTP/RTCP、SDP、RTSP、DNS 等协议配合，支持 Voice、

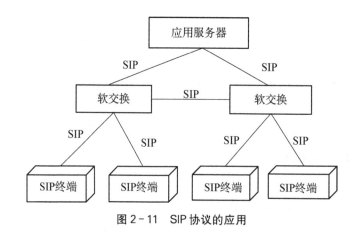

图 2-11 SIP 协议的应用

Vidio、Data、E-mail、Presence、IM、Chat、Game 等业务。目前 SIP 受到许多设备制造商,特别是数据产品制造商和应用开发商的重视。

2.3.3　BICC 协议

随着数据网络和语音网络的集成,融合的业务越来越多,更加暴露出 PSTN 64 kb/s、NX 64 kb/s 承载能力固有的局限性。分组承载网络除 IP 网络外还有 ATM 网络,但 IP 分组网不具备运营级质量,为了在扩展的承载网络上实现 PSTN、ISDN 业务,ITU-T SGll 小组制定了 BICC(bearer independent call control)协议。

BICC 协议的全称为与承载无关的呼叫控制协议。BICC 解决了呼叫控制和承载控制分离的问题,使呼叫控制信令可在各种网络上承载,如 MTP SS7 网络、ATM 网络、IP 网络。BICC 协议属于应用层控制协议,可用于建立、修改和结束呼叫,可以承载全部的 PSTN/ISDN 业务。BICC 协议由 ISUP 演变而来,是传统电信网络向综合多业务网络演进的重要支撑工具。

目前 BICC 协议正由 CS1(能力集 1)向 CS2、CS3 发展。CS1 支持呼叫控制信令在 MTPSS7、ATM 上的承载,CS2 增加了在 IP 网上的承载,CS3 则关注 MPLS、IP 等承载应用质量以及与 SIP 的互通问题。

BICC 协议可以用于软交换之间,SIP 也可以用于软交换之间的通信控制,具体应该采用哪一种协议,目前还没有定论。从协议的成熟度来看,SIP 的研究和开发比 BICC 协议要早,所以 SIP 比 BICC 协议成熟一些。因为 BICC 协议呼叫控制机制基于 N-ISUP 信令,沿用了 ISUP 中的相关消息,所以与现有的 No. 7 信令网在互通方面较强一些。

总的来说,BICC 协议是直接面向电话业务的应用提出的,来自传统的电信阵营,具有更加严谨的体系架构,因此它能为在 NGN 中实现现有电路交换电话网络中的业务提供很好的透明性。相比之下,SIP 的体系架构则不像 BICC 协议定义的那样完善,SIP 主要用于支持多媒体和其他新型业务,在基于 IP 网络的多业务应用方面具有更加灵活方便的特性。

2.3.4　SIGTRAN 协议

SIGTRAN 是 IETF 的一个工作组,其任务是建立一套在 IP 网络上传送 PSTN 信令的协议。SIGTRAN 协议包括 SCTP、M2UA、M3UA,提供了和 SS7 MTP 同样的功能,其协议栈结构如图 2-12 所示。

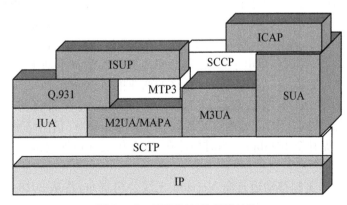

图 2-12　SIGTRAN 协议栈结构

（1）SCTP 协议为流控制传送协议，用于在 IP 网络上可靠地传输 PSTN 信令，可替代 TCP、WUDP 等协议。SCTP 协议在实时性和信息传输方面更可靠、更安全。TCP 为单向流，且不提供多个 IP 连接，安全方面也受到限制；UDP 不可靠，不提供顺序控制和连接确认。

（2）M2UA 为 MTP2 用户适配协议，支持 MTP3 互通和链路状态维护，提供与 MTP2 同样的功能。

（3）M3UA 为 MTP3 用户适配协议，支持 MTP3 用户部分互通，提供信令点编码和 IP 地址的转换。

（4）SUA 为信令用户适配协议，支持 SCCP 用户互通，相当于 TCAP over IP。

（5）M2PA 为 MTP2 用户对等适配层协议，支持 MTP3 互通，支持本地 MTP3 功能，支持 M2PA SG(信令网关)，可以作为 STP。

2.4 5G 技术

2.4.1 认识 5G

图 2-13 5G 网络标志

第五代移动通信网络(5th generation mobile communication technology，5G)，是最新一代蜂窝移动通信技术，简称 IMT‐2020。5G 网络标志如图 2-13 所示。

与前几代移动通信技术相比，5G 不再由某项业务能力或者某个典型技术特征定义。它不仅是一种更高速率、更大带宽、更强组图的通信技术，还是一个多业务、多技术融合的通信网络，更是面向业务应用和以用户体验为中心的信息生态系统。5G 技术的性能目标是高数据速率、减少延迟、节省能源、降低成本、提高系统容量和大规模设备连接。5G 主要优势在于数据传输速率远高于以前的蜂窝网络，最高可达 10 G/s，比 4G 快 100 倍。

1. 5G 的研发历程

早在 2009 年，华为就已经开展相关技术的早期研究，并在之后的几年里向外界展示了 5G 原型机基站。2013 年 11 月 6 日，华为宣布将在 2018 年前投资 6 亿美元对 5G 的技术进行研发与创新，并预言在 2020 年用户会享受到 20 Gbps 的商用 5G 移动网络。

2013 年 5 月 13 日，韩国三星电子宣布，其已率先开发出了首个基于 5G 核心技术的移动传输网络，并表示将在 2020 年之前进行 5G 网络的商业推广。

2014 年 5 月 8 日，日本电信营运商 NTTDoCoMo 正式宣布将与 Ericsson、Nokia、Samsung 等六家厂商共同合作，开始测试凌驾现有 4G 网络 1000 倍网络承载能力的高速 5G 网络，传输速度可望提升至 10 Gbps。当时预计在 2015 年展开户外测试，并期望于 2020 年开始运作。

2015 年 9 月 7 日，美国移动运营商 Verizon 无线公司宣布，将从 2016 年开始试用 5G 网络，2017 年在美国部分城市全面商用。

2016 年 8 月 4 日，诺基亚与电信传媒公司贝尔再次在加拿大完成了 5G 信号的测试。在测试中诺基亚使用了 73 GHz 范围内的频谱,数据传输速度也达到了当时 4G 网络的 6 倍。

2017 年 2 月 9 日,国际通信标准组织 3GPP 宣布了"5G"的官方 Logo。

2017 年 8 月 22 日,德国电信联合华为在商用网络中成功部署基于最新 3GPP 标准的 5G 新空口连接,该 5G 新空口承载在 Sub 6 GHz(3.7 GHz),可支持移动性、广覆盖以及室内覆盖等场景,速率直达 Gbps 级,时延低至毫秒级。同时采用 5G 新空口与 4GLTE 非独立组网架构,实现无处不在、实时在线的用户体验。

2017 年 12 月 21 日,在国际电信标准组织 3GPPRAN 第 78 次全体会议上,5G NR 首发版本正式冻结并发布。2018 年 6 月 13 日,3GPP5GNR 标准 SA(Standalone,独立组网)方案在 3GPP 第 80 次 TSGRAN 全会正式完成并发布,这标志着首个真正完整意义的国际 5G 标准正式出炉。

我国 5G 技术研发试验在 2016—2018 年进行,分为 5G 关键技术试验、5G 技术方案验证和 5G 系统验证三个阶段实施。2017 年 11 月 15 日,工信部发布《关于第五代移动通信系统使用 3 300—3 600 MHz 和 4 800—5 000 MHz 频段相关事宜的通知》,确定 5G 中频频谱能够兼顾系统覆盖和大容量的基本需求,并正式启动 5G 技术研发试验第三阶段工作,并力争于 2018 年年底前实现第三阶段试验基本目标。2017 年 12 月,发改委发布《关于组织实施 2018 年新一代信息基础设施建设工程的通知》,要求 2018 年在不少于 5 个城市开展 5G 规模组网试点,每个城市 5G 基站数量不少 50 个、全网 5G 终端不少于 500 个。

2018 年 6 月 28 日,中国联通公布了 5G 部署:将以 SA 为目标架构,前期聚焦 eMBB,5G 网络计划 2020 年正式商用。

2018 年 11 月 21 日,重庆首个 5G 连续覆盖试验区建设完成,5G 远程驾驶、5G 无人机、虚拟现实等多项 5G 应用同时亮相。

2018 年 12 月 7 日,工信部同意中国联通自通知日至 2020 年 6 月 30 日使用 3 500 MHz—3 600 MHz 频率,用于在全国开展第五代移动通信系统试验。12 月 10 日,工信部正式对外公布,已向中国电信、中国移动、中国联通发放了 5G 系统中低频段试验频率使用许可。这意味着各基础电信运营企业开展 5G 系统试验所必须使用的频率资源得到保障,这一举措向产业界发出了明确信号,进一步推动我国 5G 产业链的成熟与发展。

2019 年 6 月 6 日,工信部正式向中国电信、中国移动、中国联通、中国广电发放 5G 商用牌照,我国正式进入 5G 商用元年。2019 年 11 月 1 日,三大运营商正式上线 5G 商用套餐。业内人士表示,电信运营商推出 5G 商用套餐意味着 5G 由此进入正式商用阶段。5G 应用形象示意图如图 2 - 14 所示。

2. 5G 的优点

5G 的性能目标是提高数据速率、减少延迟、节省能源、降低成本、提高系统容量和支持大规模设备连接。因此,5G 可满足人们对超高流量密度、连接密度及移动性的需求和绝大部分的硬件互联场景。作为万物互联的基础设备,5G 具备巨大的产业生态价值,能带动芯片、软件等基础产业的快速发展,推动新一轮产业创新浪潮,被誉为全球产业升级的颠覆性起点。

总的来说,与前几代移动通信技术相比,5G 具有以下优点。

(1) 从用户体验来看,具有更高速率、更大带宽的 5G 能够满足消费者对更高网络体验的需求。"快"是 5G 带给大众用户最直观的感受。用户使用 5G 时,数秒时间即可下载一部高清电影,或是传输数百张高分辨率照片,这会全面提升用户体验。

图 2-14 5G 应用形象示意图

（2）从行业应用看，5G 具有更高的可靠性、更低的时延。能够满足智能制造、自动驾驶等行业应用的特定需求，拓宽融合产业的发展空间，支撑经济社会创新发展。

（3）从发展态势看，5G 已于 2019 年在我国正式商用，且在持续高速发展，大有取代 4G、占据行业主导地位之势。人们对智能通信设备数据传输速率的要求越来越高，目前的 4G 已经满足不了移动用户们的需求，因此 5G 的实现必须加快脚步。相对于 4G 来说，5G 的传输峰值速率提高了近百倍，并且 5G 在数据传输的可靠性、传输容量等方面也有了进一步的提高。

5G 是一组新兴的全球电信标准，通常使用高频频谱以提供网络连接，与 4G LTE 相比，延迟更低，速度和容量更大。重要的是，5G 囊括了用于构建未来尖端网络基础设施的一系列标准和技术。

5G 也可以促进云计算、大数据技术等技术的发展。云计算强调云存储和计算能力，大数据强调服务器的存储能力和计算能力，云计算可以为大数据提供更高效的数据处理能力，大数据、云计算技术为加快物联网的数据处理提供了一个很好的选择。5G 在数据传输速、数据容量、可靠性等方面远远领先于目前的 4G 技术，为大数据、云计算提供了一个更快更好的发展平台。

2.4.2　5G 的应用

随着 5G 在 2019 年正式商用，各行业在应用 5G 后纷纷迸发出了强劲的发展活力。无论是智慧城市的建设、自动驾驶的实现，还是远程医疗、远程教育、远程办公的进一步发展，抑或是 VR、AR、云游戏等娱乐方式的颠覆，都离不开 5G 的支持。5G 应用场景如图 2-15 所示。

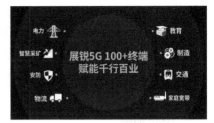

图 2-15　5G 的应用场景

(1) 在 VR 与 AR 方面。VR 和 AR 技术在 4G 时代发展遇到了很多坎坷,而 5G 时代,设备通信拥有更大的带宽与更低的时延,VR 与 AR 技术极可能在 5G 时代得到很大的发展。VR 与 AR 可以模拟出许多场景,大到模拟飞行员驾驶场景,小到给内向的小朋友模拟一个大场景演讲,VR 与 AR 将会实现我们的生活中的许多不可能,极大丰富人们的生活。

(2) 在无人驾驶方面。5G 的部署让数据的收集与部署更加快捷高效,而无人驾驶就是一个需要即时处理大量数据的应用。有了更快更高效的数据传输,无人驾驶的信息处理效率也会相应提高。虽然无人驾驶距离商用还有很长的一段路要走,很多方面需要开拓与完善,但是 5G 的应用能够促进无人驾驶的发展。

(3) 在工业 4.0 方面。进入工业 4.0 时代,人们的生活质量的提升需求对工业产品的需求更高,大量精密的仪器与各式传感器是工业的重要环节。而 5G 带来的高效信息传输也会给工业界带来极大的改善。

(4) 在远程控制方面。5G 的技术应用让远程控制得到巨大发展,使得远程控制中包含触觉功能成为可能。目前远程控制的使用在生活中并不多见,但是 5G 可能会催生出更多的远程控制,让其走进每个人的生活中。

(5) 智能管家。相信很多人都很想拥有钢铁侠的智能管家——贾维斯。现在智能管家的功能有限,随着 5G 的布局,未来智能管家可能会帮助大家更好地管理生活。而且,虚拟的智能管家可能会出现在身边。结合 VR 技术,智能管家将会有更好的体验。

(6) 智慧医疗。医疗是始终绕不开的话题,科技的发展极大提升了人们的生活质量,人们也更加重视自身的健康情况。智能手环、手表、体脂秤等都在实时监测着我们的健康情况。5G 时代,更多的数据可以高效地传输,医院会拥有个人更全面的健康参数,分析之后也会更好地维护个人的健康。

(7) 安防监控。智慧城市的重要场景就是安防监控。人工智能的发展中,计算机视觉最为迅猛,许多技术已经成熟并且落地。安防监控保障了一个城市与居民的安全。在公共场合的摄像头可以更好地保障人的生命财产安全,而一个城市如此大量的数据对通信也提出了很高的要求,5G 的部署会让安防监控做得更好。

(8) 浸入式学习。浸入式学习可能会给教育带来更深远的影响。5G 的低时延与高带宽会给传统教育带来突破性发展。同样结合 VR 技术,可以将书本上枯燥的知识更好地展现在学生面前。浸入式学习不仅生动有趣,也具有极佳的体验效果。

(9) 智慧城市。5G 时代,智慧城市会得到进一步发展。5G 给云计算提供了基础,人们在生活中的购物、用餐、出行、娱乐等活动可以得到更好的安排,未来的城市服务也会影响到千家万户。

5G 和人工智能互相促进、互相作用、互相影响。5G 作为新型通信基础设施,如同"信息高速公路"一样,为庞大数据量和信息量的高效、可靠传递提供了基础。人工智能,不仅仅是云端大脑,也是能够完成学习和演化的神经网络。人工智能将赋予机器人类的智慧,5G将万物互联变成可能。二者相互融合,将促进整个社会生产方式的改进和生产力的发展。是在5G技术的加持下,设备之间的信息传输不必再通过有线相互连接,设备与设备之间的联系更为紧密。

📇 思政视窗

无人驾驶动态体验车试跑兰州新区

近日,4辆无人驾驶动态体验车运抵兰州新区,并将亮相于近期举办的甘肃省智慧交通与智能网联汽车综合测试应用示范基地建成启动仪式,在兰州新区"城市开放道路测试区"上路行驶。

4辆无人驾驶动态体验车目前已运抵兰州新区,其中有2辆中巴2辆小巴,中巴可乘坐9人、小巴可乘坐6人。无人驾驶汽车车路协同体验场景主要有匝道汇入、行驶路线变更、特殊车辆优先、行人过街等。

图2-16 兰州新区首批投入的无人驾驶动态体验车

据介绍,甘肃省智慧交通与智能网联汽车综合测试应用示范基地由甘肃省公路交通建设集团有限公司在兰州新区建设。该基地建成后,将为自动驾驶技术和车路协同技术提供完备、特色的测试环境,抢占智能网联汽车与智慧交通产业发展制高点,对于引进自动驾驶企业、智慧交通企业及其上下游产业链具有重要吸引力。同时,通过建设智慧交通与智能网联汽车测试相关的基础设施、完善路网信息化设备设施、提升公共交通出行服务水平、推广车路协同安全应用场景、降低物流运输能耗和排放、加速自动驾驶技术落地应用等举措,实现新区新型交通基础设施的迭代升级,助力兰州新区智慧城市新型基础设施建设,提高兰州新区城市影响力和吸引力。

思考与练习 2

一、判断题

1. 通过局域网上网的计算机的 IP 地址是固定不变的。（　　）
2. IP 地址是用来唯一标识出主机所在网络及其网络中位置的编号,而不是主机在互联中的唯一标识。（　　）
3. IPv6 地址采用十六进制的表示方法,共 128 位,分 8 组表示,每组 16 位。（　　）
4. 相比前几代移动通信技术来说,5G 只是提升了传输速率和带宽。（　　）
5. IPv6 是下一代互联网的基石和灵魂。（　　）

二、选择题

1. 计算机网络是计算机技术和(　　)结合的产物?
   A. 其他计算机　　　B. 通信技术　　　C. 电话　　　D. 通信协议
2. 为了解决 IP 地址资源短缺、分配严重不均衡的局面,我国协同世界各国正在开发下一代 IP 地址技术,此 IP 地址简称为(　　)。
   A. IPv3　　　　　B. IPv4　　　　　C. IPv5　　　　　D. IPv6
3. 目前互联网使用的 IP 技术是(　　)。
   A. IPv2　　　　　B. IPv3　　　　　C. IPv4　　　　　D. IPv6
4. 以下哪一项是 IPv6 出现的最大原因(　　)。
   A. IPv4 所提供的网络地址资源有限
   B. IPv4 扩展性差,无法提供综合性服务
   C. IPv4 体系结构复杂、效率低下
   D. IPv4 安全性难以适应需求
5. 下列不属于 5G 关键技术的是(　　)。
   A. 大规模天线阵列　　　　　　　B. 超密集组网
   C. 全频谱接入技术　　　　　　　D. 非对称加密
6. 下列不属于 5G 的应用场景的是(　　)。
   A. 智慧城市　　　B. 人脸识别　　　C. 自动驾驶　　　D. 云 VR 游戏
7. 计算机网络的应用越来越普遍,它的最大特点是(　　)。
   A. 浏览网页　　　　　　　　　　B. 存储容量大
   C. 资源共享　　　　　　　　　　D. 信息传输速度高
8. 移动互联网的产业模型不包括(　　)。
   A. 芯片制造商　　　B. 终端制造商　　　C. 电信运营商　　　D. 互联网企业

三、综合题

1. 下一代通信网络技术发展的驱动力是什么?
2. 下一代网络的主要特点是什么?
3. 阐述下一代网络的体系结构。
4. 什么是网关?它有哪几种?有什么作用?
5. 什么是软交换?软交换的体系结构是什么?
6. 下一代网络主要包括哪些协议?
7. 下一代通信网络和我国的信息基础设施有什么关系?

模块 3　三网融合

三网融合是一种广义的、社会化的说法，在现阶段它并不意味着电信网、计算机网和有线电视网三大网络的物理合一，而主要是指高层业务应用的融合。表现为技术上趋向一致，网络层上可以实现互联互通，形成无缝覆盖，业务层上互相渗透和交叉，应用层上趋向使用统一的IP协议，为提供多样化、多媒体化、个性化服务的同一目标逐渐交汇在一起，通过不同的安全协议，最终形成一套网络中兼容多种业务的运维模式，为用户提供语音、数据和广播电视等服务。

知识目标

(1) 理解三网融合的意义。
(2) 了解三网融合涉及的主要技术。
(3) 理解推进三网融合的重点工作。
(4) 理解三网融合的主要应用。

能力目标

(1) 能举例说明三网融合在现实生活的应用实例。
(2) 能说明5G在三网融合中的核心应用。
(3) 能列举三网融合过程中应用到的主要技术。

3.1　认识三网融合

3.1.1　什么是三网融合

所谓"三网融合"，就是指电信网、广播电视网（广电网）和计算机通信网（互联网）的相互渗透、互相兼容，并逐步整合成为全世界统一的信息通信网络，提供包括语音、数据、图像等综合多媒体的通信业务。其本质是建成国家信息高速公路，实现网络从传输、接入到交换各个层面的宽带化。

三网融合有多种含义，狭义讲，是电信网、有线电视网与计算机网的融合与趋同；广义讲，是电信、媒体与信息技术等三种业务的融合；从服务商角度看，是指不同网络平台倾向于承载实质相似的业务；从终端用户看，是指消费者用户装置（如电话、电视与个人电脑）的趋同。三网融合如图 3-1 所示。

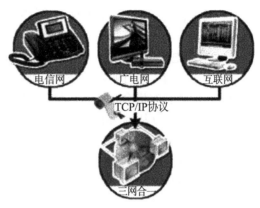

图 3-1　三网融合

"三网融合"是为了实现网络资源的共享，避免低水平的重复建设，形成的适应性广、容易维护、费用低的高速带宽的多媒体基础平台。三网融合并不意味着电信网、计算机网和有线电视网三大网络的物理合一，而三网融合主要是指高层业务应用的融合。其表现为技术上趋向一致，网络层上可以实现互联互通，形成无缝覆盖，业务层上互相渗透和交叉，应用层上趋向使用统一的 IP 协议，行业管制和政策方面也逐渐趋向统一，在经营上互相竞争、互相合作。三网融合的应用广泛，遍及智能交通、环境保护、政府工作、公共安全、平安家居等多个领域。

三网融合有以下几个优点。

（1）信息服务由单一业务转向文字、语音、图像、视频等多媒体综合业务。

（2）三网融合可极大地减少基础建设投入，并简化网络管理，降低维护成本。

（3）三网融合使网络从各自独立的专业网络向综合性网络转变，网络性能得以提升，资源利用水平进一步提高。

（4）三网融合是业务的融合，它不仅继承了原有的语音、数据和视频业务，而且通过网络的融合，衍生出了更加丰富的增值业务类型，如图文电视、VoIP、视频邮件和网络游戏等，极大地拓展了业务范围。

（5）三网融合打破了电信运营商和广电运营商在视频传输领域的恶性竞争状态，未来看电视、上网、打电话资费可能打包下调。

3.1.2　三网融合的意义及影响

三网融合对于全面推进我国国民经济和社会信息化，加快培育战略性新兴产业，促进经济社会发展和满足人民群众需要，具有十分重大的战略意义。为了实现国内网络最大化共享，全球大多数国家积极推进"三网融合"，我国也不例外，并将其列入国家战略需要，如图 3-2 所示。

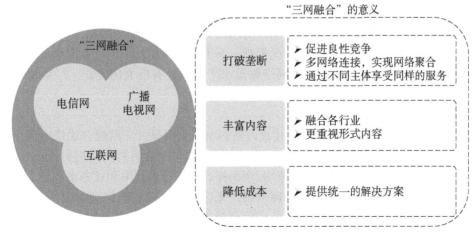

图 3-2　三网融合的意义

三网融合是一次难得的发展机会,当然也是非常大的挑战,关系到行业的未来发展,对相关龙头企业影响巨大。

1. 对广电行业的影响

三网融合对广电行业来讲是一次难得的发展机会,也是一次非常大的挑战。广电充分利用国家三网融合的机会,大力推进网络双向化改造和互动多业务的运营,提升自己的盈利空间,以电视服务为基础,拓展信息化、数据服务等,避免同电信在语音等业务上的低层次竞争。

(1)广电三网融合剑指宽带。打造国家级基础信息设施,进军宽带服务市场,无疑将引发整个广电内部深层次的、连锁式的大变革,包含了网络层面、业务层面乃至体制架构等诸多领域。

(2)推进广电行业发展水平。在三网融合背景下,电视台与网络公司密切配合,创新节目的形态,打造新的电视收看方式,将广电行业推进到一个新的发展水平。这将带来内容采集、编辑、播出等系列的变化。广电行业借此机会做全网的整合,全面推进有线电视网络数字化和双向化升级改造,提高网络承载能力和综合业务支撑能力,建立符合全业务运营要求的技术管理系统和业务支撑系统。积极推进各地分散运营的有线电视网络整合,采取各项扶持政策,充分利用市场手段,通过资产重组、股份制改造等方式,组建国家级有线电视网络公司。作为有线电视网络参与三网融合的市场主体,负责对全国有线电视网络的升级改造,逐步实现全国有线电视网络统一规划、统一建设、统一运营、统一管理。

(3)能够充分发挥优势。广电部门拥有内容资源优势、内容管理优势,这是电信所不具备的。目前,广电部门要想在双向高速宽带网络上有所作为,难度也不小。在技术方面,广电运营商的宽带业务存在包括国际互联网的出口租用、带宽租用等难题。

(4)适应融合形势全面快速发展。为适应三网融合要求,双向、互动、多业务、跨域互通将是重要的发展方向。广电行业要以业务和市场为先导,推动资源整合,鼓励电视台和网络公司合作,创新电视的业态。在技术上,必须解决双向网络的问题,运营商必须解决全国跨域互通的问题,实现业务的规模化运营。在体制机制上,推进相关运营实体的市场化运作。符合条件的广电企业可经营增值电信业务、比照增值电信业务管理的基础电信业务、基于有线电视网络提供的互联网接入业务、互联网数据传送增值业务、国内 IP 电话业务等。

(5)合作共赢推动行业进步。广电与电信的合作领域越来越宽,三网融合不是相互取代,而是如何合作开创新的业务蓝海,各个地区可以在网络建设、业务运营、网络互通等方面根据当地的实际情况进行合作。广电要想在全国范用内整合,目前面临的问题比较多,尤其是网络资源分散、很多地区网台合一等,这种情况很难一下子改变。相对于广电业谋求成为国家宽带战略的重要参与方这一目标而言,其在网络覆盖水平方面还有巨大的差距。广电可以通过存量不变、增量合作的模式推进,以推动行业进步。

2. 对电信行业的影响

(1)三网融合对于电信行业的网络建设改造影响非常明显。三网融合加快电信行业网络升级改造和 FTTX 接入进程,为了提供 IPTV 业务,电信行业必将对网络进行改造,大力推进光纤到户,扩大农村地区宽带网络覆盖范围,全面提高网络技术水平和业务承载能力。

(2)宽带基础设施是三网融合的物理基础。无论是广电还是电信企业,都非常清楚高速宽带在三网融合中的战略地位。当前电信运营商最需要做的就是推动电信网宽带工程建设,大力推进光纤到户,扩大农村地区宽带网络覆盖范围,全面提高网络技术水平和业务承载能力。与此同时,电信运营商要不断提高宽带服务水平,把宽带纳入融合产品中进行深入营销,增强业务黏性,提高用户对运营商宽带业务的忠诚度,不断扩大并稳定用户群。交互高速网络是电信企业的优势,电信行业要想在与广电进行三网融合的合作上拥有更多的话语权,必须不断强化这一优势,牢牢掌控高速宽带这一战略高地。

（3）拓宽了经营范围。符合条件的国有电信企业在有关部门的监管下,可从事除时政类节目之外的广播电视节目生产制作、互联网视听节目信号传输、转播时政类新闻视听节目服务,以及除广播电台电视台形态以外的公共互联网音视频节目服务和 IPTV 传输服务、手机电视分发服务等。

（4）拓展了盈利渠道。对于运营商来讲,三网融合的经济目标就是盈利,而盈利最重要的一点就是了解客户需求。这就需要分析用户的行业、性质、性别、喜好等特点,掌握新形势下的市场动态,开发新业务,从而提供差异化的服务,满足市场需求,拓展盈利渠道,提高经营效益。

3. 对设备厂商的影响

（1）三网融合给设备厂商带来了大好的市场机会。终端设备厂商将是三网融合的第一批受益者。对整个产业来讲,三网融合将会带来整个产业链的重新洗牌,市场会重点青睐以下几种类型的厂商:一是网络系统改造设备供应商;二是业务系统提供商;三是运营支撑系统提供商;四是高端融合终端供应商;五是内容及服务提供商。

（2）设备厂商大有作为。三网融合要求终端产品实现融合,如电视机与机顶盒一体化,个人电脑将具有电视及机顶盒功能,手机及笔记本电脑将具有电视及网络终端功能,终端产品将重点向移动多媒体方向发展等。如何在三网融合的进程中把握市场的脉搏、调整自身发展的方向、在市场竞争中立于不败之地,成为每个设备厂商都要重点应对的核心问题。在三网融合产业的网络改造、业务系统、运营支撑系统等领域,设备厂商都大有作为。

（3）业务创新势在必行。融合类业务可以说是三网融合应用的"先锋",但单独拥有这样的业务系统是没有办法实现在不同运营商之间的业务切换和管理的。因为这样的业务要跨网络实现,广电网、互联网、电信网之间必须在后台上实现互联互通,否则就不能共享客户的需求信息和客户的账务信息,也不能共享内容。这无疑就衍生出对跨网络运营支撑系统提供商的需求。为了最大限度满足消费者的需求,三网融合的终端产品必须本着开放的理念来设计。终端融合、软硬件平台统一并开放可谓大势所趋。随着半导体的发展,机顶盒芯片发展的速度越来越快,承载业务的能力也越来越强,让更多的人来参与业务的创作已成为可能。

4. 对用户的影响

（1）提高了日常信息处理水平。三网网融合后,用户只要安装一个网络,便可同时完成上网、看电视、打电话、发短信等几乎所有的日常信息处理。用户可以按着遥控器打电话,打开电视机上网冲浪,盯着电视屏幕玩网络游戏,握着手机看电视新闻、实况转播等。

（2）享受优质业务服务。对用户来说,三网融合最直观的是融合业务。用户是来消费业务的,不会关心是谁给他提供服务,更关心是否能随时随地享受业务及享受优质业务服务。如果用户在路上用手机、在办公室用 PC、在家里用 PC 或者机顶盒都能够欣赏到同样的节目,并且能在不同的生活场景中无缝切换,这样人们就不会为不能及时看到世界杯比赛而遗憾了。

（3）极大的生活便利和节省费用。三网融合使用户不仅过上了电视、电话、电脑三电一体的信息化生活,而且通过使用融合业务,思想观念也会更新,素质也会提高。推进三网融合要以用户的利益为最大利益,广大消费者以后的手机可以看电视、上网,电视可以打电话、上网,电脑也可以打电话、看电视，给百姓带来极大的生活便利，让用户得到实惠，节省信息费用。

3.1.3 三网融合的层次

随着技术发展和市场需求推动，曾经相对独立的传统网络间的分立局面逐渐被打破，信息服务产业逐步从分立走向融合。三网融合的内涵是动态变化和不断发展的。我国对三网融合的认识也从"三网合一"走向"三网趋同"。"三网趋同"是对"三网合一"的反思。广电网、电信网和互联网不是谁吃掉谁的问题，是体制和政策上不断调整，业务上不断融合，技术上不断趋同的历史过程。三网融合实际上包括五个层次的融合。

第一个层次是产业链向广度和深度延伸。在广度上是指产业链主体不断增加，在深度上是指不同业务提供者的融合，如广电和电信业务提供者的逐渐融合。世界上不少运营商既可以提供电信业务，又可以提供广电业务。例如，美国 Verizon 就可以提供基于 FiOS 网络的固话、互联网接入和数字电视的三种业务捆绑。

第二个层次是网络系统的融合。这又可以分为两个小层次，一是电信网、广播电视网和计算机网的融合，即三网融合；二是电信网内部的融合，即固定网和移动网的融合（fixed mobile convergence，FMC）。随着新电信、新联通和新移动的正式成立，我国电信运营主体都具有全业务资质，必然导致固定网与移动通信的管制界限日趋淡化，多业务营将成为企业发展的战略选择。

第三个层次是终端的融合，包括移动终端能够集成更多的内容，如通信、计算机和消费者电子产品等固定终端，即 3C 融合，以及移动终端和固定终端的融合。原本分属三个产业的终端产品，具有很多相似的技术特征，通过屏幕、终端为可以为用户提供不同种类的服务。三网融合必须注重跨终端融合，同一个业务应用，通过不同接口，以同一个模式可以覆盖电视、电脑、手机等终端。

第四个层次是业务的融合。业务融合可以从两个层面上理解，一是原有的业务可以在不同的网络上提供，例如，电信网和广电网上分别出现了原本属于对方的业务形态；二是出现了新的可以在广电网上和电信网上提供的业务形态，如 IPTV、手机电视等。电信业与传媒、娱乐、金融、电子商务等行业不断的融合，移动媒体化、手机多用化比较明显，手机终端已经成为影响越来越大的"第五媒体"。

第五个层次是体制和政策的融合。体制和政策的融合也是保障广电、电信和互联网融合发展的重要条件。前四个层次的融合都属于产业和技术层次上的，而体制和政策的融合属于制度层次上的。以上五个层次的融合相辅相成、相互影响、相互促进。但所有的融合最终都要体现到业务的融合上，以业务融合为根本目标。

3.1.4 三网融合的发展

全球大多数国家积极推进"三网融合"，美国、英国、日本等国家已经完成了"三网融合"。我国近年来也在积极促进"三网融合"，但我国"三网融合"进程并不是一帆风顺。2010 年以前，政府推进"三网融合"政策进退反复，2010 年才正式拉开了"三网融合"的序幕。

实际上早在 20 世纪 90 年代我国就提出三网融合基本构想，并将其列入国家规划。1997年 4 月，国务院在深圳召开全国信息化工作会议，讨论通过《国家信息化总体规划》，提出中国信息基础设施的基本结构是"一个平台，三个网"。一个平台即指互联互通的平台，三个网即指电信网、广播电视网和计算机网，这也是国家首次提出了三网融合的概念。

《国家中长期科学和技术发展规划纲要(2006—2020 年)》提出："加强宽带通信网、数字电视网和下一代互联网等信息基础设施建设,推进三网融合",这里的三网融合是指业务融合而非物理网络融合,在原有基础业务共性化的过程中拓展新兴服务和创新业务经营模式,实现跨越式发展,推动信息服务业增长方式的转变和相关产业结构的优化调整。

国家批复的第一批"三网融合"试点地点名单有北京市、大连市、哈尔滨市、上海市、南京市、杭州市、厦门市、青岛市、武汉市、长株潭地区、深圳市和绵阳市。2011 年 12 月,国家公布第二批"三网融合"试点名单,试点城市共有 42 个城市(地区),分别有两个直辖市、一个计划单列市和 22 个省会、首府城市和 17 个其他城市,如表 3 - 1 所示。国家"三网融合"试点工作有序进行。

表 3 - 1　"三网融合"第一批和第二批试点城市名单

时间	批次		试点城市(地区)
2010.1	第一批		北京市、大连市、哈尔滨市、上海市、南京市、杭州市、厦门市、青岛市、武汉市、长株潭地区、深圳市、绵阳市
2011.12	第二批	直辖市	天津市、重庆市
		计划单列市	宁波市
		省会城市(22)	石家庄市、太原市、呼和浩特市、沈阳市、长春市、合肥市、福州市、南昌市、济南市、郑州市、广州市、南宁市、海口市、成都市、贵阳市、昆明市、拉萨市、西安市、兰州市、西宁市、银川市、乌鲁木齐市
		其他城市(17)	扬州市、泰州市、南通市、镇江市、常州市、无锡市、苏州市、孝感市、黄冈市、鄂州市、黄石市、咸宁市、仙桃市、天门市、潜江市、佛山市、云浮市

2012～2013 年,人大代表提议组建两大机构负责推进"三网融合"。2014 年 5 月,中国广播电视网络集团有限公司(简称"中国广电")成立,作为广电网络参与三网融合的市场主体,全国有线电视网络整合发展的主体,全国有线电视网络互联互通平台建设运营的主体,广电移动网的建设运营主体。

2016 年,中国广电获发《基础电信业务经营许可证》,获批在全国范围内经营"互联网国内数据传送业务"以及"国内通信设施服务业务",并允许授权其控股子公司中国有线电视网络有限公司在全国范围内经营上述两项基础电信业务。

2019 年 6 月,中国广电正式获得 5G 牌照,并成为第四大运营商。2020 年 2 月,《全国有线电视网络整合发展实施方案》发布,提出将由中国广电牵头和主导,联合省级有线电视网络公司、战略投资者等共同组建中国广电,实现全国有线电视网络的统一运营管理、国有资产的保值增值。

2010～2020 年"三网整合"重点政策汇总如表 3 - 2 所示。

表 3 - 2　2010～2020 年"三网融合"重点政策汇总

时间	政策/会议/事件	主要内容
2010.6	国务院公布第一批试点地区名单	确定 12 个试点城市名单
2011.12	国务院公布第二批试点城市名单	包括 2 个直辖市、1 个计划单列市、22 省会城市、17 个其他城市

（续表）

时间	政策/会议/事件	主要内容
2012.11	国务院国函 184 号文件	同意组建中国广电,作为有线电视网络参与三网融合的市场主体,负责对全国有线电视网络的升级改革
2013.3	十二届全国人大一次会议	提出将新闻出版署、广电总局的职责整合,组建国家新闻出版广播电影电视总局
2013.8	国务院《关于促进信息消费扩大内需的若干意见》	要求加快电信和广电业务双向进入,在试点基础上于 2013 年下半年逐步向全国推广
2013.8	《"宽带中国"战略及实施方案》	基本确定了广电双向网络改造以光纤、同轴混合为主的技术方案
2014.5	中国广电电视网络有限公司成立	广电网络参与三网融合的市场主体,全国有线电视网络整合发展的主体,全国有线电视网络互联互通平台建设运营的主体,广电移动网的建设运营主体
2016.2	中国广电获得 700 MHz 频段	广电总局正式颁发 700 MHz 给中国广电
2016.5	中国广电获发《基础电信业务经营许可证》	中国广电获批在全国范围内经营"互联网国内数据传送业务"以及"国内通信设施服务业务"
2016.5	《三网融合推广方案》	加快在全国全面推进三网融合,推动信息网络基础设施互联互通和资源共享
2016.12	《关于加快推进全国有限电视网络整合发展的意见》	"十三五"末期,基本完成全国有限电视网络整合
2019.6	工信部正式发放 5G 商用牌照	中国广电正式获得 5G 牌照,并成为第四大运营商
2020.2	《全国有线电视网络整合发展实施方案》	由中国广电牵头,联合省级有线电视网络公司、战略投资者等共同组建中国广电,实现全国有线电视网络的统一运营管理

中国广电加快实现"一张网"目标。由于传统的广电采用中央、省、市、县"四级办"的体制,有 6 000 多个独立的实体,"各自为政"的问题突出,因此在"三网融合"过程中,中国广电积极促进内部整合,通过签订战略合作协议、达成意向等多种方式加快实现"广电一张网"。截至目前,中国广电已经和 20 家非上市的省级广电网络公司中的 16 家完成了初步整合。

下一代广播电视网(next generation broadcasting network,NGB)将传统广播电视网、互联网、通信网进行"三网融合"的新一代国家信息基础设施,将给我国千家万户带来一场"电视革命"。NGB 好比国家面向千家万户修建了一条畅通的"信息高速公路",通过这条高速公路,老百姓不光可以随意点播电视节目,还可以在日常生活和工作中将电视当成游戏机和运动机"玩"。"三网融合"极大降低了老百姓使用获取信息和享受娱乐的技术门槛。NGB 电视核心业务仍将是高清和互动的"视频服务",电视将为家族用户提供直播、点播、回看、录制、搜索、关联等服务。在此基础上,家庭用户可能享受财经、游戏等增值服务和衣食住行、医疗教育等信息服务,还可以通过电视缴纳水电煤等费用。NGB 的一站式服务,将使电视机成为人们生活中最基本、最便捷的信息终端,使宽带互动数字信息消费如同水、电、气等基础消费一样,遍及千家万户。当"看电视"变成"玩电视"时,观众可以享受成几何级数增长的增值服务。由于 NGB 可以提供互动电视、电子商务、在线娱乐、个人通信、医疗教育、金融证券、社区服务、物流等各种类型的服务,传统的电视内容提供商将会变成信息系统的综合服务商。这对电视数字产业乃至整个广电行业的发展具有重要意义。

📇 **思政视窗**

全球 5G 中国领先，国内 5G 已覆盖所有地级以上城市

截至 2023 年 8 月末，我国 5G 基站总数达 313.8 万个，覆盖全国所有地级以上城市。

自 2019 年 6 月发牌以来，我国坚持"适度超前、建用结合"原则，全力推进 5G 网络建设，在技术、标准、产业、应用等方面均实现突破并取得显著成效，我国的 5G 发展走在了世界前列。

1. 适度超前，开通百万 5G 基站

近年来，社会加速迈向数字化、网络化、智能化，作为新基建"领头羊"的 5G，在助推各行各业数字化转型中发挥了强大赋能作用。工业和信息化部深入贯彻落实党中央、国务院决策部署，积极推动 5G 网络高质量发展，先后发布了多项政策文件，为我国 5G 网络建设及 5G 和千兆光网的协同发展指明了方向。

在全行业的协同努力下，我国的 5G 发展持续提速，网络建设取得显著成果。全国县级行政区已开通 5G 网络超过 2 900 个，29 个省份实现县县通 5G 网络，全国乡镇已有 1.4 万个开通 5G 网络。目前，我国 5G 基站数占全球比例超过 70%，5G 标准必要专利声明数量占比超过 38%，5G 终端连接数占全球比重超过 80%，均居全球首位。

2. 建用结合，5G 加速赋能千行百业

为了更好地推进 5G 应用落地，我国提出了"以建促用、建用结合"的发展原则。两年多来，5G 融合应用如雨后春笋般涌现，尤其是新冠肺炎疫情发生后，以 5G 为代表的新一代信息通信技术在疫情防控及推动经济社会发展中作用凸显，5G＋远程医疗、5G＋远程教育、5G＋智慧家居等应用加速落地，云办公、云课堂、云医疗等备受青睐。与此同时，5G 加速融入工业、矿山、能源、交通、农业等传统行业，催生出各类融合应用和服务，助力企业及行业数字化转型。

当前，我国 5G 发展已迈入商用部署关键阶段。在全球各国加快 5G 战略布局的大背景下，持续完善 5G 网络覆盖，加速推动 5G 融入千行百业，全面赋能数字中国建设，助推经济社会高质量发展，已经成为全行业共同的使命和责任。

3.2　三网融合国家相关政策与措施

近年来，各地区、各有关部门认真贯彻落实国务院关于推进三网融合总体方案和试点方案有关工作部署，试点阶段各项任务已基本完成。方案进一步明确三网融合推广阶段的工作目标、工作任务和保障措施。

三网融入推广方案

一、三网融合的目标

（一）三网融合全面推进。总结推广试点经验，将广电、电信业务双向进入扩大到全国范围，并实质性开展工作。

（二）进网络承载和技术创新能力一步提升。宽带通信网、下一代广播电视网和下一代互联网建设加快推进，自主创新技术研发和产业化取得突破性进展，掌握一批核心技术，产品和业务的创新能力明显增强。

（三）融合业务和网络产业加快发展。融合业务应用更加普及，网络信息资源、文化内容产品得到充分开发利用，适度竞争的网络产业格局基本形成。

（四）科学有效的监管体制机制基本建立。适应三网融合发展的有关法律法规基本健全，职责清晰、协调顺畅、决策科学、管理高效的新型监管体系基本形成。

（五）安全保障能力显著提高。在中央网络安全和信息化领导小组的领导下，网络信息安全和文化安全管理体系更加健全，技术管理能力显著提升，国家安全意识进一步增强。

（六）信息消费加快增长。丰富信息消费内容、产品和服务，活跃信息消费市场，拓展信息消费渠道，推动信息消费持续稳定增长。

二、三网融合的工作任务

（一）在全国范围推动广电、电信业务双向进入。

1. 确定开展双向进入业务的地区。广电、电信业务双向进入分期分批扩大至全国。

2. 开展双向进入业务许可审批。在全面做好试点地区双向进入工作的基础上，按照"成熟一个、许可一个"原则，开展双向进入许可申报和审批工作。广电企业在符合电信监管有关规定并满足相关安全条件的前提下，可经营增值电信业务、比照增值电信业务管理的基础电信业务、基于有线电视网的互联网接入业务、互联网数据传送增值业务、国内网络电话（IP电话）业务，中国广播电视网络有限公司还可基于全国有线电视网络开展固定网的基础电信业务和增值电信业务。符合条件的电信企业在有关部门的监管下，可从事除时政类节目之外的广播电视节目生产制作、互联网视听节目信号传输、转播时政类新闻视听节目服务、除广播电台电视台形态以外的公共互联网视听节目服务、交互式网络电视（IPTV）传输、手机电视分发服务。国家和省级电信、广电行业主管部门按照相关政策要求和业务审批权限，受理广电、电信企业的申请，同步向符合条件的企业颁发经营许可证。企业取得许可证后，即可依法开展相关业务。

3. 加快推动 IPTV 集成播控平台与 IPTV 传输系统对接。在宣传部门的指导下，广播电视播出机构要切实加强和完善 IPTV、手机电视集成播控平台建设和管理，负责节目的统一集成和播出监控以及电子节目指南（EPG）、用户端、计费、版权等的管理，其中用户端、计费管理由合作方协商确定，可采取合作方"双认证、双计费"的管理方式。IPTV 全部内容由广播电视播出机构 IPTV 集成播控平台集成后，经一个接口统一提供给电信企业的 IPTV 传输系统。电信企业可提供节目和 EPG 条目，经广播电视播出机构审查后统一纳入集成播控平台的节目源和 EPG。电信企业与广播电视播出机构应积极配合、平等协商，做好 IPTV 传输系统与 IPTV 集成播控平台的对接，对接双方应明确责任，保证节目内容的正常提供和传输。在确保播出安全的前提下，广播电视播出机构与电信企业可探索多种合资合作经营模式。

4. 加强行业监管。电信、广电行业主管部门要按照公开透明、公平公正的原则，加强对广电、电信企业的监督管理，规范企业经营行为，维护良好行业秩序。电信行业主管部门应按照电信监管有关政策法规要求，加强对经营电信业务企业的网络互联互通、服务质量、普遍服务、设备入网、网络信息安全等管理；广电行业主管部门应按照广播电视管理有关政策法规要求，加强对从事广播电视业务企业的业务规划、业务准入、运营监管、内容安全、节目播放、服务质量、公共服务、设备入网、互联互通等管理。工业和信息化部、新闻出版广电总局要督促已获得许可的地区全面落实双向进入，推动相关企业实际进入和正常经营，丰富播出内容，提高服务水平。电信和广电企业要相互合作，优势互补，推动双向进入业务快速发展。

（二）加快宽带网络建设改造和统筹规划。

1. 加快下一代广播电视网建设。加快推动地面数字电视覆盖网和高清交互式电视网络设施建设，加快广播电视模数转换进程。采用超高速智能光纤传输交换和同轴电缆传输技术，加快下一代广播电视网建设。建设下一代广播电视宽带接入网，充分利用广播电视网海量下行宽带、室内多信息点分布的优势，满足不同用户接入带宽的需要。加快建设宽带网络骨干节点和数据中心，提升网络流量疏通能力，全面支持互联网协议第6版（IPv6）。加快建设融合业务平台，提高支持三网融合业务的能力。中国广播电视网络有限公司要加快全国有线电视网络互联互通平台建设，尽快实现全国一张网，带动各地有线电视网络技术水平和服务能力全面提升，引导有线电视网络走规模化、集约化、专业化发展道路。充分发挥有线电视网络的国家信息基础设施作用，促进有线电视三网融合业务创新，全面提升有线电视网络的服务品质和终端用户体验。

2. 加快推动电信宽带网络建设。实施"宽带中国"工程，加快光纤网络建设，全面提高网络技术水平和业务承载能力。城市新建区域以光纤到户模式为主建设光纤接入网，已建区域可采用多种方式加快"光进铜退"改造。扩大农村地区宽带网络覆盖范围，提高行政村通宽带、通光纤比例。加快互联网骨干节点升级，提升网络流量疏通能力，骨干网全面支持IPv6。加快业务应用平台建设，提高支持三网融合业务的能力。

3. 加强网络统筹规划和共建共享。继续做好电信传输网和广播电视传输网建设升级改造的统筹规划，充分利用现有信息基础设施，创新共建共享合作模式，促进资源节约，推动实现网络资源的高效利用。加强农村地区网络资源共建共享，努力缩小"数字鸿沟"。

（三）强化网络信息安全和文化安全监管。

1. 完善网络信息安全和文化安全管理体系。结合文化改革发展重大工程的实施，推进国家新媒体集成播控平台建设，探索三网融合下党管媒体的有效途径，健全相关管理体制和工作机制，确保播出内容和传输安全。完善互联网信息服务管理，重点加强对时政类新闻信息的管理，严格规范互联网信息内容采编播发管理，构筑清朗网络空间。

按照属地化管理和谁主管谁负责、谁经营谁负责、谁审批谁监管、谁办网谁管网的原则，健全网络信息安全和文化安全保障工作协调机制。企业要按照国家信息安全等级保护制度和行业网络安全相关政策要求，完善网络信息安全防护管理制度和技术措施，建立工作机制，落实安全责任，制定应急预案，定期开展安全评测、风险评估和应急演练。建立事前防范、事中阻断、事后追溯的信息安全技术保障体系，落实接入（含互联网网站、手机、有线电视）用户实名登记、域名信息登记、内外网地址对应关系留存管理制度，为有关部门依法履行职责提供技术支持，增强三网融合下防黑客攻击、防信息篡改、防节目插播、防网络瘫痪等能力。加强三网融合新技术、新应用上线前的安全评估，及时消除重大安全隐患。

2. 加强技术管理系统建设。完善国家网络信息安全基础设施,提高隐患发现、监测预警和突发事件处置能力。按照同步规划、同步建设、同步运行的要求,统筹规划建设网络信息安全、文化安全技术管理系统,加快提升现有国家网络信息安全技术管理平台、广电信息网络视听节目监管系统、三网融合新闻信息监测管理系统的技术能力。加快地方网络信息安全技术管理平台建设,积极研究适应三网融合新技术、新业务的安全技术管理手段,加强相关技术研究,提高安全技术管理能力。

广电信息网络视听节目监管系统要进一步提高搜索发现能力,在节目集成播控、传输分发、用户接收等环节部署数据采集和监测系统,及时监测各类传输网络中视听节目播出情况,及时发现和查处违规视听节目和违法信息。

3. 加强动态管理。强化日常监控,确保及时发现安全方面存在的新情况、新问题,采取措施妥善应对处理,及时、客观、准确报告网络安全重大事件。充分发挥国家三网融合安全评估小组的作用,对重大安全问题进行论证并协调解决。省级协调小组办公室下要成立安全评估小组,定期开展安全评估,协调解决安全问题。

(四)切实推动相关产业发展。

1. 加快推进新兴业务发展。进一步探索把握新型业务的发展方向。鼓励广电、电信企业及其他内容服务、增值服务企业充分利用三网融合的有利条件,以宽带网络建设、内容业务创新推广、用户普及应用为重点,通过发展移动多媒体广播电视、IPTV、手机电视、有线电视网宽带服务以及其他融合性业务,带动关键设备、软件、系统的产业化,推动三网融合与相关行业应用相结合,催生新的经济增长点。

大力发展数字出版、互动新媒体、移动多媒体等新兴文化产业,促进动漫游戏、数字音乐、网络艺术品等数字文化内容的消费。加强数字文化内容产品和服务开发,建设数字内容生产、转换、加工、投送平台,鼓励各类网络文化企业生产提供弘扬主旋律、激发正能量、宣传社会主义核心价值观的信息内容产品。

2. 促进三网融合关键信息技术产品研发制造。围绕光传输和光接入、下一代互联网、下一代广播电视网等重点领域,支持高端光电器件、基于有线电视网的接入技术和关键设备、IPTV和数字电视智能机顶盒、互联网电视及配套应用、操作系统、多屏互动技术、内容传送系统、信息安全系统等的研发和产业化。

加快更高速光纤接入、超高速大容量光传输和组网、新一代万维网等关键技术的研发创新,加强三网融合安全技术、产品及管控手段研究,加强自主知识产权布局和标准制定工作。支持电信、广电运营单位与相关产品制造企业通过定制、集中采购等方式开展合作,带动智能终端产品竞争力提升。

3. 营造健康有序的市场环境。建立基础电信运营企业与广电企业、互联网企业、信息内容供应商等的合作竞争机制,规范企业经营行为和价格收费行为,加强资费监管,维护公平健康的市场环境。鼓励电信、广电企业及其他内容服务、增值服务企业加强协作配合,创新产业形态和市场推广模式,鼓励创建三网融合相关产业联盟,凝聚相关产业及上下游资源共同推动产业链成熟与发展,促进创新成果快速实现产业化。

4. 建立适应三网融合的标准体系。围绕三网融合产业发展和行业监管的需要,按照"急用先行、基础先立"的原则,加快制定适应三网融合要求的网络、业务、信息服务相关标准,优先制定网络信息安全和文化安全相关标准,尽快形成由国家标准、行业标准和企业标准组成的三网融合标准体系。企业开展相关业务应遵循统一标准，充分发挥标准在规范行业发展、保障市场秩序等方面的作用。

三、三网融合的保障措施

（一）建立健全法律法规。推动制定完善电信、广电行业管理法律法规，积极推进电信法、广播电视传输保障法立法工作，清理或修订相关政策规定，为广电、电信业务双向进入提供法律保障。

（二）落实相关扶持政策。利用国家科技计划（专项、基金等）及相关产业发展专项等，支持三网融合共性关键技术、产品的研发和产业化，推动业态创新。将三网融合业务应用纳入现代服务业范畴，大力开发信息资源，积极创新内容产品和业务形态。完善电信普遍服务补偿机制，形成支持农村和中西部地区宽带网络发展的长效机制。对三网融合相关产品开发、网络建设、业务应用及在农村地区的推广给予政策支持。

（三）提高信息网络基础设施建设保障水平。城乡规划建设应为电信网、广播电视网预留所需的管线通道及场地、机房、电力设施等，各类市政基础设施和公共服务场所应向电信网、广播电视网开放，并为网络的建设维护提供通行便利。

（四）完善安全保障体系。研究加大资金落实等政策支持力度，加强工作能力建设，完善三网融合网络信息安全和文化安全保障体系。提高各省（区、市）有关行业主管部门安全管理能力，加快建立健全监管平台，有效维护网络信息安全和文化安全。

《三网融合推广方案》有如下特点。

（1）强调业务融合。三网融合是指电信网、广播电视网、互联网向下一代互联网演进中，其技术功能趋于一致，又不完全相同，其网络互联互通，资源共享，能为用户提供话音及视频等多种服务。三网融合不是三网合一，也不是网络的互相替代，而是业务融合。通过网络互联互通，资源共享，每个网络都能开展多种业务。用户既可以通过有线电视网打电话、宽带上网，也可以通过电信网看电视，基础网络本身无论是历史原因，还是市场竞争的需要，都将长期共存。

（2）强调中国特色。三网融合方案要探索建设符合我国国情的三网融合模式，走中国特色的三网融合之路，切实加强三网融合条件下宣传媒体的建设和管理，坚持党管媒体的原则，坚持正确的宣传舆论导向，坚持社会效益和经济效益的统一，注重社会效益。在新媒体核心业务 IPTV 等业务，由广电部门负责，宣传部门指导。全面推进网络数字电视的数字化网络改造，提高对综合业务的支撑能力，建立符合全业务运营要求的可管可控，具有安全保障能力的试点和业务支撑试点，同时要推进各地分散运营的有线电视网整合，组建国家级有线电视网络公司。

（3）明确广电和电信有限度的双向接入。鉴于我国媒体管理和电信管理政策的不同，三网融合只是业务上有限度的融合。广电企业可以申请经营增值电信业务，基于有线电视网络的互联网接入业务、互联网增值业务。电信企业可以开展除时政之外的广播电视节目生产、制造，互联网视听节目传输，转播时政类新闻节目，互联网音视听节目，IPTV 传输，手机电视分发服务等。

（4）强调信息和文化安全监管。三网融合方案提出三网融合环境中信息安全和文化安全的研究，完善安全保障体系，提高监管能力，有效维护网络信息安全和文化安全。特别是要充分发挥信息网络视听节目监控系统的作用，在节目集成播控、用户接收等环节，部署数据采集和监测系统，及时监测各地网络播放情况，及时查处违规节目。

🔖 思政视窗

物联网、云计算如何实现智慧城市建设

目前大规模城市化已经成为现在城市发展的趋势,那么如何在大规模城市化中确保食品、药品以及人的安全,构建安全有效的监测网络;如何满足人们在教育、卫生医疗方面的需求,科学有效地规划城市基础设施;如何推动城市产业结构的调整,推进节能减排工作的进行;如何快速应对城市当中的突发事件等,这一系列的问题成为当今大规模城市化中亟须解决的问题。

传统的技术和管理方法已经无法满足现代这个社会的要求,这时新一代的智能技术和信息技术走入我们的世界,让我们对城市结构、城市功能、城市定位有了全新的认识。"智慧城市"这一概念便是在这样的一个背景下产生的。建设智慧城市已经成为现在城市建设的必要内容。

智慧城市是指城市向着更深层次的信息化发展,利用先进的信息技术构建城市的基础设施,让城市管理变得更加简单、有效;为在城市生活的居民提供一个人和人、人和物、人和社会和谐共处的良好环境;让城市具有智能协同、资源共享、互联互通、全面感知的特点;实现对城市智慧化服务和管理。

近年来,随着移动互联网、物联网、云计算等新技术的兴起,智慧城市的实践研究也在不断进步。如何利用移动互联网、云计算、物联网等技术解决现在大规模城市化中的问题,全面提升城市在民生、政务、产业方面的水平,已经成为现代城市发展的一个重要课题。

物联网技术在现代信息技术中扮演着重要的角色,它将具有移动终端、RFID、传感器等智慧化模块的末端设施,通过短距离通信、有线长距离或者无线和设备之间实现互联互通,满足智慧城市对城市资源的智能化管理。利用互联网可将城市设施中无处不在的智慧化传感器有效地连接起来,从而实现对城市全面感知,实现物联网和"数字城市"的融合,对教育、城市服务、公共安全、生态环境、政务、民生等各方面的需求做出智能化的决策支持,让智慧城市真正做到"智慧化",如图 3-3 所示。

图 3-3　智慧城市建设体系

除此之外,智慧城市还需要云计算技术的支持,它可以认为是智慧城市的"大脑"。云计算以互联网的计算方式为基础,让智慧城市应用系统根据自身的需求,从由大量计算机构成的资源池中获取与之相适应的软件服务、存储空间以及计算能力,提高对系统资源的利用效率。所以,物联网技术和云计算技术都是智慧城市建设中重要的组成部分。

3.3 三网融合的应用及发展趋势

3.3.1 三网融合的应用

"三网融合"应用广泛,遍及智能交通、环境保护、政府工作、公共安全、平安家居、智能消防、工业监测、老人护理、个人健康等多个领域。三网融合不仅将现有网络资源有效整合、互联互通,而且会形成新的服务和运营机制,"内容为王"时代很可能将随着"三网融合"的最终达成而到来。目前三网融合的主要应用包括网络电话(voice over Internet protocol,VoIP)和互联网电视(Internet protocol television,IPTV)。

1. 网络电话

VoIP又名宽带电话,是指IP技术和宽带传输网络,以"IP终端"为载体的融合"语音"和"数据"的业务平台和业务集。包括三种实现方式:一种是接电脑,另一种是接一种有宽带的电话机(宽带电话机),还有一种是加一个类似分线盒的网关装置,出口一头接电脑,另一头出来接变通电话机。用户只需一台可以上网的计算机,并向服务供应商申请一个号码,或者一台网络电话机,连接到互联网就可以市内电话费的成本打给世界各地的其他网络电话使用者拨打电话。

VoIP的基本原理是,通过互联网-网关-传统电话的方式来传送语音信息,实际上同上网语音聊天差不多,但并不属于电信范畴,也与此前的IP电话业务有所区别。VoIP的最大特点就是利用互联网廉价的上网费用和全世界无处不通的特点,把语音长话费用降低到传统电话费用的50%或更低。但它同语音聊天软件不同的是,此业务可以拨打传统电话,且由于设置了专门的网关,语音质量比聊天软件要好得多,不管是从音质或拨打时间都与普通固定电话相差无几。

但同时宽带电话面临诸多问题,如技术可靠性和稳定性以及用户的支持积极性有待提高,宽带电话机的价格有待下降等。事实上,宽带电话并非想象中的那么省钱,国际长途话费可以节省一些,但要想节省国内长途话费,用户可能就要失望了。例如,网通宽带电话的资费标准,就让期待已久的消费者大为失望。

宽带电话由于搭建于互联网上,本身有着传统固话业务无法比拟的优势,如IP800电话、视频通信、无线局域网、虚拟专网等功能是传统固话无法实现的功能。如果宽带电话不注意其优势,仍然以语音为主,就很难再具备吸引力。

2. 网络电视

IPTV是指利用IP技术通过宽带网络提供视频的业务。IPTV的主要特点是交互性和实时性,即IPTV融合了电视业务和电信业务的特点,其优势在于"互动性"与"按需观看",彻底改变了传统电视单向播放的缺点。同时人们还可以通过IPTV享受更多的网络信息服务,包括互动体娱乐、互动社区公共服务、互动信息咨询、网上购物、网上商务支付等。

网络电视从某种程度上讲,可以让消费者体验到电视永不过时的感受,这是因为互联网电视具备在线升级的新颖功能。拿 TCL 推出的 MITV 来说,它集中了业界领先的操作系统、强大的功能和丰富的内容服务三大平台,并能跟随互联网技术的发展而不断升级。

大部分互联网电视的在线观看功能,让消费者不仅能自由控制节目进度,自由掌控播放,还能实现断点续播等智能化功能。除了在线观看外,许多互联网电视开拓了娱乐内容,比如内置体感健身单车、体感网球等游戏,通过在线升级还可以增加更多游戏,迎合了多数家族用户的娱乐和健身需求。

另外,下载也是网络电视的一大"法宝"。只需通过 USB 接口连接一块移动硬盘,再把电视机通过以太网线连接到宽带互联网,它就能够自动连接到特定的视频下载服务器,有随时更新的海量电影大片和连续剧可以下载,然后播放。互联网电视不仅能实现娱乐、影音、学习、资讯等各种互联网功能与服务,还可使各种互联网功能应用与技术发展同步。通过使用蓝光高清多媒体播放功能,IPTV 几乎可能解码播放当前所有格式的视频文件;还有动态背光与护眼等应用技术,能够根据环境光线自动调节视频的亮度、对比度。另外,提出"全模式"配置的网络电视,用户在线收看数字电视节目时不再需要机顶盒,电视本身就完全兼容地面无线高清/标清、有线高清/标清、传统模拟五种信号模式,只需要一个遥控器就可以轻松收看数字电视。

IPTV 是电视媒体向网络新媒体演化的重要一步,也是三网融合的产物。IPTV 用户可以得到高质量数字媒体服务,具有极为广泛的自由度选择宽带 IP 网上各网站提供的视频节目,实现媒体提供者和媒体消费者的实质性互动,在信息化时代为用户提供崭新的多媒体服务,也为网络发展商和节目提供商提供广阔的新兴市场。

基于 IPTV 的优点不难看出,IPTV 是目前甚至以后三网融合最好的模式之一。首先,IPTV 是三网融合能够实现的有效模式和盈利点,这是因为 IPTV 产业链比传统的通信或信息服务的产业链更加复杂,内容更加新颖,而且信息内容和网络成为 IPTV 业务发展的双核心。IPTV 既让广电、电信两部门找到了共同的利益点,又促进了他们彼此之间的良性竞争,这将大大推动和促进三网融合计划的实施。其次,IPTV 是数字电视进行互动的最主要的技术,如果没有 IPTV 就不可能有互动的电视。最后,IPTV 最能体现三网的优势互补。广电系统的先天优势在于他们在节目内容的制作、播出以及节目的信号传输上占有绝对的主动权;电信网的优势在于覆盖面广、组织严密、经验丰富,有长期积累的大型网络设计运营和管理经验,电信网与大众用户、商业用户保持着长久的合作、服务关系。在我国,出现独立运营 IPTV 业务的新运营商可能性不大,因此电信运营商介入并参与 IPTV 业务的具体运营是一条可行的途径。IPTV 的盈利模式将使电信网、电视网和计算机网长期共存,各尽其责,充分利用原设备和资源展开竞争。

3.3.2　三网融合的发展趋势

"三网融合"是国家发展信息化的战略考虑,是技术发展的必然趋势。尽管如此,要真正实现"三网融合"还要有一个相当长的过程。由于三网业务的定位不同,不同行业、不同网络之间的管理利益问题,三大网络标准不统一,以及当前网络信息资源开放不够等,三网融合至少涉及业务融合、技术融合、市场融合、行业融合、终端融合乃至行业管制和政策方面的融合等,使得三网融合仍面临不少的困难,"三网融合"的意义也没真正体现出来。但是随着新技术、新业务的发展,在技术和设备上实现"三网融合"已经不是问题,特别是多方合作。技术所造就的运营商之间协作融合,正在成为一种发展趋势,"三网融合"必将提高我国信息化的整体竞争力。

　　三网融合的发展趋势，就是电信网、计算机网、有线电视网之间呈现的技术融合、市场融合、业务融合的大趋势。从国外的实践看，"三网融合"会逐步实现，在短期内"三网"尚不可能由任何单一的网络所代替。从国内的形势看，改革开放以来，我国已步建成一个国家公用电信基础传输网和各种业务网，在信息化建设中发挥重要的基础作用，绝大多数的信息化工程都是在竞争和资源共享的原则下采用了电信网络系统。我国还正在建设广播电视传输网，并已具备相当规模，主要用于广播电视节目的传送与播放。针对一种应用而设计的网络，不可能很好地完成其他应用的要求，电话网不能有效地传输数据，更不适合传输宽带视频信号。有线电视网不适合传输数据和电话，即使在其擅长的视频应用方面，也不适合一对一，一对多及多对多的视频通信。同样，目前的计算机网，也还不能保证电话和视频信号的实时性要求和服务质量。因此三网融合的过程是一个多网长期共存的过程。目前阶段，"三网融合"的重点应放在对三网的改造上，使网络可以基于 IP 在各自数据应用平台上提供多媒体信息服务，在网络层面上实现网间的互联互通，在业务层面上实现各种业务互相渗透和交叉，承载多种业务。让已经具有基本能力的各种网络系统进行适当的业务交叉，充分发挥各类网络资源的技术潜力。

　　现行结构的公用电信网和有线电视网分别与电脑网结合，是发展趋势。同世界许多国家一样，我国三网融合先是电信网和计算机网的融合，将两种网络技术结合起来，积极推进现有网络向具有综合业务功能的宽带高速的下一代网络演进。

　　电信网与计算机网的融合，是以电话为主体的电信服务与以计算机为主体的信息处理服务之间的融合。一方面，信息处理借助通信线路不仅传送数据，而且也开始了信息处理业务，即不改变信息的内容而只改变形式的增值通信服务；另一方面，由于电话交换机的电子计算机化，电信企业也开始提供增值通信网服务，形成了"混合通信"（以电信为主，信息处理为辅）。电话业的服务因此分为以电话为主体的基本服务和包括信息处理、混合通信和混合处理（以信息处理为主，电信为辅）在内的高级服务两种。就我国具体国情而言，实现"三网融合"还要继续发挥原有 PSTN 的作用。作为向用户提供实时、交互、保证质量的传统的电话网在我国还会有较大的发展。

　　从长远看，三网融合的最终结果是产生下一代网络，但它不是现有三网的简单延伸和叠加，而是其各自优势的有机融合，实质上是一个类似于生物界优胜劣汰的演化过程。

　　下一代网络将电信网、计算机网和有线电视网合并在一起，让电信与电视和数据业务结为一体，构成可以提供现有在三种网络上提供的话音、数据传输和视频及各种业务的新网络。将支持在同一个高性能网络平台上运行同一个协议，不仅能满足未来话音、数据和视频的多媒体应用要求，保证服务质量，对这些不同性质的应用，其设计还应是优化的，网络资源的使用是高效、合理的，从而实现网络资源最大程度的共享。实现国际电联提出的"通过互联互通的电信网、计算机网和电视网等网络资源的无缝融合，构成一个具有统一接入和应用界面的高效网络，使人类能在任何时间和地点，以一种可以接受的费用和质量，安全的享受多种方式的信息应用"的目标。

思政视窗

华为鸿蒙——国有操作系统的曙光和希望

　　鸿蒙系统（HarmonyOS），是华为在 2019 年 8 月 9 日于东莞举行华为开发者大会（HDC.2019）上正式发布的操作系统。鸿蒙 OS 是华为公司开发的一款基于微内核、耗时 10 年、4 000

多名研发人员投入开发、面向 5G 物联网、面向全场景的分布式操作系统。

HarmonyOS 意为和谐。不是安卓系统的分支或修改而来的。与安卓、iOS 是不一样的操作系统。性能上不弱于安卓系统,而且华为还为基于安卓生态开发的应用能够平稳迁移到鸿蒙 OS 上做好衔接——将相关系统及应用迁移到鸿蒙 OS 上,差不多两天就可以完成迁移及部署。这个新的操作系统将打通手机、电脑、平板、电视、工业自动化控制、无人驾驶、车机设备、智能穿戴统一成一个操作系统,并且该系统是面向下一代技术而设计的,能兼容全部安卓应用的所有 Web 应用。若安卓应用重新编译,在鸿蒙 OS 上,运行性能提升超过 60%。鸿蒙 OS 架构中的内核会把之前的 Linux 内核、鸿蒙 OS 微内核与 LiteOS 合并为一个鸿蒙 OS 微内核。创造一个超级虚拟终端互联的世界,将人、设备、场景有机联系在一起。同时由于鸿蒙系统微内核的代码量只有 Linux 宏内核的千分之一,其受攻击概率也大幅降低。

2012 年,华为开始规划自有操作系统"鸿蒙"。2019 年 5 月,华为操作系统团队开发自主产权操作系统——鸿蒙;8 月 9 日,华为正式发布鸿蒙系统。2020 年 9 月 10 日,华为鸿蒙系统升级至 HarmonyOS 2.0 版本。

2021 年 4 月,华为 HarmonyOS 应用开发在线体验网站上线。5 月,华为宣布华为 HiLink 将与 HarmonyOS 统一为鸿蒙智联。6 月,华为正式发布 HarmonyOS 2 及多款搭载 HarmonyOS 2 的新产品。7 月,华为 Sound X 音箱发布,是首款搭载 HarmonyOS 2 的智能音箱。10 月,华为宣布搭载鸿蒙设备破 1.5 亿台。11 月,HarmonyOS 迎来第三批开源,新增开源组件 769 个,涉及工具、网络、文件数据、UI、框架、动画图形及音视频 7 大类。

2021 年 10 月,HarmonyOS 3.0 的更新日志被曝光。HarmonyOS 3.0 的更新包容量为 2.98GB,优化了控制中心的界面显示,新增提升游戏的流畅度的 GameServiceKit。安全方面,合入安全补丁,系统安全得到了进一步的增强;系统方面,桌面图标可以调节大小了,并且优化了免打扰功能和重新设计通知栏,地图也将支持三维城市体验,另外系统的稳定性也得到了增强。

思考与练习3

一、判断题

1. 表示通过 Internet 打电话的缩写是 IM。(　　)
2. 利用物联网技术,可在大街小巷部署全球监控探头,实现图像敏感性智能分析并与110、110、112 等交互,实现探头与探头之间、探头与人、探头与报警系统之间的联动,从而构建和谐安全的城市安全生活环境。(　　)
3. 三网融合指的是电信网、电视网和互联网都可以承载多种信息化业务,创造出更多融合业务,而不是三张网合成一张网,因此三网融合不是三网合一。(　　)
4. 电信网和互联网的融合早已开始,因此三网融合的关键是广播电视网和电信、互联网的融合。(　　)

二、选择题

1. 下列关于三网融合的说法中,错误的是(　　)。
   A. 三网融合意味着三大网络的物理合一
   B. 三网融合主要是指高层业务应用的融合
   C. 三网融合可极大地减少基础建设投入,并简化网络管理,降低维护成本
   D. 三网融合可衍生出更加丰富的增值业务类型,如 VoIP、视频邮件和网络游戏等

2. "三网融合"中的三网指的是(　　)。
   A. 电话网、有线电视网和万维网　　　　B. 电话网、有线电视网和互联网
   C. 电话网、互联网和万维网　　　　　　D. 有线电视网、万维网和互联网

3. 人们在浏览 Internet 时,手机扮演的是(　　)角色。
   A. 服务器　　　　B. 客户端　　　　C. 控制端　　　　D. 存储端

4. 以下关于智慧城市的理解中,恰当的是(　　)。
   A. 智慧城市建设的关键是大量、有效地建设城市 IT 系统
   B. 社会治安防控体系不是智慧城市顶层设计主要考虑的内容
   C. 电子政务系统是智慧城市的组成部分,由于其特殊性,不鼓励电子政务系统向云计算模式迁移
   D. 通过传感器或信息采集设备全方位地获取城市系统数据是智慧城市的基础

三、综合题

1. 三网融合实质是什么?
2. 三网融合的聚点在哪里?
3. 查阅资料讨论三网融合将对省那些产业发展带来机遇。(提示:从带宽产业、信息终端产业、软件产业、物联网产业、文化产业等方面来论述)

模块 4 物联网技术

物联网描绘了人类未来全新的信息活动场景,让所有的物品都与网络实现在任意时间和任意地点的连接。人们可以通过对物体进行识别、定位、追踪、监控并触发相应事件,形成信息化的解决方案。物联网技术不是对现有技术的颠覆性革命,而是对现有技术的综合运用。物联网技术融合现有技术,实现全新的通信模式转变。同时,通过融合也必定会对现有技术提出改进和提升的要求,催生出一些新的技术。

知识目标

(1) 了解物联网的产生背景。
(2) 了解物联网的发展趋势。
(3) 理解物联网的体系结构,对物联网组成有一个基本认识。
(4) 了解物联网中的各种核心关键技术。
(5) 了解物联网关键技术的行业应用情况。
(6) 了解各种物联网感知技术的应用情况。
(7) 了解物联网中常见的无线通信技术。

能力目标

(1) 能够说出物联网的定义。
(2) 能够举例说明物联网的典型应用。
(3) 能够说出物联网各功能环节的应用模式。
(4) 熟练掌握物联网各功能环节在物联网整体应用体系中的作用和地位。
(5) 能够根据实际应用需求对物联网应用系统的功能分配有一个完整认识。
(6) 能够说出射频识别技术的基本工作原理与应用方法。
(7) 能够说出传感器的分类和常见传感器的基本工作原理。
(8) 清楚各种无线通信技术的使用现状和前景。

4.1　认识物联网

4.1.1　物联网的基本概念

物联网(Internet of Things，IoT)的概念是在 1999 年提出的，又名传感网，它的定义很简单，即把所有物品通过射频识别等信息传感设备与互联网连接起来，实现智能化识别和管理，如图 4-1 所示。物联网把新一代 IT 技术充分运用在各行各业之中。具体地说，就是把感应器嵌入和装备到电网、铁路、桥梁、隧道、公路、建筑、供水系统、大坝、油气管道等各种物体中，然后将这一物物相连的网络与现有的互联网整合起来，实现人类社会与物理系统的整合。在这个整合的网络当中，存在能力超级强大的中心计算机群，能够对整合网络内的人员、机器、设备和基础设施实施实时的管理和控制。在此基础上，人类可以以更加精细和动态的方式管理生产和生活，达到"智慧"状态，提高资源利用率和生产力水平，改善人与自然之间的关系。

物联网可以理解为各类传感器和现有的互联网相互衔接的一种新技术。物联网是在计算机互联网的基础上，利用射频识别(radio frequency identification，RFID)、无线数据通信等技术，构造一个覆盖世界上万事万物的"Internet of Things"。在这个网络中，物品(商品)能够彼此进行"交流"，而无需人的干预。其实质是利用射频识别技术，通过计算机互联网实现物品(商品)的自动识别和信息的互联与共享。

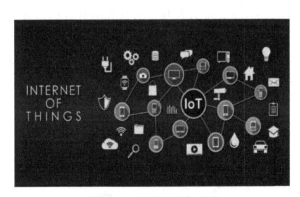

图 4-1　物联网概念模型

根据各种物联网应用系统的共同特征，又可以简单理解"物联网就是物物相连的互联网"。其含义包括两层，一是物联网的核心和基础仍然是互联网，是在互联网的基础上的延伸和扩展的网络；二是其用户端延伸和扩展到了任何物品与物品之间，进行信息交换和通信。所以，物联网是互联网的应用拓展，与其说物联网是网络，不如说物联网是业务和应用。顾名思义，物联网广义是指通过信息传感设备，按约定的协议将任何物体与网络相连接，物体通过信息传播媒介进行信息交换和通信，以实现智能化识别、定位、跟踪、监管等功能。

4.1.2 物联网的基本特点

（1）全面感知。利用射频识别（RFID）技术、传感器、二维码及其他各种感知设备随时随地采集各种动态对象，全面感知世界。

（2）可靠的传送。利用网络（有线、无线及移动网）将感知的信息进行实时的传送。

（3）智能控制。对物体实现智能化的控制和管理，真正达到了人与物的沟通。

4.1.3 物联网的发展现状

物联网是我国在1999年提出来的，那个时候叫传感网。中国科学院早在1999年就启动了传感网的研究和开发，组建了2 000多人的团队，先后投入数亿元，目前已拥有从材料、技术、器件、系统到网络的完整产业链。总体而言，在物联网这个全新产业中，我国的技术研发和产业化水平已经处于世界前列，掌握物联网世界话语权。当前，政府主导、产学研相结合共同推动发展的良好态势正在中国形成。

目前我国物联网的发展趋势是令人振奋的，未来的产业空间是巨大的。现在我国的无线通信网络已经覆盖城乡，从繁华的城市到偏僻的农村，从海岛到珠穆朗玛峰，到处被无线网络覆盖。无线网络是实现物联网必不可少的基础设施，安置在动物、植物、机器和物品上的电子介质产生的数字信号可随时随地通过无处不在的无线网络传送出去。"云计算"技术的运用，使数以亿计的各类物品的实时动态管理变为可能。

在物联网应用中有三项关键技术，分别是感知层、网络传输层和应用层。狭义的物联网指的是将无处不在的末端设备和设施，包括具备"内在智能"的传感器、移动终端、工业系统、楼控系统、家庭智能设施、视频监控系统等和"外在使能"的，如贴上RFID的各种资产、携带无线终端的个人与车辆等"智能化物件或动物"或"智能尘埃"，通过各种无线或有线的、长距离或短距离通信网络实现互联互通、应用大集成以及基于云计算的软件即服务营运等模式，在内网、专网或国际互联网环境下，采用适当的信息安全保障机制，提供安全可控乃至个性化的实时在线监测、定位追溯、报警联动、调度指挥、预案管理、远程控制、安全防范、远程维保、在线升级、统计报表、决策支持、领导桌面等管理和服务功能，实现对"万物"的"高效、节能、安全、环保"的"管、控、营"一体化服务，如图4-2所示。

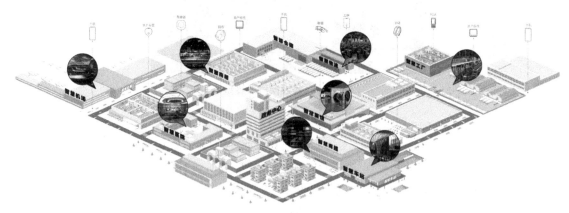

图4-2 智能化趋势

物联网把新一代 IT 技术充分应用在各行各业之中。可以说物联网是一个连接日常物品和互联网的系统,如图 4-2 所示。它正在迅速改变人们执行日常任务的方式。从建筑、零售到安全、汽车,物联网的影响如今几乎在每一个领域都有体现。这项技术在过去几年里获得了巨大的发展势头,不再被认为是一种炒作。现在几乎所有的物理设备都可以转换成物联网设备。虽然物联网在设备中的应用不再是梦想,但它的用途仍然值得一提。物联网减少了日常生活中的工作量,并帮助机器或设备轻松处理通常需要人工处理的事情。这是一项技术,是人们努力并愿意过上便利生活的结果。

📖 思政视窗

物联网驱动智慧城市健康发展

"智慧城市发展论坛"日前在大连举行,论坛以"智慧城市开启城市未来"为主题,邀请了来自国内外的众多专家学者为大连打造智慧城市建言献策。

有关专家认为,随着物联网和云计算技术的发展,智慧城市已具备从梦想变成现实的条件。大连建设生态科技创新城,把生态城市和智慧城市完美结合,摸准了世界发展的脉搏,必将在国内起到引领作用。而创造力将是智慧城市的第一驱动力。智慧城市应该建立这么一个环境,这个环境能激发人的创造性,能激发人的创造激情以及发挥他的想象力,能更好地推动创造的活动。

中国科学院院士周孝信认为,在智慧城市技术应用方面应留有完善发展空间和能力,大连生态科技创新城不应该"一步到位",如果现在"一步到位",将来技术更新,是不是还要推倒重来。中国工程院院士王众托表示,把创造力产业作为产业定位,是发展智慧城市的关键所在,即靠人的智慧和人的创造性增加价值,开辟就业途径。

具体说来,创造力产业包括文化产业、科学技术研发产业、工业设计产业、高端资源产业等。创造力产业要发挥长效性,就需要智慧城市创造这样一个环境,激发人的创造性、创造激情和想象力,推动这种创造活动,并把创造的新成果应用到带动大连战略性新兴产业的发展和传统工业的改造和创新中来。

4.2　物联网的体系结构

物联网作为新兴的信息网络技术,将会对 IT 产业发展起到巨大的推动作用。然而由于物联网尚处在起步阶段,还没有一个广泛认同的体系结构。在公开发表物联网应用系统的同时,很多研究人员也提出了若干物联网体系结构,如图 4-3 所示。例如,物品万维网(web of things,WoT)的体系结构,它定义了一种面向应用的物联网,把万维网服务嵌入到系统中,可以采用简单的万维网服务形式使用物联网。这是一个以用户为中心的物联网体系结构,试图把互联网中成功的、面向信息获取的万维网结构移植到物联网上,用于物联网的信息发布、检索和获取。当前,较具代表性的物联网架构有欧美支持的 EPC Global 物联网体系架构和日本的 Ubiquitous ID(UID)物联网系统等。我国也积极参与了物联网体系结构的研究,正在积极制定符合社会发展实际情况的物联网标准和架构。

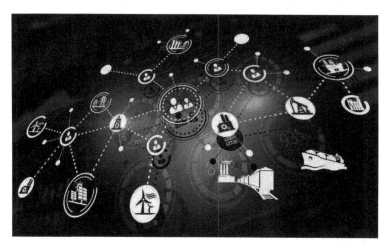

图4-3 物联网体系结构示意图

4.2.1 物联网体系架构概述

1. 物联网设备如何接入到网络

只有设备接入到网络里面,才能算是物联网设备。关键点是接入方式以及网络通信方式。当前有两种接入方式。

(1) 直接接入。物联网终端设备本身具备联网能力直接接入网络,如在设备端加入 NB-IoT 通信模组、2G 通信模组。

(2) 网关接入。物联网终端设备本身不具备入网能力,需要在本地组网后,统一通过网关再接入到网络。例如,终端设备通过 ZigBee 无线组网,然后各设备数据通过 ZigBee 网关统一接入到网络里面。常用的本地无线组网技术有 ZigBee, LoRa, BLE Mesh, Sub-1GHz 等。

在物联网设备里面,物联网网关是一个非常重要的角色,是一个处在本地局域网与外部接入网络之间的智能设备。网关的主要功能是网络隔离,协议转化/适配以及数据网内外传输。一个典型的物联网网关架构如下图 4-4 所示。

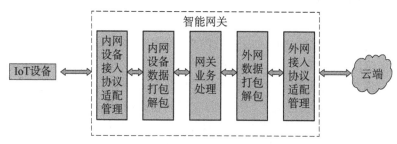

图4-4 典型的物联网网关架构

2. 网络通信方式

常用的通信网络主要存在两种通信方式:

(1) 移动网络(主要户外设备用)2G/3G/4G/5G/NB-IoT 等。

（2）宽带（主要户内设备用）、Wi-Fi、Ethernet 等。

3. 物联网设备接入网络后如何开展 M2M、M2C 通信

物联网设备终端接入网络，只是物联网应用的开始。设备接入网络后，设备与设备之间需要互相通信，设备与云端需要互相通信。只有互通，物联网的价值才能展现出来。既然要互通，则需要一套物联网通信协议。只有遵循该套协议的设备相互间才能够通信、交换数据。常用的物联网通信协议主要有 MQTT、COAP 等，它们都是基于消息模型来实现的。设备与设备之间、设备与云端之间通过交换消息来实现通信，消息里面携带了通信数据。

4. 物联网设备之间、设备与云平台的交换数据

21 世纪最重要的是数据。有了大量的物联网设备数据后，针对数据，人类可以去挖掘里面的规律和商业价值，对设备未来的状态进行预测等。物联网数据应用分三个层次。

（1）基础应用：监控。通过物联网收集到设备数据后，如果设备数据状态超过预设的状态则自动第一时间报警，管理员第一时间开展处理，可以通过远程操作，下达命令，把问题解决在萌芽状态。

（2）进阶应用：报表统计。通过统计方法，对设备的历史运行数据进行统计分析。可以按不同维度分析出不同报告，然后以图表或者大屏方式展现在管理员面前，管理员可以快速直观地了解到整个物联网设备运行状况。

（3）高级应用：数据挖掘/机器学习。这部分需要从数据里面挖掘出有价值的东西出来。例如，通过一段时间设备数据的连续跟踪分析并结合人类过往的设备运维经验，通过机器学习方式预测设备发生故障概率以及发生故障后可能的引起原因，并给出维修方案。通过引入现在火热的 AI 技术，物联网就能变成智能物联网了。也许在不久的将来，人与设备可以自由对话，设备与设备之间也能够对话并自动做出最优决策。

综上所述，物联网的价值在于提高生产效率、管理效率，极大提高社会生产力。

5. 物联网终端设备软件系统架构

常见系统框架总结下来主要存在两种：带 RTOS 设备终端系统框架（处理复杂的业务场景，场景里面通常需要多个事务并行协同完成工作）和不带 RTOS 设备终端系统框架（通常处理的业务场景较单一）。

RTOS 是实时多任务操作系统，有了它，在终端设备里面可以并行运行多个任务，每个任务负责一个事务。通过并行化运行，响应实时性及效率就得到提升。RTOS 实时操作内核一般包含任务调度、任务间同步与通信、内存分配、中断管理、时间管理、设备驱动等重要组件。

以任务调度组件举例，在嵌入式操作系统中，任务是 CPU 上最小运行单元。通常一个稍微复杂点的 IoT App 是由多个任务协同完成。例如，有的任务负责处理用户事件输入以及 UI 显示，有的任务负责处理数据通信，有的任务负责业务逻辑处理。

既然一个系统中有多个任务在跑，而 CPU 资源却是单一的，那么会导致每个时刻只能由一个任务在 CPU 上跑。因此为了每个任务都能够在 CPU 上有运行机会，就涉及了任务调度概念。任务调度需要按照一定的规则来，常见的调度方式有三种：一个基于优先级调度的，一个是基于时间片调度的，一个是把优先级和时间片结合在一起调度。

以优先级调度举例，在定义任务的时候，给每个任务分配一个优先级，在运行的时候，高优先级的任务都会优先被运行。直到没有高优先级任务后，低优先级任务才会被运行。假如低优先级任务获得 CPU 资源后，有高优先级任务就绪有两种处理方式。一是继续运行。二是抢占式，高优先级抢占 CPU 资源进入运行状态。

6. 物联网云平台系统架构

物联网云平台系统架构主要包含设备接入、设备管理、规则引擎、安全认证及权限管理四大组件,如图 4-5 所示。

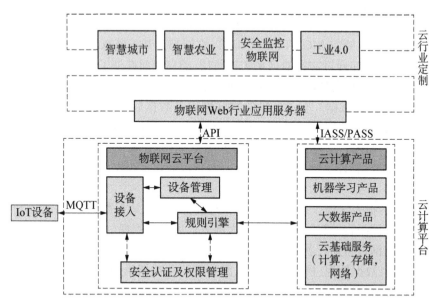

图 4-5　物联网云平台系统架构

(1) 设备接入。目前有多种设备接入协议,最主流的是 MQTT 协议。有些云计算厂商将 MQTT 协议精简变成独有的接入协议。并发连接管理,维持可能是数十亿设备的长连接管理。如何应对数十亿的设备连接管理? 目前开放出来的 MQTT 代理服务器大都是单机版,最多也就是并发连接十几万设备。因此,如果要管理数十亿的连接,需要用到负载均衡,用到分布式架构,在云平台需要部署分布式 MQTT 代理服务器。

(2) 设备管理。一般以树形结构的方式管理设备,包含设备创建管理以及设备状态管理等。根节点以产品开始,然后是设备组,再到具体设备。主要包含如下管理:产品注册及管理、产品下面的设备增删改查管理、设备消息发布、OTA 设备升级管理等。

(3) 规则引擎。物联网云平台通常是基于现有云计算平台搭建的。一个物联网成熟业务除了用到物联网云平台提供功能外,一般还需要用到云计算平台提供功能,如云主机、云数据库等。用户可以在云主机上搭建 Web 行业应用服务。规则引擎主要作用是把物联网平台数据通过过滤转发到其他云计算产品上。例如,可以把设备上报的数据转发到 Table Store 数据库产品里。规则引擎一般使用方式为类 SQL 语言,通过编写 SQL 语言,用户可以过滤数据、处理数据,并把数据发到其他云计算产品或者其他云计算服务。

(4) 安全认证及权限管理。物联网云平台为每个设备颁发唯一的证书,需要证书通过后才能允许设备接入到云平台。云平台最小授权粒度一般是做到设备级。所说的证书一般分为两种:一种是产品级证书,一种是设备级证书。产品级证书拥有最大的权限,可以对产品下所有的设备进行操作。因此每个接入云平台的设备都在本地存储一个证书(存在形式是一个 KEY,有多个字符串构成)。每次与云端建立连接时,都要把证书带上,以便云端安全组件核查通过。

（5）云计算产品。包括大数据计算产品、云基础服务（高性能服务器、云数据库、云网络）等。

（6）物联网平台。近年来，物联网技术已深入到人们生活、工业、城市建设方面面，产业的爆发已经进入临界点。比照互联网时代 BAT 的成功，物联网平台之争已成为如今的一个大热门，作为产业生态构建的核心关键环节，掌握物联网平台，就掌握了物联网生态的主动权。

什么是物联网平台？主要表现在四个方面。

一是硬件，如传感器或设备，这些传感器和设备从环境中收集数据或执行操作。二是网络链接，硬件设备需要一种方式将所有数据传输到云端，或者从云端接收命令；一些物联网系统可能在硬件和云端之间还有一些中间组成部分，如网关或路由器。三是软件，本软件在云端运作，负责分析从传感器收集数据并作出指令。四是用户界面，为了让这些功能运作起来，需要一种方式让用户与物联网系统进行沟通。

物联网平台处在物联网技术软件和硬件结合的枢纽位置。一方面，肩负管理底层硬件并赋于上层应用服务的重任；另一方面，聚合硬件属性、感知讯息、用户身份、交互指令等静态及动态讯息。物联网平台具有通信、数据流通、设备管理和应用程序等功能。

物联网平台类型多样，由于国际上对物联网平台没有统一的标准和定义，加上许多科技巨头（如 Google、Intel 等）都纷纷投入物联网平台的市场，市场上充斥着各种物联网平台。第一种是提供连接性管理的物联网平台，主要是针对终端（SIM 卡）的通信通道提供连接性管理、诊断以及终端管理方面的功能，如思科的 Jasper 平台、爱立信的 DCP、Telit 的 M2M 平台、PTC 的 Thingworx 和 Axeda。第二种是以提供云服务为主的应用开发平台，主要是提供设备与数据接入、存储和展现服务，尤其适合不需要关心后台服务系统运作细节的用户，如 LogMeIn 的 Xively、Yeelink、中国移动的 OneNet、京东智能云、腾讯微信/QQ 物联、阿里云、百度 IoT、中兴通信的 AnyLink。第三种是以提供接入智能装置为主的应用开发平台，和第二种类型的平台相当类似，但这种公司通常因为还在初创阶段，在云端的研发实力较弱，所以将重点放在智能装置的接入方面，比较典型的业者如 Ayla Networks。第四种是以大数据分析和机器学习为主的物联网平台，如 IBM 的 Bluemix 和 Watson、亚马逊 AWS IoT、Microsoft 的 Azure。第五种是企业信息平台，提供包括应用软件、基础架构、业务流程等完整服务。这种平台有些会专注在特定产业的垂直应用，如智能家居、智慧城市、智能农业等领域。这些物联网平台有部分功能重叠或向彼此渗透发展的趋势。第六种物联网平台是融合千行万业的生态消费数字化物联网接入端口平台，实现一切消费产品的溯源，消除假冒伪劣。

虽然物联网平台的重要性日益凸显，但是参与物联网产业的企业众多，平台阵营林立，使得仅依靠平台难以打造完善的产业生态。只有通过"云-端-网"的多要素垂直一体化布局，覆盖产业的各环节，为用户提供整体方案，才更有利于生态的打造。对于运营商来说，必须利用自身的基础设施及合作伙伴的技术来突破更多的垂直行业客户。而对于平台提供商来说，应该增强产业链上下游企业和应用开发资源的整合能力，这样才能把握物联网感知层到应用层的数据枢纽。

4.2.2　构建物联网体系结构的原则

物联网有别于互联网，互联网的主要目的是构建一个全球性的计算机通信网络。物联网则主要是从应用出发，利用互联网、无线通信技术进行业务数据的传送，是互联网、移动通信网应用的延伸，是自动化控制、遥控遥测及信息应用技术的综合展现，如图 4-10 所示。当物联网概念与近程通信、信息采集、网络技术、用户终端设备结合之后,其价值才能逐步得到展现。因此,设计物联网体系结构应该遵循以下几条原则。

(1)多样性原则。物联网体系结构必须根据物联网的服务类型、节点的不同,分别设计多种类型的体系结构,不能也没有必要建立起唯一的标准体系结构。

(2)时空性原则。物联网尚在发展之中,其体系结构应能满足在时间、空间和能源方面的需求。

(3)互联性原则。物联网体系结构需要平滑地与互联网实现互联互通,如果试图另行设计一套互联通信协议及其描述语言,那将是不现实的。

(4)扩展性原则。对于物联网体系结构的架构,应该具有一定的扩展性,以便最大限度地利用现有网络通信基础设施,保护已投资利益。

(5)安全性原则。物物互联之后,物联网的安全性将比计算机互联网的安全性更为重要,因此物联网的体系结构应能够防御大范围的网络攻击。

(6)健壮性原则。物联网体系结构应具备相当好的健壮性和可靠性。

4.2.3　实用的层次性物联网体系架构

物联网通过各种信息传感设备及系统(传感网、射频识别系统、红外感应器、激光扫描器等)、条码与二维码、全球定位系统,按约定的通信协议,将物与物、人与物、人与人连接起来,通过各种接入网、互联网进行信息交换,以实现智能化识别、定位、跟踪、监控和管理的一种信息网络。这个定义的核心是,物联网的主要特征是每一个物件都可以寻址,每个物件都可以控制,每一个物件都可以通信。

根据物联网的服务类型和节点等情况,物联网的体系结构划分为两种情况,一是由感知层、接入层、网络层和应用层组成的四层物联网体系结构;二是由感知层、网络层和应用层组成的三层物联网体系结构。根据对物联网的研究、技术和产业的实践观察,目前业界将物联网系统划分为三个层次:感知层、网络层、应用层,并以此概括地描绘物联网的系统架构。

感知层解决的是人类世界和物理世界的数据获取的问题。感知层可进一步划分为两个子层,首先通过传感器、数码相机等设备采集外部物理世界的数据,然后通过 RFID、条码、工业现场总线、蓝牙、红外等短距离传输技术传递数据。特别是当仅传递物品的唯一识别码的情况,也可以只有数据的短距离传输这一层。实际上,这两个子层有时很难明确区分开。感知层所需要的关键技术包括检测技术、短距离有线和无线通信技术等。

网络层解决的是感知层所获得的数据在一定范围内(通常是长距离)传输的问题。这些数据可以通过移动通信网、国际互联网、企业内部网、各类专网、小型局域网等网络传输。特别是当三网融合后,有线电视网也能承担物联网网络层的功能,有利于物联网的加快推进。网络层所需要的关键技术包括长距离有线和无线通信技术、网络技术等。

应用层解决的是信息处理和人机界面的问题。网络层传输而来的数据在这一层里进入各类信息系统进行处理,并通过各种设备与人进行交互。应用层也可按形态直观地划分为两个子层。一个是应用程序层,进行数据处理,它涵盖了国民经济和社会的每一领域,包括电力、医疗、银行、交通、环保、物流、工业、农业、城市管理、家居生活等,包括支付、监控、安保、定位、盘点、预测等,可用于政府、企业、社会组织、家庭、个人等。这正是物联网作为深度信息化的重要体现。另一个是终端设备层,提供人机界面。物联网虽然是"物物相连的网",但最终是要以人为本的,还是需要人的操作与控制,不过这里的人机界面已远远超出现时人与计算机交互的概念,而是泛指与应用程序相连的各种设备与人的反馈。

在各层之间,信息不是单向传递的,可有交互、控制等,所传递的信息多种多样,这其中关键是物品的信息,包括在特定应用系统范围内能唯一标识物品的识别码和物品的静态与动态信息。此外,软件和集成电路技术都是各层所需要的关键技术。

1. 感知层

物联网与传统网络的主要区别在于,物联网扩大了传统网络的通信范围,即物联网不仅仅局限于人与人之间的通信,还扩展到人与物、物与物之间的通信。在物联网具体实现过程中,如何完成对物的感知这一关键环节? 本节将针对这一问题,对感知层及其关键技术进行介绍,如图 4-6 所示。

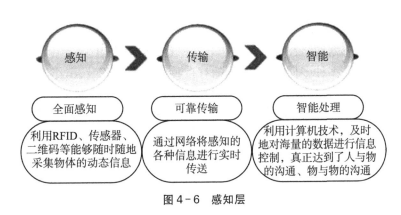

图 4-6　感知层

1)感知层功能

物联网在传统网络的基础上,从原有网络用户终端向"下"延伸和扩展,扩大通信的对象范围,即通信不仅仅局限于人与人之间的通信,还扩展到人与现实世界的各种物体之间的通信。

这里的"物"并不是自然物品,而是要满足一定的条件才能够被纳入物联网的范围。例如,有相应的信息接收器和发送器、数据传输通路、数据处理芯片、操作系统、存储空间等,遵循物联网的通信协议,在物联网中有可被识别的标识。现实世界所看到的物品未必能满足这些要求,这就需要特定的物联网设备的帮助才能满足以上条件,并加入物联网。物联网设备具体来说就是嵌入式系统、传感器、RFID 等。

物联网感知层解决的是人类世界和物理世界的数据获取问题,即各类物理量、标识、音频、视频数据。感知层处于三层架构的最底层,是物联网发展和应用的基础,具有物联网全面感知的核心能力。作为物联网的最基本一层,感知层具有十分重要的作用。

2)感知层的关键技术

感知层所需要的关键技术包括检测技术、中低速无线或有线短距离传输技术等。具体来说,感知层综合了传感器技术、嵌入式技术、智能组网技术、无线通信技术、分布式信息处理技术等,能够通过各类集成化的微型传感器的协作实时监测、感知和采集各种环境或监测对象的信息。通过嵌入式系统对信息进行处理,并通过随机自组织无线通信网络以多跳中继方式将所感知信息传送到接入层的基站节点和接入网关,最终到达用户终端,从而真正实现"无处不在"的物联网的理念。

(1)传感器技术。人是通过视觉、听觉及触觉等感觉来感知外界的信息,感知的信息输入大脑进行分析判断和处理,大脑再指挥人做出相应的动作,这是人类认识世界和改造世界所有的最基本的能力。但是通过人的五官感知外界的信息非常有限。例如,人无法利用触觉来感知超过几十摄氏度甚至上千摄氏度的温度,而且也不可能辨别温度的微小变化,这就需要电子设备的帮助。同样,利用电子仪器特别像计算机控制的自动化装置代替人的劳动时,计算机类似于人的大脑,而仅有大脑却没有感知外界信息的"五官"显然是不够的,计算机还需要它们的"五官"——传感器。

传感器是一种检测装置,能感受到被检测的信息,并能将检测感受到的信息,按一定规律变换成为电信号或其他所需形式的信号输出,以满足信息的传输、处理、存储、显示、记录和控制等要求。传感器是实现自动检测和自动控制的首要环节。在物联网系统中,对各种参量进行信息采集和简单加工处理的设备,被称为物联网传感器。传感器可以独立存在,也可以与其他设备以一体方式呈现,但无论哪种方式,它都是物联网中的感知和输入部分。在物联网中,传感器及其组成的传感器网络在数据采集前端发挥着重要的作用。

传感器的分类方法多种多样,比较常用的有按传感器的物理量、工作原理、输出信号三种方式分类。此外,按照是否具有信息处理功能来分类的意义越来越重要,特别是在未来的物联网时代。按照这种分类方式,传感器可分为一般传感器和智能传感器。一般传感器采集的信息需要计算机进行处理。智能传感器带有微处理器,本身具有采集、处理、交换信息的能力,具备数据精度高、高可靠性与高稳定性、高信噪比与高分辨力、强自适应性、低价格性能比等特点。

新型传感器。传感器是节点感知物质世界的"感觉器官",用来感知信息采集点的环境参数。传感器可以感知热、力、光、电、声、位移等信号,为物联网系统的处理、传输分析和反馈提供最原始的数据信息。随着电子技术的不断进步提高,传统的传感器正逐步实现微型化、智能化、信息化、网络化。同时,也正经历一个从传统传感器到智能传感器再到嵌入式 Web 传感器不断丰富发展的过程。应用新理论、新技术,采用新工艺、新结构、新材料,研发各类新型传感器,提升传感器的功能与性能,降低成本,是实现物联网的基础。目前,市场上已经有大量门类齐全并且技术成熟的传感器产品可供选择使用。

智能化传感网节点技术。智能化传感网节点,是指一个微型化的嵌入式系统。在感知物质世界及其变化的过程中,需要检测的对象很多,如温度、压力、湿度、应变,因此需要微型化、低功耗的传感网节点构成传感网的基础层支持平台。因此,需要针对低功耗传感网节点设备的低成本、低功耗、小型化、高可靠性等要求,研制低速、中高速传感网节点核心芯片,以及集射频、基带、协议、处理于一体,具备通信、处理、组网和感知能力的低功耗片上系统;针对物联网的行业应用,研制系列节点产品。这不但需要采用 MEMS 加工技术,设计符合物联网要求的微型传感器,使之可识别、配接多种敏感元件,并适用于主被动各种检测方法;传感网节点还应具有强抗干扰能力,以适应恶劣工作环境的需求。如何利用传感网节点具有的局域信号处理功能,在传感网节点附近局部完成一定的信号处理,使原来由中央处理器实现的串行处理、集中决策的系统,成为一种并行的分布式信息处理系统,还需要开发基于专用操作系统的节点级系统软件。

(2) RFID 技术。RFID 技术是 20 世纪 90 年代开始兴起的一种自动识别技术,它利用射频信号通过空间电磁耦合实现无接触信息传递并通过所传递的信息实现物体识别。RFID 既可以看成是一种设备标识技术,也可以归类为短距离传输技术,本书更倾向于前者,如图 4-7 所示。

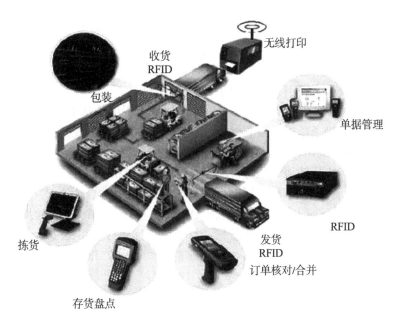

图 4-7　RFID 技术示意图

RFID 是一种能够让物品"开口说话"的技术,也是物联网感知层的一个关键技术。在对物联网的构想中,RFID 标签中存储着规范而具有互用性的信息,通过有线或无线的方式把它们自动采集到中央信息系统,实现物品(商品)的识别,进而通过开放式的计算机网络实现信息交换和共享,以及对物品的"透明"管理。

RFID 系统主要由电子标签、读写器和天线三部分组成。其中,电子标签芯片具有数据存储区,用于存储待识别物品的标识信息;读写器是将约定格式的待识别物品的标识信息写入电子标签的存储区中(写入功能),或在读写器的阅读范围内以无接触的方式将电子标签内保存的信息读取出来(读出功能);天线用于发射和接收射频信号,往往内置在电子标签和读写器中RFID 技术的工作原理是:电子标签进入读写器产生磁场后,读写器发出的射频信号,凭借感应电流所获得的能量发送出存储在芯片中的产品信息(无源标签或被动标签),或者主动发送某一频率的信号(有源标签或主动标签);读写器读取信息并解码后,送至中央信息系统进行有关数据处理。

RFID 具有无需接触、自动化程度高、耐用可靠、识别速度快、适应各种工作环境、可实现高速和多标签同时识别等优势,因此可用于广泛的领域,如物流和供应链管理门禁安防系统、道路自动收费、航空行李处理、文档追踪/图书馆管理、电子支付、生产制造和装配、物品监视、汽车监控、动物身份标识等。以简单 RFID 系统为基础,结合已有的网络技术、数据库技术、中间件技术等,构筑一个由大量联网的读写器和无数移动的标签组成的,比 Internet 更为庞大的物联网成为 RFID 技术发展的趋势。

RFID 主要采用 ISO 和 IEC 制定的技术标准。目前可供射频卡使用的射频技术标准有 ISO/TEC 10536、ISO/IEC 1443、ISO/IEC 15693 和 ISO/IEC 18000,应用最多的是 ISO/IEC 1443 和 ISO/IEC 15693,这两个标准都由物理特性、射频功率和信号接口、初始化和反碰撞及传输协议四部分组成。

RFID 与人们常见的条形码相比,比较明显的优势体现在四个方面:①阅读器可同时识读多个RFID标签;②阅读时不需要光线、不受非金属覆盖的影响,而且在严酷、肮脏条件下仍然可以读取;③存储容量大,可以反复读、写;④可以在高速运动中读取。

当然,目前RFID还存在许多技术难点与问题,主要集中在RFID反碰撞、防冲突问题,RFID天线研究,工作频率的选择,安全与隐私等方面。

(3)二维码技术。二维码技术是物联网感知层实现过程中最基本和关键的技术之一。二维码也叫二维条码或二维条形码,是用某种特定的几何形体按一定规律在平面上分布(黑白相间)的图形来记录信息的应用技术。从技术原理看,二维码在代码编制上巧妙地利用构成计算机内部逻辑基础的0和1比特流的概念,使用若干与二进制相对应的几何形体来表示数值信息,并通过图像输入设备或光电扫描设备自动识读以实现信息的自动处理。

与一维条形码相比二维码有着明显的优势,归纳起来主要三个方面:数据容量更大,二维码能够在横向和纵向两个方位同时表达信息,因此能在很小的面积内表达大量的信息;超越了字母数字的限制;条形码相对尺寸小;具有抗损毁能力。此外,二维码还可以引入保密措施,其保密性较一维码要强很多。

二维码可分为堆叠式/行排式二维码和矩阵式二维码。其中,堆叠式/行排式二维码形态上是由多行短截的一维码堆叠而成的;矩阵式二维码以矩阵的形式组成,在矩阵相应元素位置上用"点"表示二进制1,用"空"表示二进制0,并由"点"和"空"的排列组成代码。

二维码具有条码技术的一些共性:每种码制有其特定的字符集;每个字符占有一定的宽度;具有一定的校验功能等。二维码的特点归纳如下。

① 高密度编码,信息容量大。二维码可容纳多达1 850个大写字母或2 710个数字或1 108个字节或500多个汉字,比普通条码信息容量高约几十倍。

② 编码范围广。二维码可以把图片、声音、文字、签字、指纹等以数字化的信息进行编码,并用条码表示。

③ 容错能力强,具有纠错功能。二维码因穿孔、污损等引起局部损坏时,甚至损坏面积达50%时,仍可以正确得到识读。

④ 译码可靠性高。二维码比普通条码译码错误率百万分之二要低得多,误码率不超过千万分之一。

⑤ 可引入加密措施。二维码保密性、防伪性好。

⑥ 二维码成本低,易制作,持久耐用。

⑦ 条码符合形状、尺寸大小比例可变。

⑧ 二维码可以使用激光或CCD摄像设备识读,十分方便。

与RFID相比,二维码最大的优势在于成本较低,一条二维码的成本仅为几分钱,而RFID标签因其芯片成本较高,制造工艺复杂,价格较高。表4-1对这两种标识技术进行了比较。

表4-1 RFID与二维码功能比较

功能	RFID	二维码
读取数量	可同时读取多个RFID标签	一次只能读取一个二维码
读取条件	RFID标签不需要光线就可以读取或更新	二维码读取时需要光线
容量	存储资料的容量大	存储资料的容量小
读写能力	电子资料可以重复写	资料不可更新

（续表）

功能	RFID	二维码
读取方便性	RFID标签可以很薄,如在包内仍可读取资料	二维码读取时需要清晰可见
资料准确性	准确性高	需靠人工读取,有人为疏失的可能性
坚固性	RFID标签在严酷、恶劣与肮脏的环境下仍然可读取资料	二维码污损将无法读取,无耐久性
高速读取	在高速运动中仍可读取	移动中读取有所限制

（4）蓝牙。蓝牙是一种无线数据与话音通信的开放性全球规范,和 ZigBee 一样,也是一种短距离的无线传输技术。其实质内容是为固定设备或移动设备之间的通信环境建立通用的短距离无线接口,将通信技术与计算机技术进一步结合起来,是各种设备在无电线或电缆相互连接的情况下,能在短距离范围内实现相互通信或操作的一种技术。

蓝牙采用高速跳频和时分多址（time division multiple access，TDMA）等先进技术,支持点对点及点对多点通信。蓝牙传输频段为全球公共通用的 2.4 GHz 频段,能提供 1 Mbps 的传输速率和 10 m 的传输距离,并采用时分双工传输方案实现全双工传输。蓝牙除具有和 ZigBee 一样,可以全球范围适用、功耗低、成本低抗干扰能力强等特点外,还有许多它自己的特点。

① 同时可传输话音和数据。蓝牙采用电路交换和分组交换技术,支持异步数据信道、三路话音信道以及异步数据与同步话音同时传输的信道。

② 可建立临时性的对等连接。

③ 开放的接口标准。为了推广蓝牙技术的使用,蓝牙技术联盟将蓝牙的技术标准全部公开,全世界范围内的任何单位和个人都可以进行蓝牙产品的开发,只要最终通过蓝牙技术联盟兼容性测试的蓝牙产品,就可以推向市场。

蓝牙作为一种电缆替代技术,主要有以下三类应用:话音/数据接入、外围设备互连和个人局域网。在物联网的感知层,主要是用于数据接入。蓝牙技术既有效地简化移动通信终端设备之间的通信,也能够成功地简化设备与互联网之间的通信,从而使数据传输变得更加迅速高效,为无线通信拓宽了道路。

2. 网络层

物联网是什么？人们经常会说 RFID,这只是感知,其实感知的技术已经有了,虽然说未必成熟,但是开发起来并不难。但是物联网的价值主要在于网,而不在于物。感知只是第一步,但是感知的信息,如果没有一个庞大的网络体系,不能进行管理和整合,那这个网络就没有意义。以下将对物联网架构中的网络层进行介绍。

1) 网络层功能

物联网网络层是在现有网络的基础上建立起来的,它与目前主流的移动通信网、国际互联网、企业内部网、各类专网等网络一样,主要承担着数据传输的功能,特别是当三网融合后,有线电视网也能承担数据传输的功能。

在物联网中,要求网络层能够把感知层感知到的数据无障碍、高可靠性、高安全性地进行传送,它解决的是感知层所获得的数据在一定范围内,尤其是远距离的传输问题。同时,物联网网络层将承担比现有网络更大的数据量和面临更高的服务质量要求,因此现有网络尚不能满足物联网的需求,这就意味着物联网需要对现有网络进行融合和扩展,利用新技术以实现更加广泛和高效的互联功能。

由于广域通信网络在早期物联网发展中的缺位,早期的物联网应用往往在部署范围、应用领域等诸多方面有所局限,终端之间以及终端与后台软件之间都难以开展协同。随着物联网发展,必须建立端到端的全局网络。

2)网络层的关键技术

由于物联网网络层是建立在 Internet 和移动通信网等现有网络基础上,除具有目前已经比较成熟的如远距离有线、无线通信技术和网络技术外,为实现"物物相联"的需求,物联网网络层将综合使用 IPv6、2G/3G、Wi-Fi 等通信技术,实现有线与无线的结合、宽带与窄带的结合、感知网与通信网的结合。同时,网络层中的感知数据管理与处理技术是实现以数据为中心的物联网的核心技术。感知数据管理与处理技术包括物联网数据的存储、查询、分析、挖掘、理解以及基于感知数据决策和行为的技术。

以下对物联网依托的 Internet、移动通信网和无线传感器网络三种主要网络形态以及涉及的 IPv6、Wi-Fi 等关键技术进行介绍。

(1) Internet。中文译为因特网,广义的因特网叫互联网,是以相互交流信息资源为目的,基于一些共同的协议,并通过许多路由器和公共互联网连接而成的,是一个信息资源和资源共享的集合。Internet 采用了目前最流行的客户机/服务器工作模式,凡是使用 TCP/IP 协议,并能与 Internet 中任意主机进行通信的计算机,无论是何种类型、采用何种操作系统,均可看成是 Internet 的一部分,可见 Internet 覆盖范围之广。物联网也被认为是 Internet 的进一步延伸。

Internet 作为物联网主要的传输网络之一,为了让其适应物联网大数据量和多终端的要求,业界正在发展一系列新技术。其中,由于 Internet 中用 IP 地址对节点进行标识,而目前的 IPv4 受制于资源空间耗竭,已经无法提供更多的 IP 地址,因此 IPv6 以其近乎无限的地址空间将在物联网中发挥重大作用。引入 IPv6 技术,使网络不仅可以为人类服务,还可以服务于众多硬件设备,如家用电器、传感器、远程照相机、汽车,它将使物联网无所不在、无处不在,深入社会每个角落。

(2) 移动通信网。移动通信是移动体之间或移动体与固定体之间的通信。通过有线或无线介质将这些物体连接起来进行话音等服务的网络就是移动通信网。移动通信网由无线接入网、核心网和骨干网三部分组成。无线接入网主要为移动终端提供接入网络服务,核心网和骨干网主要为各种业务提供交换和传输服务。从通信技术层面看,移动通信网的基本技术可分为传输技术和交换技术两大类。

在物联网中,终端需要以有线或无线方式连接起来,发送或者接收各类数据;同时,考虑到终端连接方便性、信息基础设施的可用性(不是所有地方都有方便的固定接入能力)以及某些应用场景本身需要监控的目标就是在移动状态下。因此,移动通信网络以其覆盖广、建设成本低、部署方便、终端具备移动性等特点成为物联网重要的接入手段和传输载体,为人与人之间的通信、人与网络之间的通信、物与物之间的通信提供服务。

在移动通信网中,当前比较热门的接入技术有 3G、Wi-Fi 和 WiMAX。在移动通信网中,3G 是指第三代支持高速数据传输的蜂窝移动通信技术,3G 网络则综合了蜂窝、无绳、集群、移动数据、卫星等各种移动通信系统功能,并与固定电信网的业务兼容,能同时提供话音和数据业务。3G 的目标是实现所有地区(城区与野外)的无缝覆盖,从而使用户在任何地方均可以使用系统所提供的各种服务。3G 包括三种主要国际标准,即 CDMA2000、WCDMA、TD-SCDMA。其中 TD-SCDMA 是第一个由我国提出的、以我国知识产权为主的、被国际上广泛接受和认可的无线通信国际标准。

无线保真技术(wireless fidelity,Wi-Fi),传输距离有几百米,可实现各种便携设备(手机、笔记本电脑、Pda 等)在局部区域内的高速无线连接或接入局域网。Wi-Fi 是由接入点 AP(access point)和无线网卡组成的无线网络。主流的 Wi-Fi 技术无线标准有 IEEE802.11b 及 IEEE802.11g 两种,分别可提供 11 Mbps 和 54 Mbps 的传输速率。

全球微波接入互操作性(world interoperability for microwave access,WiMAX),是一种城域网(metropolitan area network,MAN)无线接入技术,是针对微波和毫米波频段提出的一种空中接口标准,其信号传输半径可以达到 50 km,基本上能覆盖到城郊。正是由于这种远距离传输特性,WiMAX 不仅能解决无线接入问题,还能作为有线网络接入(有线电视、DSL)的无线扩展,方便地实现边远地区的网络连接。

(3)无线传感器网络。无线传感器网络(wireless sensor network,WSN)的基本功能是将一系列空间分散的传感器单元通过自组织的无线网络进行连接,从而使各自采集的数据通过无线网络进行传输汇总,以实现对空间分散范围内的物理或环境状况的协作监控,并根据这些信息进行相应的分析和处理。

很多文献将无线传感器网络归为感知层技术,实际上无线传感器网络技术贯穿物联网的三个层面,是结合了计算机、通信、传感器三项技术的一门新兴技术,具有较大范围、低成本、高密度、灵活布设、实时采集、全天候工作的优势,且对物联网其他产业具有显著带动作用。

如果说 Internet 构成了逻辑上的虚拟数字世界,改变了人与人之间的沟通方式,那么无线传感器网络就是将逻辑上的数字世界与客观上的物理世界融合在一起,改变人类与自然界的交互方式。传感器网络是集成了监测、控制以及无线通信的网络系统,相比传统网络,其特点为①节点数目更为庞大(上千甚至上万),节点分布更为密集;②由于环境影响和存在能量耗尽问题,节点更容易出现故障;③环境干扰和节点故障易造成网络拓扑结构的变化;④通常情况下,大多数传感器节点是固定不动的;⑤传感器节点具有的能量、处理能力、存储能力和通信能力等都十分有限。

因此,传感器网络的首要设计目标是能源的高效利用,主要涉及节能技术、定位技术、时间同步等关键技术,这也是传感器网络和传统网络最重要的区别之一。

3. 应用层

物联网最终目的是要把感知和传输来的信息更好地利用,甚至有学者认为,物联网本身就是一种应用,可见应用在物联网中的地位,如图 4-8 所示。

1)应用层功能

应用是物联网发展的驱动力和目的。应用层的主要功能是把感知和传输来的信息进行分析和处理,做出正确的控制和决策,实现智能化的管理、应用和服务。应用层解决的是信息处理和人机界面的问题。

具体地讲,应用层将网络层传输来的数据通过各类信息系统进行处理,并通过各种设备与人进行交互。应用层也可按形态直观地划分为两个子层:一个是应用程序层;另一个是终端设备层。应用程序层进行数据处理,完成跨行业、跨应用、跨系统之间的信息协同、共享、互通的功能,包括电力、医疗、银行、交通、环保、物流、工业、农业、城市管理、家居生活等,可用于政府、企业、社会组织、家庭、个人等,是物联网作为深度信息化网络的重要体现。而终端设备层主要是提供人机界面,物联网虽然是"物物相联的网",但最终还是需要人的操作与控制,不过这里的人机界面已远远超出当前人与计算机交互的概念,而是泛指与应用程序相连的各种设备与

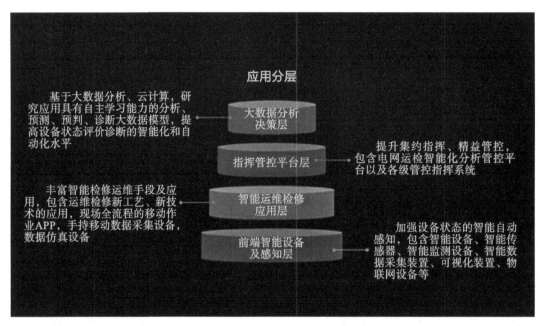

图 4-8　应用层

人的反馈。

物联网的应用可分为监控型（物流监控、污染监控）查询型（智能检索、远程抄表）、控制型（智能交通、智能家居、路灯控制）、扫描型（手机钱包、高速公路不停车收费）等。目前，软件开发、智能控制技术发展迅速，应用层技术将会为用户提供丰富多彩的物联网应用。同时，各种行业和家庭应用的开发将会推动物联网的普及，也给整个物联网产业链带来利润。

2）应用层关键技术

物联网应用层能够为用户提供丰富多彩的业务体验，然而，如何合理高效地处理从网络层传来的海量数据，并从中提取有效信息，是物联网应用层要解决的关键问题。下面对应用层的 M2M 技术、用于处理海量数据的云计算技术等关键技术进行介绍。

（1）M2M。M2M 是 machine-to-machine（机器对机器）的缩写，根据不同应用场景，往往也被解释为 man-to-machine（人对机器）、machine-to-man（机器对人）、mobile-to-machine（移动网络对机器）、Machine-to-Mobile（机器对移动网络）。由于 machine 一般特指人造的机器设备，而物联网（the internet of things）中的 things 则是指更抽象的物体，范围也更广。例如，树木和动物属于 things，可以被感知、被标记，属于物联网的研究范畴，但它们不是 machine，不是人为事物。冰箱则属于 machine，同时也是一种 things。因此，M2M 可以看作是物联网的子集或应用。

M2M 是现阶段物联网普遍的应用形式，是实现物联网的第一步。M2M 业务现阶段通过结合通信技术、自动控制技术和软件智能处理技术，实现对机器设备信息的自动获取和自动控制。这个阶段通信的对象主要是机器设备，尚未扩展到任何物品，在通信过程中，也以使用离散的终端节点为主。同时，M2M 的平台也不等于物联网运营的平台，它只解决了物与物的通信，解决不了物联网智能化的应用。因此，随着软件的发展，特别是应用软件和中间件软件的发展，M2M 平台可以逐渐过渡到物联网的应用平台上。

M2M 将多种不同类型的通信技术有机地结合在一起，将数据从一台终端传送到另一台终端,也就是机器与机器的对话。M2M 技术综合了数据采集、GPS、远程监控、电信、工业控制等技术,可以在安全监测、自动抄表、机械服务、维修业务、自动售货机、公共交通系统、车队管理、工业流程自动化、电动机械、城市信息化等环境中运行并提供广泛的应用和解决方案。

M2M 技术的目标是使所有机器设备都具备联网和通信能力,其核心理念就是网络一切(network everything)。随着科学技术的发展,越来越多的设备具有通信和联网能力,网络一切逐步变为现实。M2M 技术具有非常重要的意义,有着广阔的市场和应用,将会推动社会生产方式和生活方式的新一轮变革。

(2) 云计算。云计算(cloud computing)是分布式计算(distributed computing)、并行计算(parallel computing)和网格计算(grid computing)的发展,或者说是这些计算机科学概念的商业实现。云计算通过共享基础资源(硬件、平台、软件)的方法,将巨大的系统池连接在一起以提供各种 IT 服务,这样企业与个人用户无须再投入昂贵的硬件购置成本,只需要通过互联网来租赁计算力等资源。用户可以在多种场合,利用各类终端,通过互联网接入云计算平台来共享资源。

云计算涵盖的业务范围一般有狭义和广义之分。狭义云计算指 IT 基础设施的交付和使用模式,通过网络以按需、易扩展的方式获得所需的资源(硬件、平台、软件)。提供资源的网络被称为“云”。“云”中的资源在使用者看来是可以无限扩展的,并且可以随时获取、按需使用、随时扩展、按使用付费。这种特性经常被称为像水电一样使用的 IT 基础设施。广义云计算指服务的交付和使用模式,通过网络以按需、易扩展的方式获得所需的服务。这种服务可以是 IT 和软件、互联网相关的,也可以使用任意其他的服务。

云计算由于具有强大的处理能力、存储能力、带宽和极高的性价比,可以有效用于物联网应用和业务,也是应用层能提供众多服务的基础。云计算可以为各种不同的物联网应用提供统一的服务交付平台,也可以为物联网应用提供海量的计算和存储资源,还可以提供统的数据存储格式和数据处理方法。利用云计算大大简化了应用的交付过程,降低交付成本,并能提高处理效率。同时,物联网也将成为云计算最大的用户,促使云计算取得更大的商业成功。

(3) 人工智能。人工智能(artificial intelligence)是探索研究使各种机器模拟人的某些思维过程和智能行为(如学习、推理、思考、规划),使人类的智能得以物化与延伸的一门学科。目前对人工智能的定义大多可划分为四类,即机器“像人一样思考”“像人一样行动”“理性地思考”和“理性地行动”。人工智能企图了解智能的实质,并生产出一种新的能以与人类智能相似的方式做出反应的智能机器。该领域的研究包括机器人、语言识别、图像识别、自然语言处理和专家系统等。目前主要的方法有神经网络、进化计算和粒度计算三种。在物联网中,人工智能技术主要负责分析物品所承载的信息内容,从而实现计算机自动处理。

人工智能技术的优点:大大改善操作者作业环境,减轻工作强度;提高了作业质处理量和工作效率;一些危险场合或重点施工应用得到解决;环保、节能;提高了机器的自动化程度及智能化水平;提高了设备的可靠性,降低了维护成本;故障诊断实现了智能化等。

(4) 数据挖掘。数据挖掘(data mining)是从大量的、不完全的、有噪声的、模糊的及随机的实际应用数据中,挖掘出隐含的、未知的、对决策有潜在价值的数据的过程。数据挖掘主要基于人工智能、机器学习、模式识别、统计学数据库、可视化技术等,高度自动化地分析数据,做出归纳性的推理。数据挖掘一般分为描述型数据挖掘和预测型数据挖掘两种。描述型数据挖掘包括数据总结、聚类及关联分析等;预测型数据挖掘包括分类、回归及时间序列分析等。通过对数据的统计、分析、综合、归纳和推理,揭示事件间的相互关系,预测未来的发展趋势,为决策者提供决策依据。

在物联网中,数据挖掘只是一个代表性概念,它是一些能够实现物联网"智能化"、"智慧化"的分析技术和应用的统称。细分起来,包括数据挖掘和数据仓库(data warehousing)、决策支持(decision support)、商业智能(business intelligence)、报表(reporting)、ETL(数据抽取、转换和清洗等)、在线数据分析、平衡计分卡(balanced scoreboard)等技术和应用。

(5) 中间件。中间件是为了实现每个小的应用环境或系统的标准化以及它们之间的通信,在后台应用软件和读写器之间设置的一个通用的平台和接口。在许多物联网体系架构中,经常把中间件单独划分为一层,位于感知层与网络层或网络层与应用层之间。本书参照当前比较通用的物联网架构,将中间件划分到应用层。在物联网中,中间件作为其软件部分,有着举足轻重的地位。物联网中间件是在物联网中采用中间件技术,以实现多个系统或多种技术之间的资源共享,最终组成一个资源丰富、功能强大的服务系统,最大限度地发挥物联网系统的作用。具体来说,物联网中间件的主要作用在于将实体对象转换为信息环境下的虚拟对象,因此数据处理是中间件最重要的功能。同时,中间件具有数据的搜集、过滤、整合与传递等特性,以便将正确的对象信息传到后端的应用系统。

目前主流的中间件包括 ASPIRE 和 Hydra。ASPIRE 旨在将 RFID 应用渗透到中小型企业。为了达到这样的目的,ASPIRE 完全改变了现有的 RFID 应用开发模式,引入并推进一种完全开放的中间件。同时完全有能力支持原有模式中核心部分的开发 ASPIRE 的解决办法是完全开源和免版权费用,这大大降低了总的开发成本。Hydra 中间件特别方便实现环境感知行为,解决在资源受限设备中处理数据的持久性问题。Hydra 项目的第一个产品是为了开发基于面向服务结构的中间件;第二个产品是为了能基于 Hydra 中间件生产出可以简化开发过程的工具,即供开发者使用的软件或者设备开发套装。

物联网中间件的实现依托于中间件关键技术的支持,这些关键技术包括 Web 服务嵌入式 Web、Semantic Web 技术、上下文感知技术、嵌入式设备及 Web of Things 等。

物联网已成为目前 IT 业界的新兴领域,引发了相当热烈的研究和探讨。不同的视角对物联网概念的看法不同,所涉及的关键技术也不相同。可以确定的是,物联网技术涵盖了从信息获取、传输、存储、处理直至应用的全过程,在材料、器件、软件、网络、系统各个方面都要有所创新才能促进其发展。国际电信联盟报告提出,物联网主要需要四项关键性应用技术:标签物品的 RFID 技术、感知事物的传感网络技术(sensor technologies)、思考事物的智能技术(smart technologies)和微缩事物的纳米技术(nanotechnology)。显然这是侧重了物联网的末梢网络。欧盟《物联网研究路线图》将物联网研究划分为十个层面:感知,1D 发布机制与识别;物联网宏观架构;通信(OSI 参考模型的物理层与数据链路层);组网(OS 参考模型的网络层);软件平台、中间件(OSI 参考模型的网络层以上各层);硬件;情报提炼;搜索引擎;能源管理;安全。当然,这些都是物联网研究的内容,但对于实现物联网而言略显重点不够突出,如图 4-9 所示。

通过对物联网系统感知层、网络层、应用层的功能、关键技术及内涵分析,可以将实现物联网的关键技术归纳为感知技术(包括 RFID、新型传感器、智能化传感网节点技术等)、网络通信技术(包括传感网技术、核心承载网通信技术和互联网技术等)数据融合与智能技术(包括数据融合与处理、海量数据智能控制)、云计算等。

图 4-9 物联网应用

4.3 物联网的主要技术

物联网的目标是实现物理世界与数字世界的融合。物联网的感知层主要完成信息的采集、转换和收集。感知层的关键技术主要为传感器技术和短距离传输网络技术,如射频标识(RFID)标签与用来识别 RFID 信息的扫描仪、视频采集的摄像头和各种传感器中的传感与控制技术、短距离无线通信技术(包括由短距离传输网络技术组成的无线传感网技术)。

4.3.1 嵌入式系统

1. 嵌入式系统

物联网是物与物、人与物之间的信息传递与控制,专业上就是指智能终端的网络化。在我国对应于物联网提出的概念是"感知中国"。其中,"感"的技术包括物理设备的嵌入式技术,使物理设备有"感"的功能;无线传感器网,实现信息采集和融合;现场总线(如 CAN 线),实现信息采集和传输。"知"的技术包括后台信息处理、控制和服务以及云计算技术。嵌入式系统无所不在,有嵌入式系统的地方才会有物联网的应用。因此,物联网就是基于互联网的嵌入式系统。从另一个意义也可以说,物联的产生是嵌入式系统高速发展的必然产物,更多的嵌入式智能终端产品有了联网的需求,催生了物联网这个概念的产生。

1)嵌入式系统的概念

嵌入式系统是指以应用为中心、以计算机技术为基础、软件和硬件可裁剪、适应应用系统对功能、可靠性、成本、体积及功耗严格要求的专用计算机系统。嵌入式系统是嵌到对象体系中的专用计算机系统。"嵌入性"、"计算机系统"与"专用性"是嵌入式系统的三个基本要素。对象系统则是指嵌入式系统所嵌入的宿主系统。按照上述嵌入式系统的定义,只要满足定义中三要素的计算机系统,都可以称为嵌入式系统。

(1)嵌入性。嵌入到对象体系中,有对对象环境的要求。嵌入式系统是面向用户、面向产品、面向应用的,它必须与具体应用相结合才会具有生命力,才更具有优势。因此可以这样理解上述三个面向的含义,即嵌入式系统是与应用紧密结合的,它具有很强的专用性,必须结合实际系统需求进行合理地利用。

(2) 计算机系统。实现对象的智能化功能。嵌入式系统是将先进的计算机技术、半导体技术和电子技术及各个行业的具体应用相结合后的产物,这一点决定了它必然是一个技术密集、资金密集、高度分散、不断创新的知识集成系统。

(3) 专用性。软硬件按对象要求"裁剪"。嵌入式系统必须根据应用需求对软硬件进行"裁剪",以满足应用系统的功能、可靠性、成本、体积等要求。因此,如果能建立相对通用的软硬件基础,然后在其上开发出适应各种需要的系统,就是一个比较好的发展模式。目前的嵌入式系统的核心往往是一个只有几 KB 到几十 KB 微内核,需要根据实际的使用进行功能扩展或者"裁剪"。但是由于微内核的存在,使得这种扩展能够非常顺利地进行。

实际上,嵌入式系统本身是一个外延极广的名词,凡是与产品结合在一起的具有嵌入式特点的控制系统都可以称为嵌入式系统,有时很难给它下一个准确的定义。目前当人们提到嵌入式系统时,某种程度上是指近些年比较成熟的具有操作系统的嵌入式系统。

嵌入式系统按形态可分为设备级(工控机)、板级(单板、模块)、芯片级——微控制单元(MCU)和系统级芯片(SOC)。有些人把嵌入式处理器当做嵌入式系统,但因为嵌入式系统是一个嵌入式计算机系统,所以只有将嵌入式处理器构成一个计算机系统并作为嵌入式应用时,这样的计算机系统才可称作嵌入式系统。嵌入式系统与对象系统密切相关,其主要技术发展方向是满足不同的应用指标,不断扩展对象系统要求的外围电路,如模-数转换器(ADC)、数-模转换器(DAC)、脉冲宽度调制(PWM)、日历时钟、电源监测、程序运行监测电路等,形成满足对象系统要求的应用系统。因此,嵌入式系统作为一个专用计算机系统,要不断向计算机应用系统发展,也可以把定义中的专用计算机系统延伸,即满足对象系统要求的计算机应用系统。当前嵌入式系统的发展与物联网紧密地结合在一起。

2) 物联网对嵌入式系统的要求

物联网对嵌入式系统的要求可归纳为三条:

①嵌入式系统要协助满足物联网三要素,即信息采集、信息传递、信息处理;②嵌入式系统要满足智慧地球提出的"3"要求,即仪器化、互联化、智能化;③嵌入式系统要满足信息融合物理系统 GPS(全球定位系统)中的"3C"要求,即计算、通信和控制。

物联网的需求决定嵌入式系统的发展趋势。一是嵌入式系统趋向于多功能、低功耗和微型化,如出现智能灰尘等传感器节点、一体化智能传感器。二是嵌入式系统趋于网络化,因为孤岛型嵌入式系统的有限功能已无法满足需求,面向物理对象的数据是连续的、动态的(有生命周期)和非结构化的制约数据采集,所以面向对象设计、软硬件协同设计嵌入式系统软硬件打包成模块、开放应用的设计兴起了。

3) 嵌入式系统的发展过程

嵌入式计算机的真正发展是在微处理器问世之后。1971 年 11 月,算术运算器和控制器电路成功地被集成在一起,推出了第一款微处理器,其后各厂家陆续推出了 8 位、16 位微处理器。以这些微处理器为核心所构成的系统广泛地应用于仪器仪表、医疗设备、机器人、家用电器等领域。微处理器的广泛应用形成了一个广阔的嵌入式应用市场,计算机厂家开始大量地以插件方式向用户提供 OEM 产品,再由用户根据自己的需要选择一套适合的 CPU 板、存储器板及各式 I/O 插件板,从而构成专用的嵌入式计算机系统,并将其嵌入自己的系统设备中。

20 世纪 80 年代,随着微电子工艺水平的提高,集成电路制造商开始把嵌入式计算机应用中所需要的微处理器、I/O 接口、A/D 转换器、D/A 转换器、串行接口及 RAM、ROM 等部件全部集成到一个 VLSI 中,从而制造出面向 I/O 设计的微控制器,即俗称的单片机。单片机成为嵌入式计算机中异军突起的一支新秀。20 世纪 90 年代,在分布控制、柔性制造、数字化通信和信息家电等巨大需求的牵引下,嵌入式系统进一步快速发展。面向实时信号处理算法的 DSP 产品向着高速、高精度、低功耗的方向发展。21 世纪是一个网络盛行的时代,将嵌入式系统应用到各类网络中是其发展的重要方向。

嵌入式系统的发展大致经历了以下三个阶段。

第一阶段:嵌入技术的早期阶段。嵌入式系统以功能简单的专用计算机或单片机为核心的可编程控制器形式存在,具有监测、伺服、设备指示等功能。这种系统大部分应用于各类工业控制和飞机、导弹等武器装备中。

第二阶段:以高端嵌入式 CPU 和嵌入式操作系统为标志。这一阶段系统的主要特点是计算机硬件出现了高可靠、低功耗的嵌入式 CPU,如 ARM、PowerPC 等,且支持操作系统,支持复杂应用程序的开发和运行。

第三阶段:以芯片技术和 Internet 技术为标志。微电子技术发展迅速,SOC 使嵌入式系统越来越小,功能却越来越强。目前大多数嵌入式系统还孤立于 Internet 之外,但随着 Internet 的发展及 Internet 技术与信息家电、工业控制技术等结合日益密切,嵌入式技术正在进入快速发展和广泛应用的时期。

4) 嵌入式系统的特点

嵌入式系统广泛应用的原因主要有两个方面:一方面是由于芯片技术的发展,使得单个芯片具有更强的处理能力,而且使集成多种接口已经成为可能;另一方面是应用的需要,由于对产品可靠性、成本、更新换代要求的提高,使得嵌入式系统逐渐从纯硬件实现和使用通用计算机实现的应用中脱颖而出,成为近年来令人关注的焦点。从上面的分析可知,嵌入式系统有如下特征。

(1) 系统内核小。因为嵌入式系统一般是应用于小型电子装置的,系统资源相对有限,所以内核较之传统的操作系统要小得多。例如,Enea 公司的 OSE 分布式系统,内核只有 5 KB,而 Windows 的内核简直没有可比性。

(2) 专用性强。嵌入式系统的个性化很强,其中的软件和硬件结合非常紧密,一般要针对硬件进行系统的移植,即使在同一品牌、同一系列的产品中也需要根据系统硬件的变化和增减不断进行修改。同时针对不同的任务,往往需要对系统进行较大更改,程序的编译下载要与系统相结合,这种修改和通用软件的"升级"完全是两个不同的概念。

(3) 系统精简。嵌入式系统一般没有系统软件和应用软件的明显区分,不要求其功能设计及实现上过于复杂,这样既利于控制系统成本,也利于保证系统安全。

(4) 高实时性的系统软件是嵌入式软件的基本要求。而且软件要求固态存储,以提高速度;软件代码要求高质量和高可靠性。

(5) 嵌入式软件开发要想走向标准化的道路,就必须使用多任务的操作系统。嵌入式系统的应用程序可以没有操作系统直接在芯片上运行,但是为了合理地调度多任务、利用系统资源、系统函数以及和专家库函数接口,用户必须自行选配实时操作系统(real-time operating system, RTOs)开发平台,这样才能保证程序执行的实时性、可靠性,并减少开发时间,保障软件质量。

(6) 嵌入式系统开发需要开发工具和环境。其本身不具备自主开发能力,即使设计完成以后用户通常也不能对其中的程序功能进行修改的,必须有一套开发工具和环境才能进行开发。这些工具和环境一般是基于通用计算机上的软硬件设备以及各种逻辑分析仪、混合信号示波器等。开发时往往有主机和目标机的概念,主机用于程序的开发,目标机作为最后的行机,开发时需要交替结合进行。

2. 嵌入式系统的组成

图 4-10　嵌入式系统的层次

从外部特征上看,一个嵌入式系统通常是一个功能完备、几乎不依赖其他外部装置即可独立运行的软硬件集成的系统。如果对这样一个系统进行剖分的话,可以发现它大致包括这样几个层次,如图 4-10 所示。

嵌入式系统最核心的层次是中央处理单元部分,它包含运算器和控制器模块,在 CPU 的基础上进一步配上存储器模块、电源模块、复位模块等就构成了通常所说的最小系统。由于技术的进步,集成电路生产商通常会把许多外设做进同一个集成电路中,使其在使用上更加方便,这样一个芯片通常称之为微控制器。在微控制器的基础上进一步扩展电源传感与检测、执行器模块以及配套软件并构成一个具有特定功能的完整单元,就称之为一个嵌入式系统或嵌入式应用。

(1) 硬件结构。尽管各种具体的嵌入式系统的功能、外观界面、操作等各不相同,甚至千差万别,但是基本的硬件结构却是大同小异的,而且和通用计算机的硬件系统有着高度的相似性。嵌入式系统的硬件部分与通用计算机系统的没有什么区别,也由处理器、存储器、外部设备、I/O 接口、图形控制器等组成。但是嵌入式系统应用上的特点致使嵌入式系统在软硬件的组成和实现形式上与通用计算机系统有较大区别。为满足嵌入式系统在速度、体积和功耗上的要求,操作系统、应用软件、特殊数据等需要长期保存的数据,通常不使用磁盘这类具有大容量且速度较慢的存储介质,而大多使用 EPROM、E2PROM 或闪存(flash memory)。在嵌入式系统中,A/D 或 D/A 模块主要用于测控方面,这在通用计算机中用得很少。根据实际应用和规模的不同,有些嵌入式系统要采用外部总线。随着嵌入式系统应用领域的迅速扩张,嵌入式系统越来越趋于个性化,根据自身特点采用总线的种类也越来越多。另外,为了对嵌入式处理器内部电路进行测试,处理器芯片普遍采用了边界扫描测试技术,如图 4-11 所示。

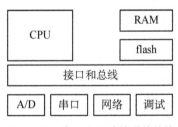

图 4-11　嵌入式系统的硬件结构

(2) 软件体系。嵌入式系统的软件体系是面向嵌入式系统特定的硬件体系和用户要求而设计的,是嵌入式系统的重要组成部分,是实现嵌入式系统功能的关键。嵌入式系统软件体系和通用计算机软件体系类似,分成驱动层、操作系统层、中间件层和应用层四层,各有其特点。

(3) 驱动层。驱动层是直接与硬件打交道的一层,它为操作系统和应用提供硬件驱动或底层核心支持。在嵌入式系统中,驱动程序有时也被称为板级支持包(board support package,BSP)。BSP 具有在嵌入式系统上电后初始化系统的基本硬件环境的功能,基本硬件包括微处理器、存储器、中断控制器、DMA、定时器等。驱动层一般有三种类型的程序,即板级初始化程序、标准驱动程序和应用驱动程序。

(4) 操作系统层。嵌入式系统中的操作系统具有一般操作系统的核心功能,负责嵌入式系统的全部软硬件资源的分配、调度工作控制、协调并发活动。它仍具有嵌入式的特点,属于嵌入式操作系统(embedded operating system,EOS)。主流的嵌入式操作系统有 Windows

CE、Palm OS、Linux、VxWorks、pSOS、QNX、LynxOS等。有了嵌入式操作系统,编写应用程序就更加快速、高效、稳定。

(5) 中间件层。中间件是用于帮助和支持应用软件开发的软件,通常包括数据库、网络协议、图形支持及相应的开发工具等,如MySQL、TCP/IP、GU1等都属于这一类软件。

(6) 应用层。嵌入式应用软件是针对特定应用领域,用来实现用户预期目标的软件。嵌入式应用软件和普通应用软件有一定的区别,它不仅要求在准确性、安全性和稳定性等方面能够满足实际应用的需要,还要尽可能地进行优化,以减少对系统资源的消耗,降低硬件成本。嵌入式系统中的应用软件是最活跃的力量,每种应用软件均有特定的应用背景,尽管规模较小,但专业性较强,因此嵌入式应用软件不像操作系统和支撑软件那样受制于国外产品,是我国嵌入式软件的优势领域。

3. 嵌入式系统的应用

嵌入式系统的应用十分广泛,涉及工业生产、日常生活、工业控制、航空航天等多个领域,随着电子技术和计算机软件技术的发展,不仅在这些领域中的应用越来越深入,而且在其他传统的非信息类设备中也逐渐显现出其用武之地。

(1) 工业控制。基于嵌入式芯片的工业自动化设备获得长足的发展,目前已经有大量的8位、16位、32位嵌入式微控制器在应用中。网络化是提高生产效率和产品质量、减少人力资源的主要途径,如工业过程控制、数字机床、电力系统、电网安全、电网设备监测、石油化工系统。就传统的工业控制产品而言,低端产品往往采用的是8位单片机。随着计算机技术的发展,32位、64位的处理器已逐渐成为工业控制设备的核心。

(2) 交通管理。在车辆导航、流量控制、信息监测与汽车服务方面,嵌入式技术已经获得了广泛的应用,内嵌GPS模块、GSM模块的移动定位终端已经在各种运输行业获得了成功。目前,GPS设备已经从尖端的科技产品进入了普通百姓的家庭。

(3) 信息家电。家电将成为嵌入式系统最大的应用领域,冰箱、空调等的网络化、智能化将引领人们的生活步入一个崭新的空间。即使不在家,也可以通过电话、网络对家电进行远程控制。在这些设备中,嵌入式系统将大有用武之地。

(4) 家庭智能管理系统。水表、电表、煤气表的远程自动抄表系统,安全防火、防盗系统,嵌有专用控制芯片,这种专用控制芯片将代替传统的人工操作,完成检查功能,并实现更高、更准确和更安全的性能。目前在服务领域,如远程点菜器等已经体现了嵌入式系统的优势。

(5) POS网络及电子商务。公共交通无接触智能卡(contactless smart card,CSC)发行系统、公共电话卡发行系统、自动售货机等智能ATM终端已全面走进人们的生活,在不远的将来手持一张卡就可以行遍天下。

(6) 环境工程与自然。在很多环境恶劣、地况复杂的地区需要进行水文资料实时监测、防洪体系及水土质量监测堤坝安全与地震监测、实时气象信息和空气污染监测时,嵌入式系统将实现无人监测。

(7) 机器人。嵌入式芯片的发展使机器人在微型化、高智能方面的优势更加明显,同时会大幅度降低机器人的价格,使其在工业领域和服务领域获得更广泛的应用,如图4-12所示。

4. 嵌入式系统的发展前景

如今嵌入式系统发展趋于提供更加生动的人机交互界面,对于更多小型电子产品具备更好的移植性,从而实现其自动化,低功耗,智能化,如图4-13所示。

图 4-12　机器人

图 4-13　嵌入式系统的发展

（1）嵌入式系统在 WEB 服务器中的实例。在工业设计中,软硬件的精简性对于服务器有较高的要求,传统网络服务器并不具有简洁性,且支持网络异构中实现对于计算机的远程操控。而采用将网络设备嵌入到嵌入式设备中,将大大减少用户的访问时间,以及能够精准的控制外部 I/O。而嵌入式 WEB 服务器不采用传统的 TCP/IP 协议连入互联网,而是选择了由 TCP/IP 简化的 UIP 协议栈实现嵌入式 WEB 服务器。这样的嵌入式 WEB 服务器不仅具有简洁性,而且使 MCU 具有更多的空间去控制外部 I/O。

（2）基于嵌入式系统的传感技术。物联网领域开始成为众多学者、企业关注的重点,而传感技术作为物联网领域的重要一环自然是必不可少。作为承担着信息收集角色的传感器,必然要与嵌入式系统进行有机结合。智能传感技术具有优秀的信息传递能力,智能传感器具备物与物之间的信息交换、物与计算机之间的信息传递能力,将广泛应用与计算机、通信等方面的信息交流和数据传递。嵌入式智能传感器在物联网领域具有重要作用。

4.3.2 传感器技术

传感器技术是测量技术、半导体技术、计算机技术、信息处理技术、微电子学、光学、声学、精密机械、仿生学和材料科学等众多学科相互交叉的综合性和高新技术密集型前沿技术之一,是现代新技术革命和信息社会的重要基础,是自动检测和自动控制技术不可缺少的重要组成部分。

1. 传感器的概念

传感器是一种物理装置或生物器官,能够探测、感受外界的信号、物理条件(如光、热、湿度)或化学组成(如烟雾),并将探知的信息传递给其他装置或器官。

国家标准《传感器通用术语》(GB7665—2005)对传感器下的定义是:"能感受被测量并按照一定的规律转换成可用输出信号的器件或装置,通常由敏感元件和转换元件组成"。传感器是一种检测装置,能感受到被测量的信息,并能将检测感受到的信息,按一定规律变换成为电信号或其他所需形式的信息输出,以满足信息的传输、处理、存储、显示、记录和控制等要求,是实现自动检测和自动控制的首要环节。

关于传感器,我国曾出现过多种名称,如发送器、传送器、变送器。因其内涵相同,所以近年已趋向统一,大都使用传感器这一名称。从字面上可以解释,传感器的功用是一感二传,即感受被测信息,并传送出去。根据这个定义,传感器的作用是将一种能量转换成另一种能量形式,因此不少学者也用"换能器(transducer)"称谓"传感器(sensor)"。

2. 传感器的分类

往往同一被测量对象可以用不同类型的传感器测量,而同一原理的传感器又可测量多种物理量,因此传感器有许多种分类方法。常见的传感器分类方法如下。

(1) 按传感器的用途分类。传感器按照其用可分为力敏传感器、位置传感器、液面传感器、能耗传感器、速度传感器、加速度传感器、射线辐射传感器、热敏传感器和24 GHz雷达传感器等。

(2) 按传感器的原理分类。传感器按照其原理可分为振动传感器、湿敏传感器、磁敏传感器、气敏传感器、真空度传感器和生物传感器等。

(3) 按传感器的输出信号标准分类。传感器按照其输出信号的标准分类可分为以下几种:①模拟传感器,将被测量的非电学量转换成模拟电信号;②数字传感器,将被测量的非电学量转换成数字输出信号(包括直接和间接转换);③膺数字传感器,将被测量的信号量转换成频率信号或短周期信号的输出(包括直接或间接转换);④开关传感器,当一个被测量的信号达到某个特定的阈值时,传感器相应地输出一个设定的低电平或高电平信号。

(4) 按传感器的材料分类。在外界因素的作用下,所有材料都会做出相应的、具有特征性的反应。它们中的那些对外界作用最敏感的材料,即那些具有功能特性的材料,被用来制作传感器的敏感元件。从所应用的材料观点出发可将传感器分成下列几类:①按照其所用材料的类别分为金属聚合物和陶瓷混合物;②按材料的物理性质分为导体、半导体、绝缘体和磁性材料;③按材料的晶体结构分为单晶、多晶和非晶材料。

与采用新材料紧密相关的传感器开发工作,可以归纳为三个方向:一是已知的材料中探索新的现象、效应和反应,然后使它们能在传感器技术中得到实际使用;二是探索新的材料,应用那些已知的现象、效应和反应来改进传感器技术;三是在研究新型材料的基础上探索新现象、新效应和反应,并在传感器技术中加以具体实施。

现代传感器制造业的进展取决于用于传感器技术的新材料和敏感元件的开发强度。传感器开发的基本趋势与半导体以及介质材料的应用密切相关。

(5)按传感器的制造工艺分类。传感器按照其制造工艺可分为集成传感器、薄膜传感器、厚膜传感器和陶瓷传感器。

① 集成传感器是用标准的生产硅基半导体集成电路的工艺技术制造的。通常还用于初步处理被测信号的部分电路也集成在同一芯片上。

② 薄膜传感器是通过沉积在介质衬底(基板)上,由相应敏感材料的薄膜形成的。使用混合工艺时,同样可将部分电路制造在此基板上。

③ 厚膜传感器是利用相应材料的浆料涂覆在陶瓷基片上制成的,基片通常是 Al2O3 制成的,然后进行热处理使厚膜成形。

④ 陶瓷传感器是采用标准的陶瓷工艺或其某种变种工艺(溶胶-凝胶等)生产的。完成适当的预备性操作之后,已成形的元件在高温中进行烧结。

厚膜传感器和陶瓷传感器这两种工艺之间有许多共同特性,在某些方面,可以认为厚膜工艺是陶瓷工艺的一种变型。每种工艺技术都有自己的优点和不足。由于研究、开发和生产所需的资本投入较低,以及传感器参数的高稳定性等原因,采用陶瓷传感器和厚膜传感器比较合理。

(6)按传感器测量目的的不同分类。传感器根据测量目的不同可分为物理型传感器、化学型传感器和生物型传感器。

① 物理型传感器是利用被测量物质的某些物理性质发生明显变化的特性制成的。

② 化学型传感器是利用能把化学物质的成分、浓度等化学量转化成电学量的敏感元件制成的。

③ 生物型传感器是利用各种生物或生物物质的特性做成的,用以检测与识别生物体内化学成分的传感器。

3. 传感器的性能指标

(1)传感器静态特性。传感器的静态特性是指对静态的输入信号,传感器的输出量与输入量之间所具有的相互关系。因为这时输入量和输出量都和时间无关,所以它们之间的关系,即传感器的静态特性可用一个不含时间变量的代数方程,或以输入量作横坐标,把与其对应的输出量作纵坐标而画出的特性曲线来描述。表征传感器静态特性的主要参数有线性度、灵敏度、迟滞、重复性、漂移等。

① 线性度,指传感器输出量与输入量之间的实际关系曲线偏离拟合直线的程度。其定义为在全量程范围内实际特性曲线与拟合直线之间的最大偏差值与满量程输出值之比。

② 灵敏度,是传感器静态特性的一个重要指标,其定义为输出量的增量与引起该增量的相应输入量增量之比,用 S 表示灵敏度。

③ 迟滞,指传感器在输入量由小到大(正行程)及输入量由大到小(反行程)变化期间其输入、输出特性曲线不重合的现象。对于同一大小的输入信号,传感器的正、反行程输出信号大小不相等,这个差值称为迟滞差值。

④ 重复性,指传感器在输入量按同一方向作全量程连续多次变化时,所得特性曲线不一致的程度。

⑤ 漂移,指在输入量不变的情况下,传感器输出量随着时间变化的现象。产生漂移的原因有两个方面:一是传感器自身结构参数;二是周围环境(如温度、湿度等)。

(2) 传感器动态特性。所谓动态特性,是指传感器在输入变化时,它的输出的特性。在实际工作中,传感器的动态特性常用它对某些标准输入信号的响应来表示。这是因为传感器对标准输入信号的响应容易用实验方法求得,并且它对标准输入信号的响应与它对任意输入信号的响应之间存在一定的关系,往往知道了前者就能推定后者。最常用的标准输入信号有阶跃信号和正弦信号两种,因此传感器的动态特性也常用阶跃响应和频率响应来表示。

(3) 传感器的线性度。通常情况下,传感器的实际静态特性输出是条曲线而非直线。在实际工作中,为使仪表具有均匀刻度的读数,常用一条拟合直线近似地代表实际的特性曲线、线性度(非线性误差),就是这个近似程度的一个性能指标。拟合直线的选取有多种方法。例如,将零输入和满量程输出点相连的理论直线作为拟合直线;或将与特性曲线上各点偏差的平方和为最小的理论直线作为拟合直线,此拟合直线称为最小二乘法拟合直线。

(4) 传感器的灵敏度。灵敏度是指传感器在稳态工作情况下输出量变化 Δy 对输入量变化 Δx 的比值,是输出/输入特性曲线的斜率。如果传感器的输出和输入之间显线性关系,则灵敏度 S 是一个常数。否则,它将随输入量的变化而变化。

灵敏度的量纲是输出、输入量的量纲之比。例如,某位移传感器,在位移变化 1 mm 时,输出电压变化为 200 mV,则其灵敏度应表示为 200 mV/mm。

当传感器的输出、输入量的量纲相同时,灵敏度可理解为放大倍数。提高灵敏度,可得到较高的测量精度。但灵敏度愈高,测量范围愈窄,稳定性也往往愈差。

(5) 传感器的分辨率。分辨率是指传感器可感受到的被测量的最小变化的能力。也就是说,如果输入量从某一非零值缓慢地变化,当输入变化值未超过某一数值时,传感器的输出不会发生变化,即传感器对此输入量的变化是分辨不出来的。只有当输入量的变化超过分辨率时,其输出才会发生变化。通常传感器在满量程范围内各点的分辨率并不相同,因此常用满量程中能使输出量产生阶跃变化的输入量中的最大变化值作为衡量分辨率的指标。该指标若用满量程的百分比表示,则称为分辨率。分辨率与传感器的稳定性呈负相关性。

4. 传感器的组成和结构

按照国家标准《传感器通用术语》(GB7665—2005),传感器的定义包含了以下几方面意思。

(1) 传感器是测量装置,能完成检测任务。

(2) 传感器的输出量是某一被测量,可能是物理量,也可能是化学量、生物量等。

(3) 传感器的输出量是某种物理量,这种量要便于传输、转换、处理、显示等,可以是气、光、电量,但主要是电量。

(4) 输出输入有对应关系,且应有一定的精确程度。

传感器一般由敏感元件、转换元件、基本转换电路三部分组成,组成框图如图 4-14 所示。

图 4-14　传感器组成框图

敏感元件是直接感受被测量,并且输出与被测量成确定关系的某一物理量的元件。敏感元件的输出就是转换元件的输入,它把输入转换成电路参量。基本转换电路可把敏感元件的输出经转换元件的输出再转换成电量输出。

实际上,有些传感器很简单,有些则较复杂,大多数是开环系统,也有些是带反馈的闭环系统。

5. 传感器在物联网中的应用

传感器是物联网信息采集的基础。传感器处于产业链上游,在物联网发展之初受益较大。同时传感器又处在物联网金字塔的塔座,随着物联网的发展,传感器行业也会得到提升,将是整个物联网产业中需求量最大的环节。

目前,我国传感器产业相对国外来说还比较落后,尤其在高端产品的需求上,大部分还依赖于进口。即使这样,随着工业技术的发展,需求量还是很大。随着物联网在智能电网、交通运输、智能家居、精细农牧业、公共安全以及智慧城市等领域的应用正在慢慢拓展,由此带来的传感器需求将更加的庞大。

4.3.3　射频识别技术

1. 射频识别技术概述

无线射频识别技术是 20 世纪 90 年代开始兴起的一种自动识别技术,射频识别技术是一项利用射频信号通过空间耦合(交变磁场或电磁场)实现无接触信息传递并通过所传递的信息达到识别目的的技术。RFID 常被称为感应式电子芯片或近接卡、感应卡、非接触卡、电子标签、电子条码等。一套完整 RFID 系统由读写器和电子标签两部分组成,其工作原理为由读写器发射一特定频率的无限电波能量给电子标签,用以驱动电子标签的电路将内部的 ID Code 送出,此时读写器便接收此 ID Code。电子标签的特殊在于免用电池、免接触、免刷卡,故不怕脏污,且芯片密码为世界唯一,无法复制,安全性高、寿命长。

RFID 的应用非常广泛,目前典型应用有动物片、汽车芯片防盗器、门禁管制、停车场管制、生产线自动化、物料管理。RFID 标签有两种,即有源标签和无源标签。

从信息传递的基本原理来说,射频识别技术在低频段基于变压器耦合模型(初级与次级之间的能量传递及信号传递),在高频段基于雷达探测目标的空间耦合模型(雷达发射电磁波信号碰到目标后携带目标信息返回雷达接收机)。

许多高科技公司正在加紧开发 RFID 专用的软件和硬件,如英特尔、微软、甲骨文 SAP 和 SUN,无线射频识别技术正在成为全球热门新科技。

2. 射频识别技术发展历史

射频识别技术的发展可按 10 年期划分如下。

1940—1950 年:雷达的改进和应用催生了射频识别技术,1948 年奠定了射频识别技术的理论基础。

1950—1960 年:早期射频识别技术的探索阶段,主要处于实验室实验研究。

1960—1970 年:射频识别技术的理论得到了发展,开始了一些应用尝试。

1970—1980 年:射频识别技术与产品研发处于一个大发展时期,各种射频识别技术测试得到加速。出现了一些最早的射频识别应用。

1980—1990 年:射频识别技术及产品进入商业应用阶段,各种规模应用开始出现。

1990—2000 年:射频识别技术标准化问题日趋得到重视,射频识别产品得到广泛采用,射频识别产品逐渐成为人们生活中的一部分。

2000 年后：射频识别产品种类丰富，有源电子标签、无源电子标签及半无源电子标签均得到发展，电子标签成本不断降低，规模应用行业扩大。

如今，射频识别技术的理论得到丰富和完善。单芯片电子标签、多电子标签识读、无线可读可写、无源电子标签的远距离识别、适应高速移动物体的射频识别技术与产品正在成为现实并走向应用。

3. 射频识别技术特点

RFID 需要利用无线电频率资源，因此必须遵守无线电频率管理的诸多规范。具体来说，与同期或早期的接触式识别技术相比较，RFID 还具有如下特点。

（1）数据的读写功能。只要通过 RFID 读写器，不需要接触即可直接读取射频卡内的数据信息到数据库内，且一次可处理多个标签，也可将处理的数据状态写入电子标签。

（2）电子标签的小型化和多样化。RFID 在读取上不受尺寸大小与形状之限制。RFID 电子标签正朝小型化发展，便于嵌入到不同物品内。

（3）耐环境性。RFID 可以非接触读写（读写距离可以从十厘米至几十米）、可识别高速运动物体、抗恶劣环境，且对水、油和药品等物质具有强力的抗污性。RFID 可以在黑暗或脏污的环境中读取数据。

（4）可重复使用。RFID 为电子数据，可以反复读写，因此可以回收标签重复使用，提高利用率，降低电子污染。

（5）穿透性。RFID 即便是被纸张、木材和塑料等非金属、非透明材质包覆，也可以进行穿透性通信。但是它不能穿过铁质等金属物体进行通信。

（6）数据的记忆容量大。数据容量随着记忆规格的发展而扩大，未来物品所需携带的数据量会越来越大。

（7）系统安全性。将产品数据从中央计算机中转存到标签上将为系统提供安全保障，射频标签中数据的存储可以通过校验或循环冗余校验的方法得到保证。

4. RFID 技术分类

RFID 技术的分类有多种方式，常见的有按工作频率分类、按耦合方式分类、按工作距离分类、按应答器工作电源分类、按应答器是否可读写分类、按应答器存取安全等级分类及按应答器与读写器谁先发言分类等。

1）按工作频率分类

（1）低频（low frequency，LF）。频率范围为 $30\sim300\,\text{kHz}$，常用的工作频率为 $125\,\text{kHz}$ 和 $134.2\,\text{kHz}$。

（2）高频（high frequency，HF）。频率范围为 $3\sim30\,\text{MHz}$，常用的工作频率为 $13.56\,\text{MHz}$。

（3）超高频（ultra high frequency，UHF）。频率范围为 $300\,\text{MHz}\sim3\,\text{GHz}$，常用的工作频率为 $433\,\text{MHz}$、$860\sim960\,\text{MHz}$ 和 $2.45\,\text{GHz}$。因为超高频段位于微波频段范围（$300\,\text{MHz}\sim300\,\text{GHz}$）内，所以有时也简称微波 RFID。

由于三个频段的频率值、频率特性差别较大，三个频段的应答器和读写器实现技术也各不相同。

2）按耦合方式分类

（1）电感耦合方式。基于变压器工作原理，读写器相当于变压器的原边，应答器相当于变压器的副边,适用于无源、短距离 RFID 系统。工作时读写器不仅与应答器互相交换数据,而且向应答器提供其工作所需能量。应答器通过负载调制的方式向读写器发送数据。

(2) 反向散射耦合方式。基于雷达工作原理,读写器相当于雷达,应答器相当于被探测物。读写器向应答器发送电磁波传送数据,应答器通过反射电磁波的强弱向读写器回送数据信息。一般读写器与应答器之间距离较远,应答器需要自身携带电源,适用于有源或半有源、远距离 RFID 系统。

3) 按应答器与读写器之间的作用距离分类

(1) 密耦合。典型工作距离为 1 cm。

(2) 近耦合。典型工作距离为 10 cm。

(3) 疏耦合。典型工作距离为 1 m。

(4) 远距离。典型工作距离为 10 m。

上述密耦合、近耦合、疏耦合的应答器与读写器之间一般使用电感耦合,工作频率通常局限在 30 MHz 以下的低频和高频段;远距离系统应答器与读写器之间一般使用反向散射的耦合方式,工作频率为超高频段。

4) 按应答器自身工作电源供应方式分类

(1) 有源应答器。又称主动应答器,应答器的工作电源完全由自身携带的电池供给,同时应答器电池的能量供应也部分地转换为应答器与读写器通信所需的射频能量。

(2) 半有源应答器。又称半主动应答器,应答器携带的电池仅对应答器内要求供电维持数据的电路或者应答器芯片工作所需电压提供辅助支持。应答器未进入工作状态前,一直处于休眠状态,相当于无源应答器,应答器内部电池能量消耗很少,因而电池可维持几年,甚至长达十年有效。当应答器进入读写器的作用区域时,受到读写器发出的射频信号激励,进入工作状态后,应答器与读写器之间信息交换的能量支持以读写器供应的射频能量为主,应答器内部电池的作用主要在于弥补应答器所处位置的射频场强不足,应答器内部电池的能量不转换为射频能量。

(3) 无源应答器。又称被动应答器,没有内装电池,在读写器的读出天线作用范围之外,应答器处于无源状态,在读写器的天线作用范围之内,应答器从读写器发出的射频能量中提取其工作所需的电源。

5) 按应答器是否可读写分类

(1) 只读电子标签。只读电子标签是指在电子标签的应用过程中,标签内的数据只能读出,不能写入的电子标签。根据电子标签在应用前数据写入的方式,只读电子标签分为三种。①出厂固化只读标签。这种电子标签的数据在出厂时已经编程写入并固化,出厂后无法更改。②一次性编程只读标签。这种电子标签的数据可以在应用前一次性编程写入,之后数据不可改写。③可重复编程只读标签。这种电子标签的数据可多次重复编程写入,但在应用过程中数据不可改写。

(2) 可读写电子标签。可读写标签除了可以读出标签内存储的数据,还允许在适当的条件下对标签内的存储器进行写入和修改操作。可读写电子标签使用的可编程存储器有许多种,EEPROM(电可擦除可编程只读存储器)是比较常见的一种,这种存储器在加电的情况下,可以实现对原有数据的擦除以及数据的重新写入。

6) 按应答器存取安全等级分类

数据存储是应答器必备的基本功能,根据数据存储的安全级别,通常把电子标签分为三类。

（1）存储器电子标签。存储器电子标签没有存取限制,读写器可以在任意时刻无需任何验证读出或写入电子标签的内容。存储器电子标签是安全级别最低的电子标签,常用于考勤、小区门禁、临时一次性使用等场合。

（2）逻辑加密电子标签。逻辑加密电子标签对标签内数据的存取设置了密码,只有密码验证正确读写器才能读写电子标签内的数据。逻辑加密电子标签的安全性比存储器电子标签高,但其密码写入后每次使用时往往固定不变,安全强度较低,常用于数据采集、小金额应用、城市或校园一卡通等场合。

（3）CPU 电子标签。CPU 电子标签内嵌 CPU 芯片,CPU 芯片上运行片内操作系统(chip operating system,COS),数据存取时需要进行读写器与标签之间的身份验证与密码验证。认证时的口令随时间或序列号随机变化,且标签内部使用文件系统,不同的文件使用不同的密码,同一文件的读操作与写操作也设置不同的密码,是目前安全级别最高的电子标签,常用于银行金融服务、机密数据认证等场合。

7) 按读写器与应答器谁先发言分类

读写器与电子标签之间的通信必须由其中的一方主动发起。根据发起通信的一方是读写器还是电子标签,通信方式可以分为 RTF 模式和 TTF 模式。

（1）RTF 模式。RTF 模式即读写器先讲(reader talk first,RTF),通信的发起方是读写器。该模式下,读写器每间隔一段时间就向其天线磁场中发送轮询命令,询问天线场中有没有电子标签。进入天线场的电子标签收到读写器的轮询命令后回送应答,读写器收到电子标签的应答后,开启后续的通信过程。

（2）TTF 模式。TTF 模式则是采用标签先讲(tag talk first,TTF),即通信的发起方是电子标签。符合 TTF 协议的电子标签进入阅读器天线场后,主动发送自身信息,而无需等待阅读器发送命令。TTF 通信协议简单,多用在读写器与只读电子标签的通行中。

5. RFID 系统的组成

1) RFID 的工作原理

RFID 的工作原理是:标签进入磁场后,如果接收到阅读器发出的特殊射频信号,就能凭借感应电流所获得的能量发送出存储在芯片中的产品信息(即 passive tag,无源标签或被动标签),或者主动发送某一频率的信号(即 active tag,有源标签或主动标签),阅读器读取信息并解码后,送至中央信息系统进行有关数据处理,如图 4-15 所示。

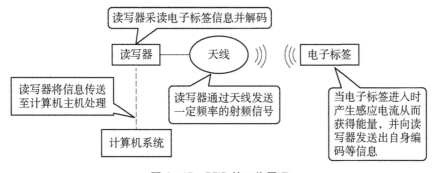

图 4-15　RFID 的工作原理

2）RFID 系统的组成

RFID 系统中的硬件组件包括电子标签、读写器（包括传感器/执行器/报警器和边沿接口）、控制器和读写天线；系统中还要有主机，用于处理数据的应用软件程序，并连接网络。RFID 系统中的软件组件主要完成数据信息的存储、管理以及对 RFID 标签的读写控制，是独立于 RFID 硬件之上的部分。RFID 系统归根结底是为应用服务的，读写器与应用系统之间的接口通常由软件组件来完成，如图 4-16 所示。

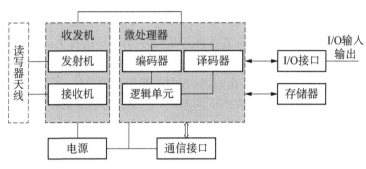

图 4-16　RFID 系统的组成

RFID 系统主要由标签、阅读器和天线三部分组成。由阅读器收集到的数据信息传送到后台系统进行处理。RFID 技术也称为电子标签，是一种短距离无线通信技术，可以通过无线电信号识别特定目标并读写相关数据，而无需识别系统与特定目标之间建立机械或者光学接触，是一种非接触式的自动识别技术。

（1）标签。标签由耦合元件及芯片组成，每个电子标签都具有唯一的电子编码，附着在物体上标识目标对象；每个标签都有一个全球唯一的 ID 号码——UID（用户身份证明），其在制作标签芯片时存放在 ROM 中，无法修改，对物联网的发展有着很重要的影响。

（2）阅读器。阅读器是读取或写入标签信息的设备，可设计为手持式或固定式等多种工作方式。对标签进行识别、读取和写入操作，一般情况下会将收集到的数据信息传送到后台系统，由后台系统处理数据信息。

（3）天线。天线用来在标签和阅读器之间传递射频信号。射频电路中的天线是联系阅读器和电子标签的桥梁，阅读器发送的射频信号能量，通过天线以电磁波的形式辐射到空间，当电子标签的天线进入该空间时接收电磁波能量，但只能接收其很小的一部分。

6. RFID 系统的应用

RFID 技术可以给人们带来极大的方便，随着价格的下降以及其技术本身的完善，RFID 正在向日常生活和工作的各个方面快速渗透。国内对 RFID 技术和应用的研究在经历了概念认知、技术储备、产品研发及业务摸索等阶段之后，对它的认识趋于理性化，RFID 标准的制订更加明确，RFID 的应用也越来越广。

1）安全管理

安全管理和个人身份识别是 RFID 的一个主要而广泛的应用领域。日常生活当中最常见的就是用来控制人员进出建筑物的门禁卡。许多组织使用内嵌 RFID 标签的个人身份卡，在门禁处对个人身份进行鉴别。类似地，在一些信用卡和支付卡中都内嵌了 RFD 标签。还有一些卡片使用 RFID 标签自动缴纳公共交通费用，目前北京地铁和公交系统当中就应用了这种卡片。从本质上来讲,这种内嵌 RFID 的卡片可以替代那种在卡片上贴磁条的卡片,因为磁条很容易磨损和受到磁场干扰,而且 RFID 标签具有比磁条更高的存储能力。

2) 在供应链管理当中的应用

在供应链管理中,RFID 标签用于在供应链当中跟踪产品,从原材料供货商供货到仓库贮存以及最终销售。新的应用主要是针对用户订单跟踪管理,建立中央数据库记录产品的移动。制造商、零售商以及最终用户都可以利用这个中央数据库来获知产品的实时位置,交付确认信息以及产品损坏情况等信息。在供应链的各个环节当中,RFID 技术都可以通过增加信息传输的速度和准确度节省供应链管理成本,依据可以节省成本的多少对一些行业进行排序。

可读写的 RFID 标签可以存储关于周围环境的信息,记录它们在供应链当中流动时的时间和位置信息。美国食品药品监督管理局(Food and Drug Administration, FDA)就提出了使用 RFID 加强对处方药管理的应用方案。在这个系统当中,每批药品都要贴上一个只读的 RFID 标签,标签当中存储唯一的序列号。供货商可以在整个发货过程当中跟踪这些写有序列号的 RFID 标签,并且让采购商把序列号和收货通知单上面的序列号核对。这样就可以保证药物来源的可靠性以及去向的可靠性。美国食品与药物监督局认识到要想在所有处方药的供应链管理当中实施这样一个计划,将是一个极其庞大的任务,因此他们为了调查 RFID 这种技术的可行性,提出了一个三年规划,这个规划已于 2007 年结束,并为 FDA 采用 RFID 技术进行处方药管理提供了技术支持。

与 RFID 在供应链领域当中进行应用具有密切联系的,还有在准时出货(just-in-time product shipment)当中的应用。如果在各零售商店和相关仓库中的所有货物都贴有 RFID 标签,那么这个商店就可以拥有一个具有精确库存信息的数据库来对其库存进行有效的管理。这样的系统可以提前警告缺货以及库存过多的情况,仓库管理系统可以根据标签里面的信息自动定位货物,并且自动把正确的货物移动到装卸的月台上,然后运送到商店。

因为物流系统是整个供应链当中的核心部分,所以物流领域里面的应用基本上在主导着 RFID 在供应链中的应用。目前,RFID 在成本的计算上与条形码有显著的差别,由此在物流的应用上厂商导入 RFID 技术时会分成如下四个阶段来实施。

(1) 集装箱阶段。在货柜上固定 RFID 进行辨识读取,以追踪辨识集装箱、空运盘柜等。目前应用于国际货柜运送货物上最多。除了有助于在全球化运作时,增加对货物的掌控能力之外,还通过集装箱、货柜 RFID 的追踪,为国家安全提供另一项保证。

(2) 货盘阶段。在货盘上固定 RFID 进行辨识读取,以追踪辨识物流装载工具(如货盘、笼车、配送台车等),为供货商提供及时的补货信息,有利于供货商进行生产规划。物流中心更可节省收货作业时间,使验货与上架信息化,有效地对存货管理做控制。

(3) 包装容器阶段。在单项产品成打或成箱包装的纸箱或其包箱容器上装置 RFID,可追踪及辨识纸箱或容器的形状、位置及交接货物的数量。除了对于需求/供应规划所提供的信息更细致之外,还增加了再包装的可视性,对于整板进货需要以箱为单位的出货操作而言,比小单位的拣货、包装与出货更为方便。

(4) 单个产品阶段。在每一个产品上以 RFID 取代商品条形码,通过每一个 RFID 以商品编号加上序号来识别每一个货品的唯一性,利用这个方式可辨识进行盘点、收货及销售点的收款机作业。因为每一个产品具有唯一的辨别码,可以将所有商品以最小的单位进行管理,对最小单位的货物进行控制,所以对于零售端的销售更有利,包括对货架上的促销、防窃、消费者行为分析等,均能对个别产品进行管理。

3)沃尔玛公司的 RFID 应用

在众多已经实施了 RFID 的公司当中,最受媒体关注的非沃尔玛公司莫属了。这个零售业中的巨头因为有效的供应链管理取得了这个微利行业当中最大的成功。它时刻在全球进行成千上万种商品的采购。沃尔玛在 RFID 应用上的努力,使得被人冷落已久的 RFID 技术又回到了聚光灯下,并且成为供应链 IT 技术当中的主角。据预测,沃尔玛全部推行 RFID 之后,其每年节省的成本将高达 83.5 亿美元,这个数字比世界 500 强当中半数以上的公司的年收入还要高。尽管这个数字是板上钉钉的,但沃尔玛推行 RFID 的进程仍然相当缓慢。2003 年 7 月 4 日,沃尔玛宣布它将要要求它的前 100 名供货商在 2005 年 1 月之前在所有的货箱和货盘上面贴上 RFID 标签。这一举动直接影响到了它的全部供货商,这些供货商都迅速地开始学习 RFID 技术以及如何推行 RFID 技术的相关知识。沃尔玛和它的供货商在 RFID 的实施过程当中,很快就发现了很多挑战性问题。例如,用来作为标准的 UHF 频率不能穿透很多商店销售的常见产品(金属包装的液体产品等),这迫使沃尔玛把截止日期后延。截至 2007 年 1 月,前 100 名的供货商只有 60% 把它们的产品贴上了 RFID 标签。不过,沃尔玛仍然是第一家在整个供应链当中推行 RFID 技术、并且强迫它的供货商也推行 RFID 技术的大型零售企业。沃尔玛的这种举动,使得 RFID 在业界的推行更加有效。

4)中国台湾医疗的 RFID 应用

中国台湾对 RFID 的推行从 2003 年开始,2004 年已成为全面启动的一年。中国台湾经济部门在 2008 年之前关于信息技术的规划中把推行 RFID 作为一个重点。他们主要在医院的以下几个方面应用 RFID 技术,并已取得效益。

(1)在取药过程当中,透过对病人及时的警告,提高药品取药和用药的正确性。

(2)增加原有的鉴定技术所涵盖的信息,目前可以包含药品剂量剂型、血袋血型/温度、急救医疗病人位置急救类型、住院病人的身份确认等。

(3)提高在药品、血液、大量病人身份辨识的准确性,当住院病人需要急救时,及时通报照护人员,强化病人的安全管理。

(4)减少了护士的工作负担,透过血液调拨有效利用珍贵资源,以增加急救医疗调度的时效性,提高对住院病人的护理品质。

(5)提高管制药品、血袋流向、急救医疗资源的透明度,对管制药品运送授权并进行实体验证,降低了使用假冒药品的可能。

5)美国海军基地的 RFID 应用

2004 年 5 月,美国海军结束了在给舰船集装箱装载补给中应用被动 RFID 系统的试运行。这个试运行计划是在弗吉尼亚州、诺福克的舰队和工业补给中心进行的,最初的目标是降低装载补给时因为手工输入或者名义上的自动输入中产生的错误记录。在这次试运行当中,舰队和工业补给中心使用了被动标签技术,在装载过程中,让叉车搬运贴上了被动标签的补给物品通过一个装有特定阅读器的入口,来自动获得补给货物的记录。舰队和工业补给中心在这个项目上总共花费了 306 000 美元,每批货物 93 美分。在最后的实施阶段,RFID 使得货物的检查程序速度大大提高。尽管试运行的目标不包括得到最优的投资收益,但是最后的报告显示,有多达 12 名人员可以被安排到其他的任务上,因为对 RFID 系统的监控不需要与以前一样多的人手。在试运行过程中,舰队工业补给中心在应用 RFID 系统方面收获了很多有价值的经验。

4.3.4　条形码技术

条码技术是在计算机技术与信息技术基础上发展起来的一门集编码、印刷、识别、数据采集和处理于一身的新兴技术，其核心内容是利用光电扫描设备识读条码符号，从而实现机器的自动识别，并快速准确地将信息录入到计算机中进行数据处理。

条形码是利用条（着色部分）、空（非着色部分）及其宽、窄的交替变换来表达信息的。每一种编码都制定有字符与条、空、宽、窄表达的对应关系，只要是遵循这一标准打印出来的条、空交替排列的"图形符号"，在这一"图形符号"中就包含了字符信息。当识读器划过这一"图形符号"时，这一条、空交替排列的信息通过光线反射而形成的光信号在识读器内被转换成数字信号，再经过相应的解码软件，"图形符号"就被还原成字符信息。

1. 一维条形码

一维条形码技术相对成熟，在社会生活中处处可见，在全世界得到了极为广泛的应用。它作为计算机数据的采集手段，以快速、准确、成本低廉等诸多优点迅速进入商品流通、自动控制以及档案管理等各种领域。

一维条形码由一组按一定编码规则排列的条、空符号组成，表示一定的字符、数字及符号信息。条形码系统是由条形码符号设计、条形码制作以及扫描阅读组成的自动识别系统是迄今为止使用最为广泛的一种自动识别技术。到目前为止，常见的条形码的码制大概有 20 多种，其中广泛使用的码制包括 EAN 码、Code39 码、交叉 25 码、UPC 码、128 码、Code93 码及 CODABAR 码等。不同的码制具有不同的特点，适用于特定的应用领域。下面介绍一些典型的码制。

(1) UPC 码（统一商品条码）。UPC 码于 1973 年由美国超市工会推行，是世界上第一套商用的条形码系统，主要应用于美国和加拿大。UPC 码包括 UPC—A 和 UPC—E 两种系统。UPC 只提供数字编码，限制位数（12 位和 7 位），需要检查码，允许双向扫描，主要应用在超市和百货业。

(2) EAN 码（欧洲商品条码）。1977 年，欧洲 12 个工业国家在比利时签署草约，成立了国际商品条码协会，参考 UPC 码制定了与之兼容的 EAN 码。EAN 码仅有数字号码，通常为 13 位，允许双向扫描，缩短码为 8 位码，也主要应用在超市和百货业。

(3) ITF25 码（交叉 25 码）。ITF25 码的条码长度没有限定，但是其数字资料必须为偶数位，允许双向扫描。ITF25 码在物流管理中应用较多，主要用于包装、运输、国际航空系统的机票顺序编号、汽车业及零售业。

(4) Code39 码。在 Code39 码的 9 个码素中，一定有 3 个码素是粗线，因此 Code39 码又被称为三九码。除数字 0～9 以外，Code39 码还提供英文字母 A～Z 以及特殊的符号。它允许双向扫描，支持 44 组条码，主要应用在工业产品、商业资料、图书馆等场所。

(5) CODABAR 码（库德巴码）。这种码制可以支持数字、特殊符号及 4 个英文字母，条码自身有检测的功能，因此无需检查码，主要被应用在工厂库存管理、血库管理、图书馆借阅书籍及照片冲洗业。

(6) ISBN 码（国际标准书号）。ISBN 码是因图书出版、管理的需要以及便于国际间出版物的交流与统计而出现的一套国际统一的编码制度。每一个 ISBN 码由一组有"ISBN"代号的 10 位数字所组成，用以识别出版物所属国别地区、出版机构、书名、版本以及装订方式。这组号码也可以说是图书的代表号码，大部分应用于出版社图书管理系统。

（7）Code128 码。Code128 码是目前我国企业内部自定义的码制，可以根据需要来确定条码的长度和信息。这种编码包含的信息可以是数字，也可以包含字母，主要应用于工业生产线领域、图书管理等。

（8）Code93 码。这种码制类似于 Code39 码，但是其密度更高，能够替代 Code39 码。

条形码技术给人们的工作、生活带来的巨大变化是有目共睹的。然而，一方面，一维条形码的信息容量比较小，如商品上的条码仅能容纳几位或者几十位阿拉伯数字或字母，因此一维条形码仅仅只能标识一类商品，而不包含相关商品的描述。只有在数据库的辅助下，人们才能通过条形码得到相关商品的描述。换言之，如果离开了预先建立的数据库，一维条形码所包含的信息将会大打折扣。基于这个原因，一维条形码在没有数据库支持或者联网不方便的地方，其使用受到了相当大的限制。

另一方面，一维条形码无法表示汉字或者图像信息。因此，在一些需要应用汉字和图像的场合，一维条形码就显得很不方便。而且，即使建立了相应的数据库来存储相关产品的汉字和图像信息，这些大量的信息也需要一个很长的条形码进行标识。而这种长的条形码会占用很大的印刷面积，从而给印刷和包装带来难以解决的困难。因此，人们希望在条形码中直接包含产品相关的各种信息，而不需要根据条形码从数据库中再次查询这些信息。

基于上述的两种原因，现实的应用需要一种新的码制，这种码制除了具备一维条形码的优点外，还应该具备信息容量大、可靠性高、保密防伪性强等优点。20 世纪 70 年代，在计算机自动识别领域出现了二维条形码技术，这是在传统条形码基础上发展起来的一种编码技术，它将条形码的信息空间从线性的一维扩展到平面的二维，具有信息容量大、成本低、准确性高、编码方式灵活、保密性强等诸多优点。因此，自 1990 年起，二维条形码技术在世界上开始得到广泛的应用，经过几年的努力，现已应用在国防、公共安全、交通运输、医疗保健、工业、商业、金融、海关及政府管理等领域。

2. 二维条形码

与一维条形码只能从一个方向读取数据不同，二维条形码可以从水平、垂直两个方向来获取信息，因此其包含的信息量远远大于一维条形码，并且还具备自纠错功能。但二维条形码的工作原理与一维条形码却是类似的，在进行识别的时候，将二维条形码打印在纸带上，阅读条形码符号所包含的信息，需要一个扫描装置和译码装置，统称为阅读器。阅读器的功能是把条形码条符宽度、间隔等空间信号转换成不同的输出信号，并将该信号转化为计算机可识别的二进制编码输入计算机。扫描器又称为光电读入器，它装有照亮被读条码的光源和光电检测器件，并且能够接收条码的反射光，当扫描器所发出的光照在纸带上，每个光电池根据纸带上条码的有无输出不同的图案，将来自各个光电池的图案组起来，从而产生一个高密度的信息图案，经放大、量化后送译码器处理。译码器存储有需译读的条码编码方案数据库和译码算法。在早期的识别设备中，扫描器和译码器是分开的，目前的设备大多已将它们合成一体。二维条形码示意图如图 4-17 所示。

1）二维条形码的特点

（1）存储量大。二维条形码可以存储 1 100 个字，存储量比一维条形码的 15 个字增加很多，而且能够存储中文，其资料不仅可应用英文、数字、汉字及记号等，甚至空白也可以处理，而且尺寸可以自由选择，这也是一维条形码做不到的。

（2）抗损性强。二维条形码采用故障纠正的技术，即使遭受污染及破损也能复原，在条码受损程度高达 50% 的情况下，仍然能够解读出原数据，误读率为 6 100 万分之一。

图 4-17　二维条形码示意图

（3）安全性高。二维条形码采用了加密技术，安全性得到大幅度提高。

（4）可传真和影印。二维条形码经传真和影印后仍然可以使用，而一维条形码在经过传真和影印后机器就无法识读。

（5）印刷多样性。对于二维条形码来讲，不仅可以在白纸上印刷黑字，而且可以进行彩色印刷，印刷机器和印刷对象都不受限制，使用起来非常方便。

（6）抗干扰能力强。与磁卡、C 卡相比，二维条形码由于其自身的特性，具有强抗磁力、抗静电能力。

（7）码制更加丰富。

2）二维条形码的分类

二维条码可以直接被印刷在被扫描的物品上或者打印在标签上，标签可以由供应商专门打印或者现场打印。所有条码都有一些相似的组成部分，它们都有一个空白区，称为静区，位于条码的起始和终止部分边缘的外侧。校验符号在一些码制中也是必需的，可以用数学的方法对条码进行校验，以保证译码后的信息正确无误。与一维条形码一样，二维条形码也有许多不同的编码方法。根据这些编码原理，可以将二维条形码分为以下三种类型。

（1）线性堆叠式二维码。就是在一维条形码的基础上，降低条码行的高度，安排一个纵横比大的窄长条码行，并将各行在顶上互相堆积，每行间都用一模块宽的厚黑条相分隔。典型的线性堆叠式二维码有 Code16K（二维码的一种，Code16K 条码是一种多层、连续型可变长度的条码符号，可以表示全 ASCII 字符集的 128 个字符及扩展 ASCII 字符）、Code49、PDF417 等。

（2）矩阵式二维码。采用统一的黑白方块的组合，而不是不同宽度的条与空的组合，能够提供更高的信息密度，存储更多的信息。与此同时，矩阵式的条码比堆叠式的条码具有更高的自动纠错能力，更适用于在条码容易受到损坏的场合。矩阵式符号没有标识起始和终止的模块，但它有一些特殊的"定位符"，在定位符中包含了符号的大小和方位等信息。矩阵式二维条码和新的堆叠式二维条码能够用先进的数学算法将数据从损坏的二维码中恢复。矩阵式二维码有 Aztec、Maxi Code、QR Code、Data Matrix 等。

（3）邮政编码。通过不同长度的条进行编码，主要用于邮件编码，如 Postnet、BPO4-State 等。

在二维条形码中，PDF417 码由于解码规则比较开放和商品化，使用比较广泛。PDF 是 Portable Data File 的缩写，意思是可以将条形码视为一个档案，里面能够存储比较多的资料，而且能够随身携带。PDF417 码于 1992 年正式推出，1995 年美国电子工业联谊会条码委员会在美国国家标准协会赞助下完成二维条形码标准的草案，作为电子产品产销流程使用二维条形码的标准。PDF417 码是一个多行结构，每行数据符号数相同，行与行左右对齐直接衔接，其最小行数为 3 行，最大行数为 90 行。Data matrix 码则主要用于电子行业小零件的标识，如 Intel 奔腾处理器的背面就印制了这种码。Maxi Code 是由美国联合包裹服务公司研制的，用于包裹的分拣和跟踪。Aztec 是由美国韦林公司推出的，最多可容纳 3 832 个数字、3 067 个字母或 1914B 的数据。

另外，还有一些新出现的二维条形码系统，包括由 UPS 公司 Figrare 等研制的适用于分布环境下运动特性的 UPS Code，这种二维条形码更加适合自动分类的应用场合。而美国 Veritec 公司提出一种新的二维条形码 Veritec Symbol，这是一种用于微小型产品上的二进制数据编码系统，其矩阵符号格式和图像处理系统已获得美国专利，这种二维码具有更高的准确性和可重复性。此外，飞利浦研究实验室的 Wilj Wan Gils 等也提出了一种新型的二维码方案，即用标准几何形体圆点构成自动生产线上产品识别标记的圆点矩阵二维码表示法。这一方案由两大部分组成，一是源编码系统，用于把识别标志的编码转换成通信信息字；另一部分是信道编码系统，用于对随机误码进行错误检测和校正。还有一种二维条形码叫做点阵码，它除了具备信息密度高等特点外，还便于用雕刻腐蚀制版工艺把点码印制在机械零部件上，以便于摄像设备识读和图像处理系统识别，这也是一种具有较大应用潜力的二维编码方案。

二维条形码技术的发展主要表现为三个方面的趋势：一是出现了信息密集度更高的编码方案，增强了条码技术信息输入的功能；二是发展了小型、微型、高质量的硬件和软件，使条码技术实用性更强，扩大了应用领域；三是与其他技术相互渗透、相互促进，这将改变传统产品的结构和性能，扩展条码系统的功能。

3）二维条形码的阅读器

在二维条形码的阅读器中有几项重要的参数，即分辨率、扫描背景、扫描宽度、扫描速度、一次识别率及误码率。选用的时候要针对不同的应用视情况而定。普通的条码阅读器通常采用以下三种技术，即光笔、CCD、激光，它们都有各自的优缺点，没有一种阅读器能够在所有方面都具有优势。

光笔是最先出现的一种手持接触式条码阅读器。使用时，操作者需将光笔接触到条码表面，通过光笔的镜头发出一个很小的光点，当这个光点从左到右划过条码时，在"空"的部分，光线被反射；在"条"的部分，光线被吸收。因此，在光笔内部产生一个变化的电压，这个电压通过放大、整形后用于译码。

CCD 为电子耦合器件，比较适合近距离和接触阅读，它使用一个或多个 LED，发出的光线能够覆盖整个条码，它所关注的不是每一个"条"或"空"，而是条码的整体，并将其转换成可以译码的电信号。

激光扫描仪是非接触式的，在阅读距离超过 30 cm 时激光阅读器是唯一的选择。它的首读识别成功率高，识别速度相对光笔及 CCD 更快，而且对印刷质量不好或模糊的条码识别效果好。

射频识别技术改变了条形码技术依靠"有形"的一维或二维几何图案来提供信息的方式,通过芯片来提供存储在其中的数量更大的"无形"信息。射频识别技术最早出现在 20 世纪 80 年代,最初应用在一些无法使用条码跟踪技术的特殊工业场合。例如,在一些行业和公司中,这种技术被用于目标定位、身份确认及跟踪库存产品等。射频识别技术起步较晚,至今没有制订统一的国际标准,但是射频识别技术的推出绝不仅仅是信息容量的提升,它对于计算机自动识别技术来讲更是一场革命,它所具有的强大优势会大大提高信息的处理效率和准确度。

思政视窗

RFID 在身份证中的应用

居民身份证作为国家法定证件和居民身份证号码的法定载体,已在社会管理和社会生活中得到广泛的应用。我国从 1985 年实行居民身份证制度以来,已累计制发居民身份证有 13 亿个,实有执证人口近 9 亿。面对这么多的人口,如何合理有效地管理好身份证,并充分发挥其作用,一直是长期面临的问题。

特别是改革开放以来,我国经济得到迅速发展,各城市、农村人口流动频繁。而传统的身份证缺乏机器识读功能,并且防伪性能相对较差,因此在许多关键部门无法对身份证进行有效验证和登记,使得公安机关不能全面掌握这些重要信息,给管理工作带来了很大困难。尤其是近些年,全国各地利用假身份证进行犯罪的事件屡屡发生,使得国家一些重要部门遭受到严重的损失,而公安机关由于缺乏翔实的资料,影响了打击力度。因此,改进原有的居民身份证,是提高公安部门执法力度的有效方法之一。

利用 RFID 技术将电子标签嵌入身份证中,作为人员身份识别,已开始被广泛应用,也是目前 RFID 技术应用最为广泛和成熟的领域之一。目前,国内应用的第二代居民身份证就是典型代表。

第二代居民身份证是采用 RFID 技术制作,即在身份证卡内嵌入 RFID 芯片,芯片采用符合 ISO/IEC 14443B 标准的 13.56 Mz 的电子标签,与我们生活中常用的 1C 电话卡、SM 卡和电卡等有所不同。现在使用的第二代居民身份证为非接触式 IC 卡,即无须把卡片插入读卡机具中,而只是在机具上方轻轻一扫即可读出数据,从而减少磨损,加快速度。并且机器可读,在核实信息时,不需要再将身份证号一一输入,而是通过读卡机具连接到认证数据库,同时对比证件上印刷的数据,进而核实真伪。

4.4　物联网的应用场景

4.4.1　物联网的应用领域

物联网用途广泛,遍及智能交通、环境保护、政府工作、公共安全、平安家居、智能消防、工业监测、农业管理、老人护理、个人健康等多个领域。在国家大力推动工业化与信息化两化融合的大背景下,物联网将是工业乃至更多行业信息化过程中一个比较现实的突破口。如图 4-18 所示。

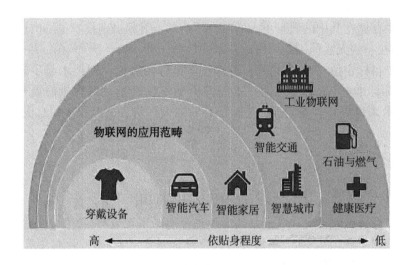

图 4-18　物联网的应用示意图

　　一旦物联网大规模普及,无数的物品需要加装更加小巧智能的传感器,用于动物、植物、机器等物品的传感器与电子标签及配套的接口装置数量将大大超过目前的手机数量。按照目前对物联网的需求,在近年内就需要数以亿计的传感器和电子标签。物联网目前已经在行业信息化、家庭保健、城市安防等方面有实际应用,如图 4-19 所示。

1. 物联网在家庭中的应用

　　人们谈论最多的是物联网应用在家庭中的应用。目前,物联网在使我们的家用电器更智能化方面发挥了作用。无论是照明系统还是家庭监控,物联网把我们家的便利性提升到了一个新的水平,如图 4-20 所示。以 Alexa 为例,这款物联网设备可轻松弥补娱乐和智能系统之间的差距。

　　同样,家庭照明系统和监控也与物联网相结合。你可以通过智能手机打开或关闭你家的灯,或者通过设置智能物联网安全摄像头和监控系统来增强你家的安全性,这在很大程度上提高了安全级别。

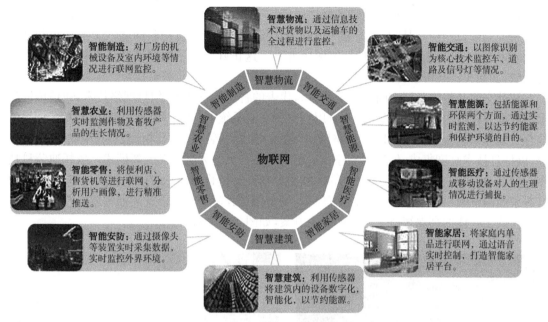

图 4-19　物联网应用的十大领域

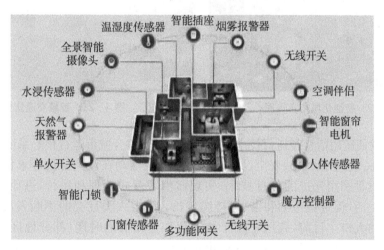

图 4-20　物联网在家庭中的应用

　　智能家居是利用先进的计算机技术,运用智能硬件(氦氙 Wi - Fi、ZigBee、蓝牙、NB-IoT 等)、物联网技术、通信技术,将与家居生活的各种子系统有机的结合起来,通过统筹管理,让家居生活更舒适、方便、有效与安全。如图 4 - 21 所示。

2. 物联网在城市智能化中的应用

　　创建智慧城市是当下的话题。但要做到这一点,诸如水资源管理、交通管理、基础设施开发、废物或电力管理等都需要得到妥

图 4 - 21　智能家居示意图

善处理。问题是如何将这种便利带入城市居民的生活,而要做到这一点,物联网可以发挥巨大的作用。如今,世界各国地方和国家一级的主管部门已经开始将物联网融入交通管理和基础设施开发等系统,以提出突破性的智能解决方案。这正好展示了物联网在建设智能城市方面的优势,如图 4-22 所示。

智慧交通是将物联网、互联网、云计算为代表的智能传感技术、信息网络技术、通信传输技术和数据处理技术等有效地集成,并应用到整个交通系统中,在更大的时空范围内发挥作用的综合交通体系。智慧交通是以智慧路网、智慧出行、智慧装备、智慧物流、智慧管理为重要内容,以信息技术高度集成、信息资源综合运用为主要特征的大交通发展新模式。依托迪蒙科技在云计算、物联网、大数据、金融科技等领域的丰富开发经验和雄厚的技术积累,历时 3 年倾力打造了我国首家一款集网约专车、智慧停车、汽车租赁、汽车金融,以及其他智慧出行领域创新商业模式于一体的高端智慧交通整体解决方案,如图 4-23 所示。

图 4-22 智能化城市宣传图

图 4-23 智慧交通宣传图

智慧城市就是运用信息和通信技术手段感测、分析、整合城市运行核心系统的各项关键信息,从而对包括民生、环保、公共安全、城市服务、工商业活动在内的各种需求做出智能响应。智慧城市的实质是利用先进的信息技术,实现城市智慧式管理和运行,进而为城市中的人创造更美好的生活,促进城市的和谐、可持续成长。随着人类社会的不断发展,未来城市将承载越来越多的人口。目前,我国正处于城镇化加速发展的时期,部分地区"城市病"问题日益严峻。为解决城市发展难题,实现城市可持续发展,建设智慧城市已成为当今世界城市发展不可逆转的历史潮流。智慧城市的建设在国内外许多地区已经展开,并取得了一系列成果。国内的如智慧上海、智慧双流;国外的如新加坡的"智慧国计划"、韩国的"U-City 计划"等。

3. 自动驾驶汽车

作为物联网最大的一个特点,自动驾驶汽车在全球引起了很大轰动。像谷歌和特斯拉这样的世界科技巨头已经开发并测试了他们的自动驾驶汽车。物联网与机器学习的结合使这一切成为可能,如图 4-24 所示。

尽管这些自动驾驶汽车在印度等交通繁忙的国家的表现仍存在不确定性,但早期迹象是好的。这些自动驾驶汽车内嵌有传感器和与云计算和互联网相连的系统,能够处理道路上的人类活动。此外,随着区块链技术的使用,这些自动驾驶汽车也受到保护,免受任何潜在的网络威胁。

图 4-24　自动驾驶汽车示意图

在北京、上海这样的大城市,停车是个大问题。借助物联网传感器,可以最大限度地减少城市的停车问题。

智能停车的工作原理:①传感器安装在停车位上,以监测停放的汽车;②测量数据由微控制器定期发送到云端;③移动应用程序使用云数据来识别空闲车位;④驾驶员查询移动应用程序,以确定目标位置附近的空闲停车位。

4. 物联网在农业中的应用

农业是物联网的另一个重要领域。从配水和田间监测到滴灌和作物模式,物联网在农业中的作用是巨大的。目前,农民只需借助物联网就可以更多地了解作物的种植模式。

同样地,世界各地的人们也开始使用无人机来监视田野。随着专门用于农业实践的物联网工具的开发,农民的生活变得非常方便。

5. 物联网在零售业中的应用

物联网对零售业的影响自其诞生以来就一直引人注目。随着物联网零售商店的建立,电子商务购物已经变得非常方便。以 Amazon Go 为例,其允许用户在购物的时不需使用现金。所有用户需要做的就是从商店中挑选一个产品,然后它会自动添加到他们的购物车中。一旦购物完成后,用户只需通过亚马逊钱包支付即可。

6. 物联网在金融领域的应用

物联网正以一种非常有前景的方式影响着金融领域。从无现金支付到即时和个性化支持,物联网在金融领域正被应用于多个层面。以安全性为例,金融科技行业已经出于安全目的使用物联网可穿戴设备。例如,Nymi 这样的智能腕带通过分析人的心跳来进行生物认证。同样地,自助支付系统和流程自动化的增强也得到了世界各地用户非常积极的响应。

7. 智能电网

智能电网是在传统电网的基础上构建起来的集传感、通信、计算、决策与控制为一体的综合数物复合系统,通过获取电网各层节点资源和设备的运行状态,进行分层次地控制管理和电力调配,实现能量流、信息流和业务流的高度一体化,提高电力系统运行稳定性,以达到最大限度地提高设备效利用率,提高安全可靠性,节能减排,提高用户供电质量,提高可再生能源的利用效率,如图 4-25 所示。

图 4-25 智能电网示意图

随着人们对气候变化和碳排放问题的日益关注,电力公司开始关注如何降低能源消耗。对于电力公司而言,物联网支持的远程数据管理和监控功能,能够更好地管理进出电网的电量。智能电网是现有电网的现代物联网变体,其中包括多种能源措施和智能仪表(如智能电表)。它们在配电和输电基础设施中的实施,使电力从发电厂流向最终用户的效率和可靠性提高。同时,智能电网的好处远远超过了简单地从一个地方向另一个地方供电,它们允许电力公司降低运营成本,并帮助用户管理家庭用电。

8. 工业流程自动化/优化

企业可以使用物联网和 IP 网络实时记录工厂内所有机器的性能和运行状态。制造商可以使用这些数据来自动化工作流程并优化生产系统,从而降低成本,提高产量和质量。

自动化工业机器人的市场正在激增。2017 年市场规模为 410 亿美元,预计 2023 年将达到 730 亿美元。

9. 能源管理

对于工业企业来说,能源可能是一项昂贵的投入。随着能源成本的波动和政府对能效的严格要求,管理能源分配将变得更加重要。物联网设备可以帮助制造商根据从设备收集的实时数据来管理能源消耗。智慧能源管理系统在提高能源效率的同时,还降低了能源费用、运营支出和工厂的碳足迹。

根据 Gartner 2018 年的一份报告显示,智能照明是物联网技术领域排名第四的成熟技术,也是接近普遍采用的领域之一。智能照明旨在优化能源管理。Navigant 也称赞智能照明的快速回报期和巨大潜力,并在其最近的一份报告中指出,一个全面部署的智能路灯项目可以节省传统路灯系统 80% 的能源。这种照明使用配备传感器的高效 LED 路灯,可以根据行人和车辆的交通需求提供最佳照明。当街道空无一人时,灯光变暗就意味着节省金钱和资源。同时,智能照明也可以应用于工厂或家庭。

10. 废物管理

传统的废物收集非常复杂且成本高昂,因为垃圾车沿着低效的收集路线在繁忙的街道上行驶。每个垃圾箱的填充水平不同,有满溢、部分填充和空荡荡。物联网传感器可以监测垃圾箱的填充水平,并将数据发送到市政管理部门。利用该数据,可以优化垃圾车清运路线。机器学习算法也可以在物联网传感器（即边缘分析）中实现,这样传感器就可以通过学习历史数据来预测垃圾箱的填充水平。

11. 智能灌溉

基于天气的智能灌溉系统使用从天气来源、传感器或历史数据中提取的当地天气信息来支持关于灌溉计划的决策。基于土壤的智能灌溉系统使用从地面传感器获取的当地土壤湿度数据来支持灌溉计划的决策。用户可以将这些系统配置为按需管理灌溉。例如,当特定的土地区域太干时,启动灌溉程序,或者当达到特定的饱和点时停止灌溉,如图 4 – 26 所示。

图 4 – 26　智能灌溉系统

12. 泄漏管理

几乎在每一栋建筑中,都有一个管道迷宫。这些管道将水输送到建筑物中,并将废物排出。由于这些管道隐藏在视线之外,因此很难检测到泄漏,通常在检测到泄漏时,管道可能已经泄漏了一段时间。智能传感器被集成到几乎每一栋建筑错综复杂的管道中,可以立即检测到肉眼看不见的泄漏。如果传感器检测到泄漏,传感器可以向建筑物业主发出警报。然后,业主进行必要的维修。此外,所有者能够根据传感器精确定位泄漏的确切位置。

13. 患者监测/远程患者监测

近 20% 做过手术的患者在 30 天内会再次入院。远程患者监测（remote patient monitoring, RPM）系统使用可穿戴设备监测患者手术后在家休养的状况,从而减少患者再次入院的风险。RPM 能够实时收集患者体温数据,而体温是感染的主要指标。有了 RPM,医生可以观察患者数据并提供早期诊断,而无需患者亲自到医院就诊。

14. 商品智能管理

物联网传感器使零售商能够控制货架和仓库中商品位置的调换,从而实现商品销售决策的自动化。

还有智能工厂、预测性维护、噪声监测、结构健康监测、节约用水、水质管理、紫外线辐射监测、跌倒监测、供应链管理、近场通信（near field communication,NFC）支付、商店布局优化、远程控制设备、智能锁、活动监测、车队跟踪、编队和联网车辆等。

4.4.2　物联网的应用案例

1. 传感器在军事上的应用——军用遥感技术

目前,遥感技术日新月异,成为国民经济建设中不可缺少的一种重要技术,尤其在军事方面的应用更为广泛。遥感中收集到的信息,就是物体发射或者被它反射的电磁波。这些电磁波包括近紫外线、红外线、可见光、微波等。

收集电磁波信息的装置称为传感器,装载传感器的地方称为平台。遥感就是用装在平台上的传感器来收集(测定)由对象辐射或(和)反射来的电磁波,再通过对这些数据进行分析和处理,获得对象信息的技术。

遥感技术的迅速发展,一个重要的因素是它应用于我们所生活的环境。人们越来越需要深刻地了解我们的地球,了解它的资源,了解它的变化,以便合理安排生产和生活活动。

2. 摄像机中的红外传感器——夜视功能

红外夜视,就是在夜视状态下,数码摄像机会发出人的肉眼看不到的红外光线去照亮被拍摄的物体,关掉红外滤光镜,不再阻挡红外线进入 CCD,红外线经物体反射后进入镜头进行成像,这时我们所看到的是由红外线反射所成的影像,而不是可见光反射所成的影像,即此时可拍摄到黑暗环境下肉眼看不到的影像。

思考与练习4

一、单选题

1. (　　)不是物联网体系构架原则。
   A. 多样性原则　　　B. 时空性原则　　　C. 安全性原则　　　D. 复杂性原则
2. 物联网平台不具有(　　)功能。
   A. 通信　　　B. 数据流通　　　C. 设备管理　　　D. 识别
3. RFID 是物联网(　　)的一个关键技术。
   A. 感知层　　　B. 应用层　　　C. 网络层　　　D. 中间层
4. 传感器是一种检测装置,它是实现自动检测和(　　)的首要环节。
   A. 内容管理　　　B. 统计分析　　　C. 自动控制　　　D. 自动扫描
5. RFID 系统主要由(　　)、阅读器和天线三部分组成。
   A. 数据传输　　　B. 标签　　　C. 芯片　　　D. 条形码

二、判断题

1. 在物联网应用中有三项关键技术,分别是感知层、网络传输层和应用层。(　　)
2. 物联网有四项关键应用技术:RFID、传感器、智能技术与纳米技术。(　　)
3. 规则引擎主要作用是把物联网平台数据通过过滤转发到其他云计算产品上。(　　)
4. 物联网平台具有通信、数据流通、设备管理和应用程序等功能。(　　)
5. 感知层解决的是人类世界和物理世界的数据获取的问题。(　　)
6. RFID 是物联网感知层的一个关键技术。(　　)
7. 嵌入式系统要协助满足物联网三要素,即信息采集、信息传递、信息处理。(　　)
8. 蓝牙高层协议包括对象交换协议、无线应用协议、音频协议和选用协议。(　　)
9. 蓝牙系统由无线单元、链路控制单元、链路管理三部分组成。(　　)
10. Wi-Fi 是一种可以将个人电脑、手持设备(如 PDA、手机)等终端以无线方式互相连接的技

术。（　　）

三、简答题

1. 物联网三层体系结构中主要包含哪三层？简述每层内容。
2. RFID 系统主要由哪几部分组成？简述 RFID 技术的工作原理。
3. 简述传感器的作用及组成。
4. 简述 RFID 的基本工作原理。
5. 无线网与物联网的区别是什么？
6. 蓝牙网关的主要功能是什么？

模块 5　云计算基础与应用

　　互联网的快速发展提供给人们海量的信息资源,移动终端设备的广泛普及使得人们获取、加工、应用和向网络提供信息更加方便和快捷。信息技术的进步将人类社会紧密地联系在一起,世界上各国政府、企业、科研机构、各类组织和个人对信息的"依赖"程度前所未有。降低成本、提高效益是企事业单位生产经营和管理的永恒主题,因对"信息"资源的依赖,使得企事业单位不得不在"信息资源的发电站"(数据中心)的建设和管理上大量投入,导致信息化建设成本高,中小企业更是不堪重负。传统的信息资源提供模式(自给自足)遇到了挑战,新的计算模式已悄然进入人们的生活、学习和工作,它就是被誉为第三次信息技术革命的"云计算"。

知识目标

　　(1) 了解云计算概念和基本特征。
　　(2) 了解云计算的发展情况。
　　(3) 了解云计算优势和劣势。
　　(4) 掌握云计算对教育行业的改变。

能力目标

　　(1) 掌握云计算的架构和发展情况。
　　(2) 理解云计算与物联网的关系。
　　(3) 清楚云计算技术的产业现状。

5.1　认识云计算

5.1.1　云计算的概述与特征

　　美国国家标准与技术研究院将云计算定义为一种按使用量付费的模式,这种模式提供可用的、便捷的、按需的网络访问,进入可配置的计算资源共享池(资源包括网络、服务器、存储、应用软件、服务),这些资源能够被快速提供,只需投入很少的管理工作,或与服务供应商进行很少的交互。

1. 云计算的基本概念

　　到底什么是云计算,目前有多种说法。现阶段广为接受的是美国国家标准与技术研究院的定义。通俗地讲,云计算要解决的是信息资源(包括计算机、存储、网络通信和软件等)的提供和使用模式,即由用户投资购买设施设备和管理促进业务增长的"自给自足"模式,转变为用户只需要付少量租金就能更好地服务于自身建设的以"租用"为主的模式。

1)云计算概念的形成

云计算概念的形成经历了互联网、万维网和云计算三个阶段,如图 5-1 所示。

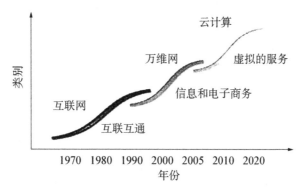

图 5-1　云计算概念的发展历程

(1)互联网阶段。个人计算机时代的初期,计算机不断增加,用户期望计算机之间能够相互通信,实现互联互通,由此实现计算机互联互通的互联网的概念随之出现。技术人员按照互联网的概念设计出目前的计算机网络系统,允许不同硬件平台、不同软件平台的计算机上运行的程序相互之间能够交换数据。这个时期,PC 是一台"麻雀虽小,五脏俱全"的小计算机,每个用户的主要任务在 PC 上运行,仅在需要访问共享磁盘文件时才通过网络访问文件服务器,体现了网络中各计算机之间的协同工作。思科等企业专注于提供互联网核心技术和设备,由此成为行业的巨头。

(2)万维网阶段。计算机实现互联互通以后,计算机网络上存储的信息和文档越来越多。用户在使用计算机的时候,发现信息和文档的交换较为困难,无法用便利和统一的方式来发布、交换和获取其他计算机上的数据、信息和文档。因此,实现计算机信息无缝交换的万维网概念出现。目前全世界的计算机用户都可以依靠万维网的技术非常方便地进行网页浏览、文件交换等操作。同时,网景、雅虎和谷歌等企业依靠万维网的技术创造了巨量的财富。

(3)云计算阶段。万维网形成后,万维网上的信息越来越多,形成了一个信息爆炸的信息时代。中国各行各业的互联网化与现实世界数据化的趋势,使得数量和计算量呈指数性爆发,而数据存储、计算和应用都更加需要集中化。到 2020 年,每年新增数据量达到 15.45 ZB,整个网络上数据存储量达到 39 ZB。如此大规模的数据,使得用户在获取有用信息的时候存在极大的障碍,如同大海捞针。同时,互联网上连接的大量计算机设备提供超大规模的 IT 能力(包括计算、存储、带宽、数据处理和软件服务等)。一方面,用户难以便利地获得这些 IT 能力,导致 IT 资源的浪费。另一方面,众多的非 IT 企业为信息化建设投入大量资金购置设备,组建专业队伍进行管理,成本居高不下,许许多多中小企业难以承受。于是,一种需求产生了,它就是通过网络向用户提供廉价、满足业务发展的 IT 服务的需求,从而形成了云计算的概念。云计算的目标就是在互联网和万维网的基础上,按照用户的需要和业务规模的要求,直接为用户提供所需要的服务。用户不用自己建设、部署和管理这些设施、系统和服务,只需要参照租用模式,按照使用量来支付使用这些云服务的费用。

在云计算模式下,用户的计算机变得十分简单,除了通过浏览器给"云"发送指令和接收数据外基本上什么都不用做,便可以使用云服务提供商的计算资源、存储空间和各种应用软件。这就像连接"显示器"和"主机"的电线无限长,从而可以把显示器放在使用者的面前,而主机放在远到甚至计算机使用者本人也不知道的地方。云计算把连接"显示器"和"主机"的电线变成了网络,把"主机"变成云服务提供商的服务器集群。

在云计算环境下,用户的使用观念也会发生彻底的变化:从"购买产品"转变到"购买服务"。因为他们直接面对的不再是复杂的硬件和软件,而是最终的服务。用户不需要拥有看得见、摸得着的硬件设施,也不需要为机房支付设备供电、空调制冷、专人维护等费用,还不需要等待漫长的供货周期、项目实施等冗长的时间,只需要给云计算服务提供商支付费用,就会马上得到需要的服务。

2) 不同角度看云计算

云计算的概念可以从用户、技术提供商和技术开发人员三个不同角度来解读。

(1) 用户看云计算。从用户的角度考虑,主要根据用户的体验和效果来描述,云计算可以总结为:云计算系统是一个信息基础设施,包含有硬件设备、软件平台、系统管理的数据以及相应的信息服务。用户使用该系统的时候,可以实现"按需索取、按用计费、无限扩展、网络访问"的效果。简单而言,用户可以根据自己的需要,通过网络去获得自己需要的计算机资源和软件服务。这些计算机资源和软件服务是直接供用户使用而不需要用户做进一步的定制化开发、管理和维护等工作。同时,这些计算机资源和软件服务的规模可以根据用户业务变化和需求的变化,随时进行调整到足够大的规模。用户使用这些计算机资源和软件服务,只需要按照使用量来支付租用的费用。

(2) 技术提供商看云计算。技术提供商对云计算理解为,通过调度和优化的技术,管理和协同大量的计算资源;针对用户的需求,通过互联网发布和提供用户所需的计算机资源和软件服务;基于租用模式的按用计费方法进行收费。技术提供商强调云计算系统需要组织和协同大量的计算资源来提供强大的 IT 能力和丰富的软件服务,利用调度优化的技术来提高资源的利用效率。云计算系统提供的 IT 能力和软件服务针对用户的直接需求,并且这些 IT 能力和软件服务都在互联网上进行发布,允许用户直接利用互联网来使用这些 IT 能力和服务。用户对资源的使用,按照其使用量来进行计费,实现云计算系统运营的盈利。

(3) 技术开发人员看云计算。技术开发人员作为云计算系统的设计和开发人员,认为云计算是一个大型集中的信息系统,该系统通过虚拟化技术和面向服务的系统设计等手段完成资源和能力的封装以及交互,并通过互联网来发布这些封装好的资源和能力。所谓大型集中的信息系统,指的是包含大量软硬件资源,并且通过技术和网络等进行集中式管理的信息系统。通常这些软硬件资源在物理上或者在网络连接上是集中或者相邻的,能够协同完成同一个任务。信息系统包含有软硬件和很多软件功能,这些软硬件和软件功能如果需要被访问和使用,必须有一种把相关资源和软件模块打包在一起并且能够呈现给用户的方式。虚拟化技术和 Web 服务是最为常见的封装和呈现技术,可以把硬件资源和软件功能等打包,并且以虚拟计算机和网络服务的形式呈现给用户使用。

3) 云计算概念总结

云计算并非一个代表一系列技术的符号,因此不能要求云计算系统必须采用某些特定的技术,也不能因为用了某些技术而称一个系统为云计算系统。

云计算概念应该理解为一种商业和技术的模式。从商业层面,云计算模式代表了按需索取、按用计费、网络交付的商业模式。从技术层面,云计算模式代表了整合多种不同的技术来实现一个可以线性扩展、快速部署、多租户共享的 IT 系统,提供各种 IT 服务。云计算仍然在高速发展,并且不断地在技术和商业层面有所创新。

2. 云计算的基本特征

云计算的核心思想是将大量用网络连接的计算资源统一管理和调度,构成一个计算资源池向用户提供按需服务。云计算通过使计算分布在大量的分布式计算机上,而非本地计算机或远程服务器中,企业数据中心的运行将与互联网更相似,使得企业能够将资源切换到需要的应用上,根据需求访问计算机和存储系统。云计算的四个基本特征如下。

(1) 基于大规模基础设施支撑的强大计算能力和存储能力。多数云计算中心都具有比较大规模的计算资源。例如,Google 云计算中心已经拥有几百万台服务器,通过整合和管理这些数目庞大的计算机集群来赋予用户前所未有的计算和存储能力。

(2) 使用多种虚拟化技术提升资源利用率。云计算支持用户在任意位置、使用各种终端获取应用服务,对用户而言,只要按照需要请求"云"中资源,而不必(实际上是无法)了解资源的实体信息,如物理位置、性能限制等,从而有效简化应用服务的使用过程。

(3) 依托弹性扩展能力支持的按需访问、按需付费及强通用性。云计算中心的定位表现为支持业界多数主流应用,支撑不同类型服务同时运行,保证服务质量。"云"是一个庞大的资源池,"云"中资源能够动态调整、伸缩,适应用户数量的变化以及每个用户根据业务调整应用服务的使用量等具体需求,保证用户能够像自来水、电和煤气等公用事业一样根据使用量为信息技术应用付费。

(4) 专业的运维支持和高度的自动化技术。"云"实现了资源的高度集中,不仅包括软硬件基础设施和计算、存储资源,也包括云计算服务的运维资源。一方面,在"云端"聚集了具有专业知识和技能的人员和团队,帮助用户管理信息和保存数据,从而保证业务更加持续稳定地运行。另一方面,"云"中不论是应用、服务和资源的部署,还是软硬件的管理,都主要通过自动化的方式来执行和管理,从而极大地降低整个云计算中心庞大的人力成本。

3. 云计算判断标准

云计算可用以下三条标准来衡量。

(1) 用户使用的资源不在客户端而在网络中。云计算必须是通过网络向用户提供动态可伸缩的计算能力,如果来自用户本地肯定不能称为云计算。

(2) 服务能力具有优于分钟级的可伸缩性。从网络得到的服务,无论是服务注册、查询、使用都应该是实时的,用户通常没有等待超过一分钟以上时间的耐心。

(3) 五倍以上的性价比提升。用户在使用服务的成本支付上大大降低,同使用本地资源相比有五倍以上的性价比。

5.1.2　云计算的发展

云计算是继 20 世纪 80 年代大型计算机到客户端/服务器的大转变之后的又一巨变,如图 5-2 所示。了解云计算发展情况,有利于深刻理解云计算基本概念和掌握有关技术。

1. 云计算简史

1983 年,太阳微系统公司(Sun Microsystems)提出"网络即计算机"(The Network is the Computer)。

图 5-2 云计算示意图

2006 年 3 月,亚马逊(Amazon)推出弹性计算云(elastic compute cloud,EC2)服务。

2006 年 8 月 9 日,Google 首席执行官埃里克·施密特在搜索引擎大会首次提出"云计算"(cloud computing)的概念。Google"云端计算"源于 Google 工程师克里斯托弗·比希利亚所做的"Google 101"项目。

2007 年 10 月,Google 与 IBM 开始在美国大学校园,包括卡内基梅隆大学、麻省理工学院、斯坦福大学、加州大学柏克莱分校及马里兰大学等,推广云计算的计划,这项计划希望能降低分布式计算技术在学术研究方面的成本,并为这些大学提供相关的软硬件设备及技术支持(包括数百台个人计算机及 Blade Center 与 System X 服务器,这些计算平台提供 1 600 个处理器,支持 Linux、Xen 和 Hadoop 等开放源代码平台)。而学生则可以通过网络开发各项以大规模计算为基础的研究计划。

2008 年 1 月 30 日,Google 宣布在台湾启动"云计算学术计划",与台湾大学、台湾交通大学等学校合作,将这种先进的大规模、快速计算技术推广到校园。

2008 年 2 月 1 日,IBM 宣布在我国无锡太湖新城科教产业园为我国的软件公司建立全球第一个云计算中心。

2008 年 7 月 29 日,雅虎、惠普和英特尔宣布一项涵盖美国、德国和新加坡的联合研究计划,推出云计算研究测试床,推进云计算。该计划要与合作伙伴创建 6 个数据中心作为研究试验平台,每个数据中心配置 1 400 个至 4 000 个处理器。这些合作伙伴有新加坡资讯道信发展管理局、德国卡尔斯鲁厄大学 Steinbuch 计算中心、美国伊利诺伊大学香槟分校、英特尔研究院、惠普实验室和雅虎。

2008 年 8 月 3 日,美国专利商标局网站发布信息显示,戴尔正在申请"云计算"商标,此举旨在加强对这一未来可能重塑技术架构的术语的控制权。2010 年 3 月 5 日,Novell 与云安全联盟(Cloud Security Alliance,CSA)共同宣布一项供应商中立计划,名为"可信任云计算计划"。

2010 年 7 月,美国国家航空航天局和 Rack space、AMD、Intel、Dell 等支持厂商共同宣布"Open Stack"开放源代码计划。

2010 年 10 月,微软表示支持 Open Stack 与 Windows Server 2008 R2 的集成;而 Ubuntu 已把 Open Stack 加至 11.04 版本中。

2011 年 2 月,思科系统正式加入 Open Stack,重点研制 Open Stack 的网络服务。

2012 年,随着阿里云、盛大云、新浪云、百度云等公共云平台的迅速发展,腾讯、淘宝、360 等开放平台的兴起,中国云计算真正进入到实践阶段。因此 2012 年被称为"中国云计算实践元年"。

2014 年 8 月 19 日,阿里云启动"云合计划",该计划拟招募 1 万家云服务商,为企业、政府等用户提供一站式云服务,其中包括 100 家大型服务商、1 000 家中型服务商,并提供资金扶持、客户共享、技术和培训支持,帮助合作伙伴从 IT 服务商向云服务商转型。东软、中软、浪潮、东华软件等国内主流的大型 IT 服务商,均相继成为阿里云合作伙伴。

2015 年,全球云计算服务市场规模达到 1750 亿美元,同比增长 13.06%。2021 年全球云计算服务市场规模达到 3 912.2 亿美元,我国公有云服务市场规模达到 570.3 亿元。

2. 云计算现状

当前云计算已经不再像前几年那样火热,产业界对云计算的关注度已经被大数据、可穿戴设备等新的名词所超越,但这并不意味着云计算本身影响力的削弱,而是因为"云"已经成为 ICT 技术和服务领域的"常态"。产业界对待云计算不再是抱着疑虑和试探的态度,而是越来越务实地接纳它、拥抱它,不断去挖掘云计算中蕴藏的巨大价值。云计算在国际国内的现状如下。

1) 国际现状

国际上几个云计算巨头表现各有其特点。

IBM 继续加速向云计算转型。据华尔街预计,以目前 IBM 的发展速度,2018 年 1BM 总营收将达到 900 亿美元,这意味着来自云计算等新兴业务的营收将占到总营收的约 44%。而 2015 年这部分业务的营收为 20 亿美元,占 930 亿美元总销售额的约 27%。

微软云计算转型初显成效,未来将加速前行。在 2016 年 1 月底微软发布的第二财季的报告来看,微软以 Office 365、Azure 和 Dynamics CRM 为核心的企业级云服务,收入增长了 114%,年收入已达 55 亿美元,显示出强劲的增长态势。事实上,作为一家即将 40 岁的老牌 IT 巨头,微软在减少对 PC 过度依赖的同时,正在努力追赶大数据、移动互联和云计算的浪潮。

2014 年 9 月,Google Enterprise 正式更名为 Google for Work,谷歌希望新的品牌能够再延续 Google Enterprise 服务内容的同时,帮助它向企业客户售出更多的服务。目前,谷歌正在不遗余力地进军云计算市场,公司为此投入了大量资源,并在内部将这一业务视为目前的重心。

亚马逊云计算业务成长迅速。在传统业务不断加强的基础上,同样也在寻找新的营收增长点,云计算无疑是重点所在。如今,亚马逊已经是最大的公有云服务提供商,并在 2014 年与诸多竞争对手打起了云服务的价格战。据悉,自从 AWS 服务推出以来,亚马逊已经进行了 40 次定价调整。可见该领域 IT 厂商之间竞争激烈。

虚拟化起家的公司 VMware,从 2008 年也开始举起了云计算的大旗。VMware 具有坚实的企业客户基础,为超过 19 万家企业客户构建了虚拟化平台,而虚拟化平台正成为云计算的最为重要的基石。没有虚拟化的云计算,绝对是空中楼阁,特别是面向企业的内部云。到目前为止,VMware 已经推出了云操作系统 vSphere、云服务目录构件 vCloud Director、云资源审批管理模块 vCloud Request Manager 和云计费 vCenter Chargeback。VMware 致力于开放式云平台建设,是目前业界唯一一款不需要修改现有的应用就能将数据中心的应用无缝迁移到云平台的解决方案,也是目前唯一提供完善路线图帮助用户实现内部云和外部云连接的厂家。

VMware 和 EMC 宣布计划共同成立新的云服务业务,旨在为客户提供业内最全面的混合云产品组合。这家新的联盟企业将使用 Virtustream 品牌,将 vCloud Air、Virtustream,对象存储和管理云服务融为一体。在 VMworld 2015 大会上，VMware 邀请 3.2 万名客户、合作伙伴和具有影响力的嘉宾齐聚美国旧金山和西班牙巴塞罗那，并发布了一系列新产品、服务和合作伙伴动态，旨在帮助客户业务转型，迎接全新 IT 模式。

VMware 宣布为 VMware vCloud Air 提供新一代公有云产品，包括对象存储服务和全球 DNS 服务。VMware vCloud Air Object Storage 是搭载谷歌云平台和 EMC 非结构化数据的一个高度可扩展、可靠和具成本效益的存储服务。

VMware 宣布了在"云管理平台"的多项重大更新，包括 vRealize Automation 7.0 和 vRealize Business。增强功能包括在整个云端提供以应用为主的网络和安全应用程序，通过单一的控制面板提高透明度和控制 IT 服务的成本和质量。

VMware 为其云原生技术产品提供两个全新项目，旨在满足企业的安全和隔离 IT 要求服务水平协议、数据持久性、网络服务和管理。VMware vSphere Integrated Containers 帮助 IT 团队在本地或在 VMware 的公有云或 vCloud Air 中运行云原生应用。VMware 的 Photor 平台作为运行云原生应用的专用平台。

此外，惠普、英特尔等国际 IT 巨头都成立了自己的数据中心，目的同样是推广云计算技术。

2）国内现状

我国云计算经过多年产业培育期，从产业链成熟度、商业模式，到客户使用习惯等方面，已经具备很好的发展条件。随着各行业领域大数据应用的不断推进，整个云计算行业即将步入爆发期。

云计算在促进大众创业、万众创新方面成效明显。例如，百度开放云平台就聚集了 100 多万开发者，利用百度云的计算能力、数据资源和应用软件等，开发位置导航、影音娱乐、健康管理和信息安全等各类创新应用。几年来，百度云已累计为开发者节约了超过 25 亿元的研发成本。

此外，阿里小贷依托阿里云生态体系和大数据支撑，可以了解把握小微企业的信用程度，已累计为 90 万家小微企业放贷 2300 亿元，为缓解我国小微企业融资难问题做出了积极贡献。云计算已经成为我国社会创新创业的重要基础平台，应用市场需求旺盛，发展前景广阔。

当前，随着"一带一路"经济带的贯通，信息产业势必会随之扩大。云计算是信息产业中的重点领域，在"一带一路"发展过程中将释放较大潜力，未来有望突破万亿元规模。

5.1.3　云计算的优势与劣势

当前很多市场营销以云计算作为卖点，云手机、云电视、云存储等频频冲击着人们的眼球。近年来，各大 IT 巨头们频繁出手，纷纷收购各种软件公司为以后云计算发展打下基础，而且在云计算背景下各大厂家以此作为营销法宝，各种云方案、云功能"纷纷出炉"，一切似乎都预示着人们已进入"云的时代"。

1. 云计算的优势

那么云计算究竟有什么好处呢？为什么各大巨头纷纷出手发展云计算呢？为什么要用云计算？云计算能给人们带来哪些便利？这些都是需要弄明白的问题，下面总结一下云计算的几大优势。

（1）提供便利。如果你的工作需要经常出差，或者有重要的事情需要及时得到处理，那么云计算会给你提供一个全球随时访问的机会，无论你在什么地方，只要登录自己的账户，就可以随时处理公司的文件或亲人的信件。你可以安全地访问公司的所有数据，而不至于仅限 U

盘中有限的存储空间,能让人随时随地都可以享受到跟公司一样的处理文件的环境。

(2)节约硬件成本。前谷歌中国区总裁李开复曾表示,云计算可将硬件成本降低40倍。例如,谷歌如果不采用云计算,每年购买设备的资金将高达640亿美元,而采用云计算后仅需要16亿美元的成本。公司应用云计算情况能为公司节省多少成本会有所差别,但是云计算能节省企业硬件成本已经是个不争的事实,可以使公司的硬件的利用率达到最大化,从而使公司支出进步缩小。

(3)节约软件成本。公司利用云技术将不必为每一个员工购买正版使用权,当使用云计算的时候,只需要为公司购买一个正版使用权就可以了,所有员工都可以依靠云计算技术共同使用该软件。软件即服务已经得到越来越多的人的认可,随着云计算的发展,其节省软件成本的优势将会越来越显著。

(4)节省物理空间。部署云计算后,企业再也不需要购买大量的硬件,同时存放服务器和计算机的空间也被节省出来,在房屋价格不断上涨的阶段,节省企业物理空间无疑会给企业节省更多的费用,大大提升了企业的利润。

(5)实时监控。企业员工可以在全国各地进行办公,只需要一个移动设备就能满足,而通过手机等方式可以对员工工作的具体情况进行监控,对公司的情况进一步了解,在提升员工工作积极性的同时使员工的效率最大化。

(6)企业更大的灵活性。云计算提供给企业更多的灵活性,企业可以根据业务情况决定是否需要增加服务。企业也可以从小做起,用最少的投资来满足自己的需要;而当企业的业务增长到需要增加服务的时候,可以根据自己的情况对服务进行选择性增加,使企业的业务利用性最大化。

(7)减少IT支持成本。简化硬件的数量,消除组织网络和计算机操作系统配置步骤,可以减少企业IT维护人员数量,从而使企业的IT支持成本最小化,使企业工作人员达到最佳状态,而省去庞大的IT维护人员所需要的支持成本无疑就是提升了企业的利润。

(8)使企业更安全。云计算能给企业数据带来更安全的保证,可能很多人并不同意这个观点,但是云计算能给企业带来安全是真实存在的。在我国,IT人员较为缺乏,网络安全人员更是少之又少,在一些企业,很难对计算机的安全做到固若金汤。而云计算则能很好地解决这类问题,服务提供商能够给企业提供最完善、最专业的解决方案,使企业数据安全得到保证。

(9)数据共享。以前人们保存电话号码,通常是手机里面存储一百多个,电话簿上也会存储很多,计算机里面也会存储一些。当有了云计算,数据只要一份(即保存在云端,如云盘),用户的所有电子设备只要连接到互联网,就可以同时访问和使用同一数据。

(10)使生活更精彩。以前在很多情况下人们存储数据是记录在笔记本或者计算机硬盘中,而现在,可以把所有的数据保存在云端。当驾车在外时,只要自己登录所在地区的卫星地图就能了解实时路况,快速查询实时路线,还可以把自己随时拍下的照片传到云端保存,实时发表亲身感受等。可以说云计算带来的好处是非常多的,使我们的生活更精彩。

2. 云计算的劣势

事物都有利弊之分,云计算也不例外。只有充分认识到云计算的优势和劣势,才能更好地应用它。云计算的劣势表现在以下几个方面。

(1)云计算本身还不太成熟。尽管众多云计算厂商把云计算炒得火热,每个厂商推出的云产品和云套件也是琳琅满目、层出不穷,但是都各自为阵,没有统一的平台和标准来规范。用户必须结合自身实际情况在安全性、稳定性等方面慎重考虑。云计算还有很长的路要走,很多地方都得优化。

（2）数据安全性还有待提高。从数据安全性方面看，云计算还没有完全解决这个问题，企业将数据存储在云上还是会考虑其重要性，有区别地对待。

（3）应用软件不够稳定。尽管已有许多云端应用软件供大家使用，但由于网络带宽等原因使用其性能受到影响，相信随着我国信息化的发展，这个问题将迎刃而解。

（4）按流量收费有时会超出预算。将资源和数据存储在云端进行读取的时候，需要的网络带宽是非常庞大的，相应的成本十分巨大，甚至超过了购买存储本身的费用。

（5）自主权降低。客户希望能完全管理和控制自己的应用系统，原来的模式中，每层应用的设置和管理都可以自定义；而换到云平台以后，用户虽然不需要担心基础架构，但也让企业感到了担忧，毕竟现在熟悉的东西突然变成了一个"黑盒"。

5.1.4　云计算分类

1. 按网络结构分类

（1）私有云。私有云是为某个特定用户/机构建立的，只能实现小范围内的资源优化，因此并不完全符合云的本质——社会分工。所以 Openstack 等开源软件带来的私有云繁荣可能只是暂时的，会有越来越多的客户发现廉价的硬件和免费的软件并不是打造私有云的充分条件，精细的管理、7×24 运维所耗去的总成本不比公有云低。而且随着公有云厂商运营能力的进步，这种趋势会越来越明显。托管型私有云在一定程度上实现了社会分工，但是仍无法解决大规模范围内物理资源利用效率的问题，如图 5-3 所示。

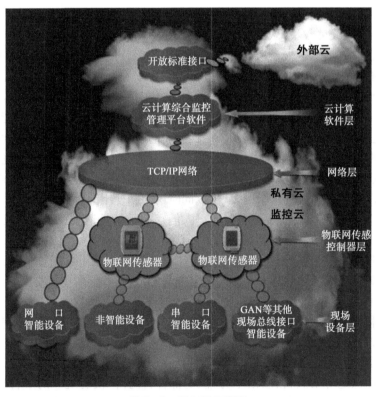

图 5-3　私有云示意图

（2）公有云。公有云是为大众建的，所有入驻用户都称租户，不仅同时有很多租户，而且一个租户离开，其资源可以马上释放给下一个租户，如饭店里一桌顾客走了马上迎来下一桌顾客。公有云是最彻底的社会分工，能够在大范围内实现资源优化。因此，不管道路如何曲折，前途总是光明的。

（3）社区云。社区云是介于公有云、私有云之间的一个形式，每个客户自身都不大，但自身又处于敏感行业，上公有云在政策和管理上都有限制和风险，所以就多家联合做一个云平台。

（4）混合云。混合云是以上几种的任意混合，这种混合可以是计算的、存储的，也可以两者兼有。在公有云尚不完全成熟、而私有云存在运维难、部署实践长、动态扩展难的现阶段，混合云是一种较为理想的平滑过渡方式，短时间内的市场占比将会大幅上升。并且，不混合是相对的，混合是绝对的。在未来，即使不是自家的私有云和公有云做混合，也需要内部的数据与服务与外部的数据与服务进行不断的调用（PaaS 级混合）。并且还有可能，一个大型客户把业务放在不同的公有云上，相当于把鸡蛋放在不同篮子里，不同篮子里的鸡蛋自然需要统一管理，这也算广义的混合，如 5-4 所示。

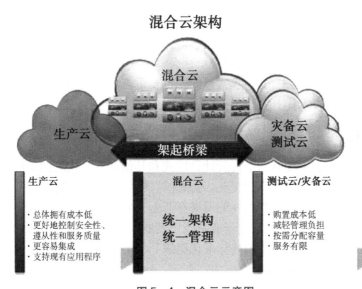

图 5-4　混合云示意图

（5）专有云。专有云相当于是将企业的私有云建立在云服务企业的数据中心，以类似于云托管的方式，在公有云架构上开辟出符合自身业务架构与安全性要求的云平台系统。

2. 按服务类型分类

云计算按照服务类型可分为 Iaas、Paas、Saas 三类。

5.1.5　云计算特点

（1）超大规模。"云"具有相当的规模，Google 云计算已经拥有 100 多万台服务器，Amazon、IBM、微软、Yahoo 等的"云"均拥有几十万台服务器。企业私有云一般拥有数百上千台服务器。"云"能赋予用户前所未有的计算能力。

（2）虚拟化。云计算支持用户在任意位置、使用各种终端获取应用服务。所请求的资源来自"云",而不是固定的有形的实体。应用在"云"中某处运行,但实际上用户无需了解、也不用担心应用运行的具体位置。

(3) 高可靠性。"云"使用数据多副本容错、计算节点同构可互换等措施来保障服务的高可靠性,使用云计算比使用本地计算机可靠。

(4) 通用性。云计算不针对特定的应用,在"云"的支撑下可以构造出千变万化的应用,同一个"云"可以同时支撑不同的应用运行。

(5) 高可扩展性。"云"的规模可以动态伸缩,满足应用和用户规模增长的需要。

(6) 按需服务。"云"是一个庞大的资源池,按需购买;云可以像自来水、电、煤气那样计费。

(7) 极其廉价。由于"云"的特殊容错措施,可以采用极其廉价的节点来构成云,"云"的自动化集中式管理使大量企业无需负担日益高昂的数据中心管理成本,"云"的通用性使资源的利用率较之传统系统大幅提升。因此,用户可以充分享受"云"的低成本优势,经常只要花费几百美元、几天时间就能完成以前需要数万美元、数月时间才能完成的任务。

(8) 潜在的危险性。云计算服务除了提供计算服务外,还提供了存储服务。但是云计算服务当前垄断在私人机构(企业)手中,而他们仅仅能够提供商业信用。对于政府机构、商业机构(特别像银行这样持有敏感数据的商业机构)对于选择云计算服务应保持足够的警惕。一旦商业用户大规模使用私人机构提供的云计算服务,无论其技术优势有多强,都不可避免地让这些私人机构以"数据(信息)"的重要性挟制整个社会。

云计算可以彻底改变人们未来的生活,但同时也要重视环境问题,这样才能真正为人类进步做贡献,而不是简单的技术提升。

5.1.6　云计算架构

掌握云计算架构,有利于理解和掌握云计算模式和其他计算模式之间的区别和联系、云服务和云用户等角色之间的分工、合作和交互,为云计算提供者和开发者搭建了一个基本的技术实现参考模型,对于推动云计算及其产业的发展有非常重要的意义。

云计算标准化工作作为推动云计算产业及应用发展以及行业信息化建设的重要基础性工作之一,近年来受到各国政府以及国内外标准化组织和协会的高度重视。

1. 云计算架构

本节介绍国家标准《信息技术云计算参考架构》模型,该模型展示了云计算模式和其他计算模式之间的区别和联系,同时展示了不同角色之间的分工、合作和交互,为云计算提供者和开发者搭建了一个基本的技术实现参考模型。采用该国家标准等同采用国际标准 ISO/IEC17789《信息技术云计算参考架构》(Cloud Computing Reference Architecture,CCRA)。

CCRA 从用户、功能、实现和部署四个不同的视角描述了云计算,如图 5-5 所示。

CCRA 包含了详细的用户视角和功能视角,并未包含实现视角和部署视角的具体介绍。用户视角涉及云计算活动、角色和子角色、参与方、云服务类别、云部署模型和共同关注点等概念。其中,角色是一组具有相同目标的云计算活动的集合,包括云服务客户、云服务提供者、云服务协作者。如表 5-1 所示,展示了云计算角色及其包含的子角色与活动。

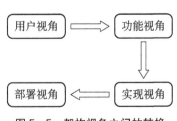

图 5-5　架构视角之间的转换

表 5-1 CCRA 角色、子角色和活动

角色	子角色	活动
云服务客户	云服务管理者	* 执行服务测试 * 监控服务 * 管理安全策略 * 提供计费和使用量报告 * 处理问题报告 * 管理租户
	业务管理者	* 执行业务管理 * 选择和购买服务 * 获取审计报告
	云服务集成者	连接 ICT 系统和云服务
云服务提供者	云服务运营管理者	* 准备系统 * 监控和管理服务 * 管理资产和库存 * 提供审计数据
	云服务部署管理者	* 定义环境和流程 * 定义度量指标的收集 * 定义部署步骤
	云服务管理者	* 提供服务 * 部署和配置服务 * 执行服务水平管理
	云服务业务管理者	* 管理提供云服务的业务计划 * 管理客户关系 * 管理财务流程
	客户支持和服务代表	监控客户请求
	跨云提供者	* 管理同级的云服务 * 执行云服务的调节、聚集、仲裁、互连或者联合
	云服务安全和风险管理者	* 管理安全和风险 * 设计和实现服务的连续性 * 确保依从性
	网络提供者	* 提供网络连接 * 交付网络服务 * 提供网络管理
云服务协作者	云服务开发者	* 设计、创造和维护服务组件 * 组合服务 * 测试服务
	云审计者	* 执行审计 * 报告审计结果
	云服务代理者	* 获取和评估客户 * 选择和购买服务 * 获取审计报告

CCRA 还有一个很重要的概念就是共同关注点，共同关注点指的是需要在不同角色之间协调、在云计算系统中一致实现的行为或能力。共同关注点包含可审计性、可用性、治理、互操作性、维护和版本控制、性能、可移植性、隐私、法规、弹性、可复原性、安全服务水平和服务水平

协议等。

2. 云计算的功能架构

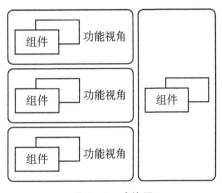

图 5-6 功能层

CCRA 认为云计算功能架构是用一组高层的功能组件来描述云计算,功能组件代表了为执行与云计算相关的各种角色和子角色的云计算活动的功能集合。

功能架构通过分层框架来描述组件。在分层框架中,特定类型的功能被分组到各层中,相邻层次的组件之间通过接口交互。功能视图涵盖了功能组件,功能层和跨层功能等云计算概念,如图 5-6 所示。

CCRA 的分层框架包括四层和一个跨越各层的跨层功能集合。四层分别是用户层、访问层、服务层和资源层,跨越各层的功能集合称为跨层功能。分层框架及 CCRA 功能组件如图 5-7 所示。

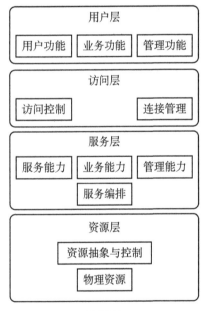

(a) 层次框架

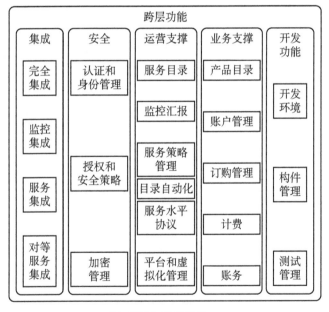

(b) CCRA 功能组件

图 5-7 云计算层次框架及 CCRA 功能组件

3. 云计算体系结构

云计算平台是一个强大的"云"网络,连接了大量并发的网络计算机和服务,可利用虚拟化技术扩展每一个服务器的能力,将各自的资源通过云计算平台结合起来,提供超级计算和存储能力。云计算体系结构如图 5-8 所示。

(1)云用户端。提供云用户请求服务的交互界面,也是用户使用云的入口,用户通过 Wed 浏览器可以注册、登录及定制服务、配置和管理用户。打开应用实例与本地操作桌面系统一样。

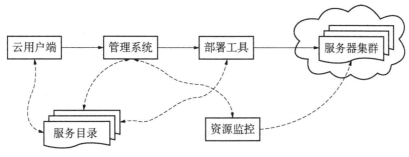

图 5-8　云计算体系结构

（2）服务目录。云用户在取得相应权限（付费或其他限制）后可以选择或定制的服务列表，也可以对已有服务进行退订的操作，在云用户端界面生成相应的图标或列表的形式展示相关的服务。

（3）管理系统和部署工具。提供管理和服务，能管理云用户，对用户授权、认证、登录进行管理，并可以管理可用计算资源和服务，接收用户发送的请求。根据用户请求并转发到相应的程序，调度资源智能地部署资源和应用，动态地部署、配置和回收资源。

（4）监控。监控和计量云系统资源的使用情况，以便做出迅速反应，完成节点同步配置、负载均衡配置和资源监控，确保资源能顺利分配给合适的用户。

（5）服务器集群。虚拟的或物理的服务器，由管理系统管理，负责高并发量的用户请求处理、大运算量计算处理、用户 Web 应用服务，云数据存储时利用相应数据切割算法采用并行方式上传和下载大容量数据。

用户可以通过云用户端从列表中选择所需要的服务，其请求通过管理系统调度相应的资源，并通过部署工具分发请求、配置 Web 应用。

4. 云计算服务层次

云计算中，根据其服务集合所提供的服务类型，整个云计算服务集合被划分成应用层、平台层、基础设施层和虚拟化层。这四个层次每一层都对应着一个子服务集合，云计算服务层次如图 5-9 所示。

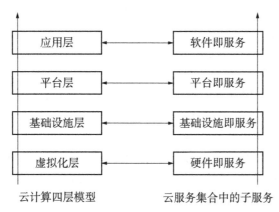

图 5-9　云计算服务层次

云计算的服务层次是根据服务类型（即服务集合）划分的，与大家熟悉的计算机网络体系结构中层次的划分不同。在计算机网络中每个层次都实现一定的功能,层与层之间有一定关联。而云计算体系结构中的层次是可以分割的,即某一层次可以单独完成一项用户的请求而不需要其他层次为其提供必要的服务和支持。

在云计算服务体系结构中各层次与相关云产品对应:①应用层对应 SaaS 软件即服务,如 Google APPS、Soft ware＋Services;②平台层对应 PaaS 平台即服务,如 IBM IT Factory、Google APP Engine、Force. Com;③基础设施层对应 laaS 基础设施即服务,如 Amazon Ec. 2、IBM Blue Cloud、Sun Grid;④虚拟化层对应硬件即服务结合 PaaS 提供硬件服务,包括服务器集群及硬件检测等服务。

5. 云计算技术层次

云计算技术层次和云计算服务层次不是一个概念,后者从服务的角度来划分云的层次,主要突出了云计算带来什么服务,而云计算的技术层次主要从系统属性和设计思想角度来说明,是对软硬件资源在云计算技术中所充当角色的说明。从云计算技术角度来分,云计算由四部分构成:物理资源、虚拟化资源、服务管理中间件和服务接口,如图 5-10 所示。

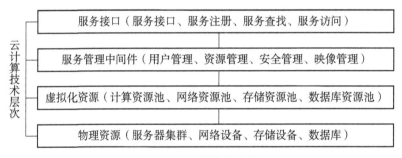

图 5-10 云计算技术层次

(1)服务接口。统一规定了在云计算时代使用计算机的各种规范、云计算服务的各种标准等,用户端与云端交互操作的入口可以完成用户或服务注册及对服务的定制和使用。

(2)服务管理中间件。在云计算技术中,中间件位于服务和服务器集群之间,提供管理和服务,即云计算体系结构中的管理系统。对标识、认证、授权、目录和安全性等服务进行标准化和操作,为应用提供统一的标准化程序接口和协议,隐藏底层硬件、操作系统和网络的异构性,统一管理网络资源。其用户管理包括用户身份验证、用户许可和用户定制管理;资源管理包括负载均衡、资源监控和故障检测等;安全管理包括身份验证、访问授权、安全审计和综合防护等;映像管理包括映像创建、部署和管理等。

(3)虚拟化资源。虚拟化资源指一些可以实现一定操作,具有一定功能,但其本身是虚拟而不是真实的资源,如计算池、存储池和网络池、数据库资源等,通过软件技术来实现相关的虚拟化功能,包括虚拟环境、虚拟系统和虚拟平台。

(4)物理资源。物理资源主要指能支持计算机正常运行的一些硬件设备及技术,可以是价格低廉的 PC,也可以是价格昂贵的服务器及磁盘阵列等设备。可以通过现有网络技术和并行技术、分布式技术将分散的计算机组成一个能提供超强功能的集群,用于计算和存储等云计算操作。在云计算时代,本地计算机可能不再像传统计算机那样需要空间足够的硬盘、大功率的处理器和大容量的内存,只需要一些必要的硬件设备,如网络设备和基本的输入输出设备等。

思政视窗

不断做强做优做大我国数字经济
习近平

　　近年来,互联网、大数据、云计算、人工智能、区块链等技术加速创新,日益融入经济社会发展各领域全过程,各国竞相制定数字经济发展战略、出台鼓励政策,数字经济发展速度之快、辐射范围之广、影响程度之深前所未有,正在成为重组全球要素资源、重塑全球经济结构、改变全球竞争格局的关键力量。

　　长期以来,我一直重视发展数字技术、数字经济。2000 年我在福建工作期间就提出建设"数字福建",2003 年在浙江工作期间又提出建设"数字浙江"。党的十八大以来,我多次强调要发展数字经济。2016 年在十八届中央政治局第三十六次集体学习时强调要做大做强数字经济、拓展经济发展新空间;同年在二十国集团领导人杭州峰会上首次提出发展数字经济的倡议,得到各国领导人和企业家的普遍认同;2017 年在十九届中央政治局第二次集体学习时强调要加快建设数字中国,构建以数据为关键要素的数字经济,推动实体经济和数字经济融合发展;2018 年在中央经济工作会议上强调要加快 5G、人工智能、工业互联网等新型基础设施建设;2021 年在致世界互联网大会乌镇峰会的贺信中指出,要激发数字经济活力,增强数字政府效能,优化数字社会环境,构建数字合作格局,筑牢数字安全屏障,让数字文明造福各国人民。

　　党的十八大以来,党中央高度重视发展数字经济,将其上升为国家战略。党的十八届五中全会提出,实施网络强国战略和国家大数据战略,拓展网络经济空间,促进互联网和经济社会融合发展,支持基于互联网的各类创新。党的十九大提出,推动互联网、大数据、人工智能和实体经济深度融合,建设数字中国、智慧社会。党的十九届五中全会提出,发展数字经济,推进数字产业化和产业数字化,推动数字经济和实体经济深度融合,打造具有国际竞争力的数字产业集群。我们出台了《网络强国战略实施纲要》《数字经济发展战略纲要》,从国家层面部署推动数字经济发展。这些年来,我国数字经济发展较快、成就显著。根据 2021 全球数字经济大会的数据,我国数字经济规模已经连续多年位居世界第二。特别是新冠肺炎疫情暴发以来,数字技术、数字经济在支持抗击新冠肺炎疫情、恢复生产生活方面发挥了重要作用。

　　同时,我们要看到,同世界数字经济大国、强国相比,我国数字经济大而不强、快而不优。还要看到,我国数字经济在快速发展中也出现了一些不健康、不规范的苗头和趋势,这些问题不仅影响数字经济健康发展,而且违反法律法规、对国家经济金融安全构成威胁,必须坚决纠正和治理。

　　综合判断,发展数字经济意义重大,是把握新一轮科技革命和产业变革新机遇的战略选择。一是数字经济健康发展,有利于推动构建新发展格局。构建新发展格局的重要任务是增强经济发展动能、畅通经济循环。数字技术、数字经济可以推动各类资源要素快捷流动、各类市场主体加速融合,帮助市场主体重构组织模式,实现跨界发展,打破时空限制,延伸产业链条,畅通国内外经济循环。二是数字经济健康发展,有利于推动建设现代化经济体系。数据作为新型生产要素,对传统生产方式变革具有重大影响。数字经济具有高创新性、强渗透性、广覆盖性,不仅是新的经济增长点,而且是改造提升传统产业的支点,可以成为构建现代化经济体系的重要引擎。三是数字经济健康发展,有利于推动构筑国家竞争新优势。当今时代,数字技术、数字经济是世界科技革命和产业变革的先机,是新一轮国际竞争重点领域,我们一定要抓住先机、抢占未来发展制高点。

(来源:《求是》,2022/02)

5.2 云计算的服务类型

当今 IT 信息时代,云计算激流勇进,稳步发展都离不开云计算服务,按照服务类型云服务分为基础设施即服务、平台即服务和软件即服务。

1. 软件即服务(SaaS)

SaaS 是指用户获取软件服务的一种新形式。它不需要用户将软件产品安装在自己的电脑或服务器上,而是按某种服务水平协议直接通过网络向专门的提供商获取自己所需要的、带有相应软件功能的服务。本质上而言,SaaS 就是软件服务提供商为满足用户某种特定需求而提供其消费的软件的计算能力。

SaaS 有各种典型的应用,如在线邮件服务、网络会议、网络传真、在线杀毒等各种工具型服务,还有在线 CRM、在线 HR、在线进销存、在线项目管理等各种管理型服务。SaaS 在人力资源软件应用中也比较普遍,甚至已经开始向 ERP 领域拓展,如 Workday。

2. 平台即服务(PaaS)

PaaS 是指将一个完整的计算机平台,包括应用设计、应用开发、应用测试和应用托管,都作为一种服务提供给客户。在这种服务模式中,客户不需要购买硬件和软件,只需要利用 PaaS 平台,就能够创建、测试和部署应用和服务,与基于数据中心的平台进行软件开发相比,费用要低得多,这是 PaaS 的最大价值所在。

PaaS 自身不仅拥有很好的市场应用前景,而且能够推进 SaaS,并与其共同发展。对于想进入 SaaS 领域的提供商而言,PaaS 降低了他们开发和提供 SaaS 服务的门槛。而对于已经在提供 SaaS 服务的提供商而言,PaaS 可以帮助部分提供商进行产品多元化和产品定制化服务,让更多的 ISV 成为其平台的客户,从而开发出基于平台的多种 SaaS 应用,使其成为多元化软件服务供货商。相对于传统的软件,SaaS 解决方案有明显的优势,包括较低的前期成本、便于维护、快速展开使用等。

3. 基础设施即服务(Iaas)

IaaS 是指企业或个人可以使用云计算技术来远程访问计算资源,包括计算、存储以及应用虚拟化技术所提供的相关功能。无论是最终用户、SaaS 提供商还是 PaaS 提供商都可以从基础设施服务中获得应用所需的计算能力,但却无需对支持这一计算能力的基础 IT 软硬件付出相应的原始投资成本。

5.2.1 基础设施即服务

基础设施即服务是指用户通过 Internet 可以获得 IT 基础设施硬件资源,并可以根据用户资源使用量和使用时间进行计费的一种能力和服务。提供给消费者的服务是对所有计算基础设施的利用,包括 CPU、内存、存储、网络等计算资源,用户能够部署和运行任意软件,包括操作系统和应用程序。消费者不管理或控制任何云计算基础设施,但能控制操作系统的选择、存储空间、部署的应用,也有可能获得有限制的网络组件(例如路由器、防火墙、负载均衡器等)的控制。

1. IaaS 的作用

(1)用户可以从供应商那里获得需要的虚拟机或者存储等资源来装载相关的应用,同时这些基础设施繁琐的管理工作将由 IaaS 供应商来处理。

(2)IaaS 能通过虚拟机支持众多的应用。IaaS 主要的用户是系统管理员。

2. IaaS 的特征

(1)以服务的形式提供虚拟的硬件资源。

(2)用户不需要购买服务器、网络设备、存储设备,只需要通过互联网租赁即可。

3. IaaS 的优势

(1)节省费用。节省大量设施设备购置、管理和维护的费用。

(2)灵活,可随时扩展和收缩资源。用户可根据业务需求增加和减少所需虚拟化资源。

(3)安全可靠。专业的厂商(云服务商)管理 IT 资源比用户单位自行管理很多时候更专业、更可靠。

(4)让客户从基础设施的管理活动中解放出来,专注核心业务的发展。

4. IaaS 的应用方式

美国《纽约时报》使用成百上千台亚马逊弹性云计算虚拟机在 36 小时内处理 TB 级的文档数据。如果没有亚马逊提供的计算资源,《纽约时报》处理这些数据将要花费数天或者数月的时间,采用 IaaS 方式大大提高了处理效率,降低了处理成本。

IaaS 通常分为三种用法:公有云、私有云的和混合云。

亚马逊弹性云在基础设施中使用公共服务器池(公有云);更加私有化的服务会使用企业内部数据中心的一组公用或私有服务器池(私有云);如果在企业数据中心环境中开发软件,那么公有云、私有云都可以使用(混合云),而且使用弹性计算云临时扩展资源的成本也很低,如开发和测试,综合使用两者可以更快地开发应用程序和服务,缩短开发和测试周期。

5. IaaS 主要服务商

1)服务商选择考虑因素

选择云计算基础设施服务商(如 VMware、微软、IBM 或 HP)时,用户应结合自身业务发展需求选择有利于可持续发展的服务商提供基础设施服务,并考虑以下因素。

(1)服务商是否有明确云计算战略。

(2)服务商所提供的服务是否满足用户需求且不会突破预算。

(3)服务商能否提供创新产品,即其产品应能与其他厂商的云计算平台实现互操作。

需要强调的是,如果没有一家服务商满足用户需要,选择构建私有云的代价是昂贵的,用户如果不经过深思熟虑和产品调研比较,所面临的风险将是受制于某一厂商而无法脱身。

2)国外主要服务商

(1)VMware。VMware 公司无疑是云计算领域的推动者,为公有云和私有云计算平台搭建提供软件,如 vSphere 系列软件为云平台的搭建提供了全方位支持。

(2)微软。众所周知,微软公司已全面向云计算转变,Windows Azure 是微软的平台即服务产品,Windows server 2008、Hyper-V 等都提供云计算支持。

(3)IBM。IBM 提供了 Cloud Burst 私有云产品和 Smart Cloud 公有云产品。

(4)Open Stack。Open Stack 是美国国家航空航天局和 Rackspace 合作研发,以 pache

许可证授权的一个自由软件和开放源代码项目。

（5）Amazon EC2。Amazon EC2 是亚马逊的 Web 服务产品之一，其利用其全球性的数据中心网络，为客户提供虚拟主机服务，让用户可以租用数据中心运行的应用系统。

（6）Google Compute Engine(GCE)。GCE 是一个 IaaS 平台，其架构与驱动 Google 服务的架构一样，开发者可以在这个平台上运行 Linux 虚拟机，获得云计算资源、高效的本地存储，通过 Google 网络与用户联系，得到更强大的数据运算能力。

3）国内主要服务商

百度、阿里巴巴、腾讯和盛大被誉为国内云计算"四大金刚"。

（1）百度。通过百度可在互联网上找到需要的信息，也可申请成为百度用户，使用其提供的云盘，申请使用云主机和开发平台。百度已成为人们网络生活不可缺少的工具。

（2）阿里巴巴。在 2009 年，阿里巴巴宣布成立"阿里云"子公司，该公司专注于云计算领域的研发。"阿里云"也成为继阿里巴巴、淘宝、支付宝、阿里软件、中国雅虎之后阿里巴巴集团第八家子公司。阿里云的目标是打造互联网数据分享的第一平台，成为以数据为中心的先进的云计算服务公司，现在可在阿里云上申请云服务器、云数据、云安全等多项服务。

（3）腾讯。腾讯是国内最大社交平台之一，QQ、微信用户都是腾讯公司的客户。腾讯公司在云计算领域不吝重金建设数据中心向全世界提供各类云服务。

（4）世纪互联。世纪互联在 2008 年初开始探索 IaaS，并推出了现今通用的"云主机"，2009 年初推出云主机 beta 版，2009 年底重组为云快线，2010 年底推出云主机 2.0，同时推出微软公司 Office 365 等云服务产品。

此外，国内知名的云服务商还有 360、万网、鹏博士、中国电信、中国联通和中国移动等。

5.2.2　平台即服务

平台即服务是把服务器平台或开发环境作为一种服务提供给客户的一种云计算服务。在云计算的典型层级中，平台即服务层介于软件即服务与基础设施即服务之间。平台即服务是一种不需要下载或安装即可通过互特网发送操作系统和相关服务的模式。由于平台即服务能够将私人计算机中的资源转移至网络，有时它也被称为"云件"（cloudware）。平台即服务是软件即服务的延伸。

平台即服务可供用户将基础设施部署与创建至客户端，或者借此获得使用编程语言、程序库与服务。用户不需要管理与控制基础设施，包含网络、服务器、操作系统或存储，但需要控制上层的应用程序部署与应用代管的环境。用户或者厂商基于 PaaS 平台可以快速开发自己所需要的应用和产品，如图 5-11 所示。

（1）Paas 的功能：①友好的开发环境。通过提供 SDK 和 IDE 等工具让用户能在本地方便地进行应用的开发和测试。②丰富的服务。PaSS 平台会以 API 的形式将各种各样的服务提供给上层的应用。③自动的资源调度。也就是可伸缩这个特性，它不仅能优化系统资源，而且能自动调整资源来帮助运行于其上的应用更好地应对突发流量。④精细的管理和监控。通过 PaSS 能够提供应用层的管理和监控，来更好地衡量应用的运行状态，还能够通过精确计量应用使用所消耗的资源来更好地计费。⑤服务于主要用户。应用 PaaS 用户可以非常方便地编写应用程序，而且无论是在部署还是在运行的时候，用户不需要为服务器、操作系统、网络和存储等资源的管理操心，这些繁琐的工作都由 PaSS 供应商负责处理。PaSS 主要的用户是开发人员。

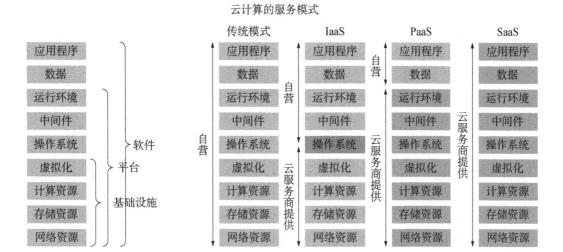

图 5 - 11 云计算的服务模式

（2）PaaS 的特点：①按需要服务；②方便的管理与维护；③按需计费；④方便的应用部署。

（3）PaaS 的优势：①开发简单；②部署简单；③维护简单。

5.2.3 软件即服务

软件即服务是随着互联网技术的发展和应用软件的成熟，兴起的一种完全创新的软件应用模式，如图 5 - 12 所示。它是一种通过互联网提供软件的模式，服务商（厂商）将应用软件统一部署在自己的服务器上，客户可以根据自己的实际需求，通过互联网向厂商定购所需要的应用软件服务，按定购的服务多少和时间长短向厂商支付费用，并通过互联网获得厂商提供的服务。用户不用再购买软件，而改用向服务提供商租用基于 Web 的软件来管理企业经营活动，且不用对软件进行维护，服务提供商会全权管理和维护软件。软件厂商在向客户提供互联网应用的同时，也提供软件的离线操作和本地数据存储功能，让用户随时随地都可以使用其定购的软件和服务。对于许多小型企业来说，SaaS 是采用先进技术的最好途径，它消除了企业购买、构建和维护基础设施和应用程序的需要。

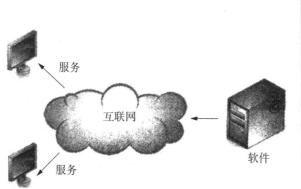

图 5 - 12 软件即服务示意图

SaaS 应用软件的价格通常为"全包"费用,囊括了常用的应用软件许可证费、软件维护费以及技术支持费,将其统一为每个用户的月度租用费。对于广大中小型企业来说是采用先进技术实施信息化的最好途径。但 SaaS 绝不仅仅适用于中小型企业,所有规模的企业都可以从 SaaS 中获利。

(1) SaaS 的功能:①随时随地访问。在任何时候或者任何地点,只要连上网络,用户就能访问 SaaS 服务。②支持公开协议。通过支持公开协议(例如 HTML4/5),能够方便用户使用。③安全保障。SaaS 供应商需要提供一定的安全机制,不仅要使存储在云端的用户数据处于绝对安全的环境,而且要在客户端实施一定的安全机制(例如 HTTPS)来保护用户。④多租户机制。通过多租户机制,不仅能更经济地支撑庞大的用户规模,而且能提供一定的可定制性以满足用户的特殊需求。

(2) SaaS 特点:①在中小企业盛行;②不用管理软硬件;③服务主要是通过浏览器实现。

(3) SaaS 的优势:①软件租赁。用户按使用时间和使用规模付费。②绿色部署。用户不需要安装,打开浏览器即可运行。③不需要额外的服务器硬件。④软件(应用服务)按需订制。

(4) SaaS 的一些应用:①SaaS 主要在 CRM 软件领域应用广泛;②在进销存、物流软件等上的应用;③更广义的是工具化 SaaS,如视频会议租用等、企业邮箱等成为 SaaS 的主要应用。

需要强调的是,随着技术发展和商业模式的创新,SaaS 定义范围会更宽泛,不仅包括企业在线管理软件(CRM/EPR/SCM,人力资源管理),而且包括企业在线办公系统、在线营销系统、在线客服系统和在线调研系统等,以满足客户的不同需求。在线管理软件偏重于企业管理需求,其他在线软件偏重于办公、营销、推广和交流等需求。SaaS 的应用将不断推动软件开发、企业管理模式的创新。

思政视窗

用云计算敲开数字经济大门

云计算不只是一个工具、一项技术,也是一种数字经济时代的创新范式,可以对各个产业进行全新赋能,从过去到未来也许不是线性的,可以通过云计算等新技术创造新的游戏规则,实现"换道超车"。

工作人员说"请打开电视",音箱回复"马上为您打开电视",电视屏幕瞬间闪亮……在位于北京望京的阿里中心,工作人员向我们展示了智能音箱的技术功能。这样一个智能音箱,可以与更多家用电器实现智能连接,形成服务于智慧家庭、智慧酒店、智慧养老的生态体系。而其中关键,就是云计算平台。

简单理解,云计算就是大数据的处理平台。大数据不会自动产生价值,通过云计算处理、分析之后才能创造价值。在阿里云采访,我们才发现,云计算并不神秘,其实一直在身边。2018 年天猫"双 11"期间,智能海报设计机器人"鹿班"为 20 万商家设计近 600 万张图片;12306 网站把访问量最大的查询业务分担到阿里云上,查询能力可以达到每秒 40 万次。而在满眼葱茏的生菜种植大棚,云计算系统根据农作物情况实时调整水肥用量,既节约了水资源,也提高了种植效率。

阿里巴巴集团副总裁刘松谈到,互联网创新发展与新工业革命形成历史性交汇,互联网开始由消费领域向生产领域、由虚拟经济向实体经济延伸。通过云计算,可以用消费端的大数据逆向优化生产端的产品制造,实现规模化的柔性生产、定制化生产。2018 年俄罗斯世界杯前夕,主办方发现无法在短时间内生产出超大批量的吉祥物,正是通过阿里云的工业互联网平台,迅速整合 30 多家制造商,赶制完成了数十万个世界杯吉祥物。由数字技术和云计算连接起来的消费端和生产端,其交互不再是一次性的,而是动态的、实时的,消费端的反馈可以随时随地传递到生产端,从而以消费升级带动供给升级、制造升级。

在阿里云参观,"线"是一个贯穿现实与虚拟的意象。在数据中心,我们看到一根根网线将服务器连成整体;在展示台上,我们看到虚拟的线把无数节点连成网络。这就像云计算的一个隐喻。未来经济将不断数据化、智能化,而云计算正是数据化与智能化的基础设施,是人工智能在各行业大规模应用的底座和桥梁。有这样一个直观的案例:一家石化企业通过云计算对锅炉的数百个参数进行分析与工业智能应用,在不增加物理设备的前提下,达到分钟级别的动态参数优化,从而降低单位能耗。这一能耗降低的模式,可以逐步推广到各种类型的工业锅炉。可以说,云计算不只是一个工具、一项技术,也是一种数字经济时代的创新范式,可以对各个产业进行全新赋能。

阿里云智能研究中心调研了上百家企业,对云计算的赋能潜力有切身体会。研究人员举了一个"反常识"的案例:申洲国际是一家服装代工企业,在人们印象中似乎属于附加值较低的产业,但得益于大数据等数字技术的赋能,对小批量、多批次的市场需求能够实时响应,实现了高利润、高增长和高市值。这说明,代工企业的未来不只有打造自主品牌一条路,还可以通过数字技术赋能提高生产效率,成为"隐形冠军"。云计算带来的是游戏规则的改变,是全新的可能性。研究人员还列举了更多的前沿应用,比如说,通过云计算搭建虚拟实验平台,未来飞机制造、药品制造等可以在虚拟环境完成检测;比如说,未来随着自动驾驶技术成熟,汽车的形态也可能发生新的变化。这都说明,从过去到未来也许不是线性的,可以通过云计算等新技术创造新的游戏规则,实现"换道超车"。

全球新一轮科技革命和产业变革将使得全球经济格局重新洗牌,而云计算作为数据化和智能化的基础设施,正是抓住这轮机遇的重要内容。阿里云展示的一张 PPT 意味深长:2018年全球前二十大互联网企业中,目前中国拥有 9 家,几乎与美国平分秋色。正如刘松所言,中国还有一个认知优势,就是改革开放 40 多年的高速增长,让中国人接受了"新即是好"的价值观。未来已来,相信中国能够更好地敲开数字经济的大门。

(来源:《人民日报》,2019 年 03 月 18 日 05 版)

5.3　云计算的应用场景

5.3.1　云计算与移动互联网

移动互联网是指以宽带 IP 为技术核心,可同时提供语音、数据和多媒体等业务服务的开放式基础电信网络。从用户行为角度来看,移动互联网广义上是指用户可以使用手机、笔记本电脑等移动终端,通过无线移动网络接入互联网;狭义上是指用户使用手机终端,通过无线通信方式访问采用 WAP 协议的网站。

1. 助力移动互联网的发展

IT 和电信技术加快融合的进程,云计算就是一个契机,移动互联网则是一个重要的领域。根据摩根士丹利的报告,移动设备将成为不断发展的云服务的远程控制器,以云为基础的移动连接设备无论是数量还是类型都在快速增长。

云计算为移动互联网的发展注入强大的动力。移动终端设备一般说来存储容量较小、计算能力不强，云计算将应用的"计算"与大规模的数据存储从终端转移到服务器端，从而降低了对移动终端设备的处理需求。这样移动终端主要承担与用户交互的功能，复杂的计算交由云端（服务器端）处理，终端不需要强大的运算能力即可响应用户操作，保证用户有良好使用体验，从而实现云计算支持下的 SaaS。

云计算降低了对网络的要求。例如，用户需要插卡某个文件时，不需要将整个文件传送给用户，只需要根据需求发送用户需要查看的部分内容。由于终端不感知应用的具体实现，扩展应用变得更加容易，应用在强大的服务器端实现和部署，并以统一的方式（如通过浏览器）在终端实现与用户的交互，因此为用户扩展更多的应用变得更为容易。

2. 移动互联网云计算的挑战

未来的云生态系统将从"端""管"和"云"三个层面展开。"端"指的是接入终端设备，"管"指的是信息传输的管道，"云"指的是服务提供网络。具体到移动互联网上，"端"指的是手机 MD 等移动接入的终端设备，"管"指的是（宽带）无线网络，"云"指的是提供各种服务和应用的内容网络。

由于自身特性和无线网络与设备的限制，实现移动互联网云计算面临诸多挑战。尤其是在多媒体互联网应用和身临其境的移动环境中。例如，在线游戏和增强现实技术都需要较高的处理能力和最小的网络延迟。对于一个给定的应用要运行在云端，宽带无线网络一般需要更长的执行时间，而且网络延迟的难题可能会让人们觉得某些应用和服务不适合通过移动云计算来完成。总体而言，较为突出的挑战如下。

1）可靠的无线连接

移动云计算将被部署在具有多种不同的无线访问环境中，如 GPRS、LTE 和 WLAN 等接入技术。无论何种接入技术，移动云计算都要求无线连接具有以下特点。

（1）需要一个"永远在线"的连接保证云端控制通道的传输。

（2）需要一个"按需"可扩展链路带宽的无线连接。

（3）需要考虑能源效率和成本，进行网络选择。

移动云计算最严峻的挑战可能是如何一直保证无线连接，以满足移动云计算在可扩展性、可用性、能源和成本效益方面的要求。因此，接入管理是移动云计算非常关键的一面。

2）弹性的移动业务

就最终用户而言，怎样提供服务并不重要。移动用户需要的是云移动应用商店。但是和下载到最终用户手机上的应用程序不同，这些应用程序需要在设备上和云端启动，并根据动态变化的计算环境和使用者的喜好在终端和云之间实现迁移。用户可以使用手机浏览器接入服务。总之，由于较低的 CPU 频率、小内存和低供电的计算环境，这些应用程序有很多限制。

3）标准化工作

尽管云计算有很多优势，如无限的可扩展性、总成本的降低、投资的减少、用户使用风险的减少和系统自动化等，但还是没有公认的开放标准用于云计算。不同的云计算服务提供商之间仍不能实现可移植性和可操作性，阻碍了云计算的广泛部署和快速发展。客户不愿意以云计算平台代替目前的数据中心和资源，因为云计算平台依然存在一系列未解决的技术问题。

（1）有限的可扩展性。大多数云计算服务提供商（Cloud Computing Service Provider，CCSP）声称它们可以为客户提供无限的可扩展性，但实际上随着云计算的广泛使用和用户的快速增长,CCSP 很难满足所有用户的要求。

(2) 有限的可用性。服务关闭的事件在 CCSP 中经常发生,包括 Amazon、Google 和软件。对于一个 CCSP 服务的依赖会因服务发生故障而遇到瓶颈障碍,因为一个 CCSP 的应用程序不能迁移到另一个 CCSP 上。

(3) 服务提供者的锁定。便携性的缺失使得 CCSP 之间的数据、应用程序传输变得不可能。因此,客户通常会锁定在某个 CCSP 服务。而开放云计算联盟(Open Cloud Computing Federation, OCCF)使整个计算市场公平化,允许小规模竞争者进入市场,从而促进创新和活力。

(4) 封闭的部署环境服务。目前,应用程序无法扩展到多个 CCSP,因为两个 CCSP 之间没有互操作性。

3. 移动互联网云计算产业链

移动互联网是移动通信宽带化和宽带互联网移动化交互发展的产物,它从一开始就打破了以电信运营商为主导和核心的产业链结构,终端厂商、互联网巨头、软件开发商等多元化价值主体加入移动互联网产业链,使得整个价值不断分裂、细分,如图 5-13 所示。价值链中的高利润区由中间(电信运营商)向两端(需求识别与产品创意、用户获取与服务)转移,产业链上的各方都积极向两端发展,希望占据高利润区域。

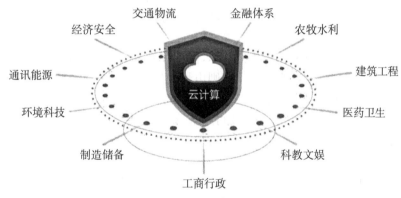

图 5-13　云计算产业链

具体来说,内容提供商/服务提供商(CP/SP)发展迅速,但尚未具备掌控产业链的能力。互联网和 IT 巨头以手机操作系统为切入点,联合终端产商高调进入移动互联网产业终端。厂商通过"终端＋服务"的方式强势介入并积极布局移动互联网产业链,力图掌控产业链。运营商由封闭到开放,积极维护对产业链的掌控。因此,CP/SP 虽然对产业链的运营有着很大的影响,但目前真正有实力对电信运营商主导地位构成威胁的却是传统互联网企业和终端产商。运营商必须直面这样一个事实,即没有一个主体主导移动互联网的产业链,运营商真正要做且可以做的是扬长避短。

移动云计算的产业链结构主要由以下几种实体构成。

1) 云计算基础设施供应商

云计算基础设施供应商提供硬件和软件的基础设施,或应用程序和服务,如 Amazon、Google 和 Rackspace,其中后者偏重基础设施的硬件方,而 Amazon 则兼而有之。

从供应商角度看,一般是通过提供有竞争力的定价模式,使其吸引消费者。能吸引消费者的业务通常是便宜的,但质量可靠,这时可以通过 hosted/SaaS 云基础的办法部署自己的基础设施或利用他人资源来实现。

2) 云计算中的应用程序/服务提供商(第一层消费者)

第一层消费者一般是指云计算基础设施供应商或应用程序/服务供应商。例如,Google就是云计算基础设施和应用程序及服务的供应商。但大多数应用程序和服务都是运行在服务提供商提供的基础设施之上。

从第一层消费者的角度来看就是通过将资本支出转移到运营支出上来减少 IT 资本支出这些客户依据设备数量寻找定价模式,同时尽量减少其昂贵的硬件和软件支出,帮助消费者最大限度地降低未知风险。这增加了对供应商在网络可扩展性、可用性和安全方面的要求。

3) 云计算中的开发者(第二层消费者)

第二层消费者就是应用程序和服务的开发者。尽管基于客户端利用云端服务的应用程序越来越多,但典型的应用程序通常在云之上运行。

尽管一些应用很难开发,但开发者还是期望开发出简单、便宜的应用服务为用户提供更加丰富的操作体验,如地图与定位、图片与存储等。这些开发商一般通过 SaaS 提供网络应用与服务。

4) 云计算中的最终用户(第三层消费者)

第三层消费者是典型的应用程序的最终用户。他们不直接消费服务,但通过消费应用反过来消耗云服务。这些消费者不在乎应用程序托管与否,他们只关心应用程序是否运行良好,如高安全性、高可用性和良好的使用体验等。

不同角色以不同的方式推动、发展云计算,但云计算主要与经济效益有关,由云计算网络的第一层客户推动,应用程序和服务提供商则由最终用户和开发人员驱动。总之这是一个应用/服务供应商通过多种基础设施消费其他应用/服务的网络。

移动运营商的基于云或托管方式正变得越来越重要,尤其在做新的技术最初部署时,因为它有助于减少未知风险。从开发者的角度来看,他们越来越依赖网络上的服务(即应用程序),甚至他们的本地本机连接的应用程序就是 Web 服务的大用户。从整体来看,集中应用(移动网络)和服务(包括移动网络和本地应用程序)的消费将成为软件服务的消费趋势,运营商将在移动互网云计算产业链中处于有利位置。

4. 移动互联网云计算技术的现状

云计算的发展并不局限于个人计算机,随着移动互联网的蓬勃发展,基于手机等移动终端的云计算服务已经出现。基于云计算的定义,移动互联网云计算是指通过移动网络以按需、易扩展的方式获得所需的基础设施、平台、软件(或应用)等资源或(信息)服务交付与使用模式。

随着越来越多的移动运营商通过与 IT 企业合作进入云计算领域,加上用户对云计算的认知程度和信任感逐步增强,移动互联网云计算将实现加速发展,固定与移动融合的云计算解决方案也将获得有力的推动。

移动互联网云计算的优势如下。

1) 突破终端硬件限制

虽然一些智能手机的主频已经达到 1 GHz,但是和传统的个人计算机相比还是相差甚远。单纯依靠手机终端处理大量数据时,硬件就成了最大的瓶颈。而在云计算中,由于运算能力及数据的存储都是来自于移动网络中的"云",移动设备本身的运算能力就不再重要。通过云计算可以有效地突破手机终端的硬件瓶颈。

2）便捷的数据存取

由于云计算技术中的数据是存储在"云"的，一方面为用户提供了较大的数据存储空间；另一方面为用户提供便捷的存取机制，对云端的数据访问完全可以达到本地访问速度，便于不同用户之间的数据分享。

3）智能均衡负载

针对负载较大的应用，采用云计算可以弹性地为用户提供资源，有效地利用多个应用之间的周期变化，智能均衡应用负载可提高资源利用率，从而保证每个应用的服务质量。

4）降低管理成本

当需要管理的资源越来越多时，管理的成本也会越来越高。通过云计算来标准化和自动化管理流程，可简化管理任务，降低管理的成本。

5）按需服务，降低服务成本

在互联网业务中，不同客户的需求是不同的，通过个性化和定制化服务可以满足不同用户的需求，但是往往会造成服务负载过大。而通过云计算技术可以使各个服务之间的资源得到共享，从而有效地降低服务的成本。

目前主要是电信运营商和服务提供商在提供移动互联网云计算服务。

表 5-2 为电信运营商所提供的移动云计算服务，可以看到，在移动云计算服务方面，运营商基于虚拟化及分布计算等技术，提供 CaaS、云存储和在线备份等 IaaS 服务。

表 5-2　电信运营商移动云计算服务

厂家	CaaS	云存储	在线设备	移动式服务
AT&T	√	√		
Verizon	√	√	√	
Vodafone			√	√
O2			√	
NIT				√
中国移动	√	√		
中国电信	√		√	√
中国联通	√	√		

表 5-3 为服务提供商目前所提供的移动互联网云计算服务，大部分都针对自己的终端研发了在线同步功能，实现"云+端"的互联互通。

表 5-3　服务提供商移动云计算服务

厂家	服务名称	服务内容
微软	LiveMesh	在线同步
Google	Android	手机操作系统
苹果	Mobileme	在线同步
RIM		在线同步
诺基亚	Ovi	在线同步、软件更新
惠普	webOS	在线同步、用户信息集成

5.3.2 云计算与 ERP

云计算 ERP 软件继承了 SaaS、开源软件的特性,让客户通过网络得到 ERP 服务,且客户不用安装硬件服务器,不用安装软件、不用建立数据中心机房、不用设置专职的 IT 维护队伍,不用支付升级费用,只需安装有浏览器的任何上网设备就可以使用高性能、功能集成、安全可靠和价格低廉的 ERP 软件。

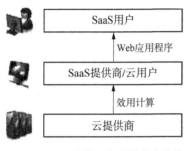

图 5 - 14 云计算用户和供应商结构简图

云计算模式下的 ERP 系统运营模式与传统的运营模式有着很大区别。从图 5 - 14 中可以看出,传统的 ERP 系统提供商所在的位置处于中间环节,既是数据中心云计算服务商的用户,同时又是 ERP 系统用户的 SaaS 服务提供商。在这种模式下,对于 ERP 系统服务商来说,他们只需要关注软件的安装、维护和版本的集中控制以及根据用户的需求提供新型的服务;而 ERP 最终用户也可以在任何时间、任何地点访问服务,更容易共享数据并安全地将数据存储在基础系统中。对于云计算 ERP 的使用者来说,云计算 ERP 软件应该开放源代码,可以随时使用,随时扩展,只需按使用情况支付服务费而不需要支付版权许可费用。这些完全符合开源软件的定义。通过 SaaS 模式使用云计算软件,用户不需要支付软件许可费,只需支付服务费等租用费用。对于用户而言,通过云计算 ERP 则进一步提升了使用的自由让开源 ERP 在互联网时代有了更实际的意义。

具体而言,云计算模式为 ERP 系统的发展带来了以下优势。

(1) 屏蔽底层环境。对于 ERP 系统服务提供商以及最终用户来说,底层的大多数硬件环境、软件环境都由云计算服务商提供,而软件服务商只需支付服务费用,不需要操作硬件的扩充与维护,降低了硬件的投入成本。

(2) 保障双方权利。云计算的模式避免了 ERP 系统的盗版问题。通过对系统的设计,可增加互动交流平台,便于 ERP 系统服务商根据用户的需求维护、升级自己的产品,更加有效地为用户提供服务。同时,由于成本的降低,ERP 服务商也可通过免费开放系统,只收取服务费打破传统的经营理念。

(3) 更加安全可靠。由于云计算服务提供商拥有庞大的云(计算资源)支持,即使有部分云出现故障,也不会影响到全局,导致用户无法使用资源。另外,专业的云计算提供商由于长期从事相关资源的维护保障工作,积累了大量经验,在安全保障方面会更加专业,减少了由于安全问题给用户带来的损失。

(4) 便于深度分析。云计算的优势在于处理海量的数据与信息,通过对不同用户可公开数据资源的深度分析与挖掘,为用户提供了更加广泛的附加服务。这一点应该是云计算完全不同于现行 ERP 模式的一个创新点,合理利用这一优势将给服务商带来无限机会,给用户带来意想不到的收获。

当然,在现行架构下,ERP 系统的云计算模式也存在着一些不足。

(1) 对通信设施的依赖。现行的模式主要依靠通信网络为基础,一旦网络发生面积故障,系统将无法工作。

(2) 用户数据私有性的保证。由于 ERP 系统一般涉及一个企业内部运作的大量数据以及商业秘密,如何保障企业的核心机密私有性对于云计算的模式发展是一个具有相当挑战性的课题,涉及制度、法律保障和模型安全设计等多方面的因素。

ERP 系统与云计算模式都处在发展阶段,尤其是云计算模式现在仍然处于最初级的阶段。虽然有部分服务商注意到了云计算模式下的 ERP 系统的潜力所在,开始提供相关的服务,但仍处于摸索阶段。因此,ERP 的云计算模式需要一段相当长的发展与改进过程。

思政视窗

国家大数据战略部署

1. 大数据＋民生　改变生活提升幸福感

要坚持以人民为中心的发展思想,推进"互联网＋教育""互联网＋医疗""互联网＋文化"等,让百姓少跑腿、数据多跑路,不断提升公共服务均等化、普惠化、便捷化水平。

要坚持问题导向,抓住民生领域的突出矛盾和问题,强化民生服务,弥补民生短板,推进教育、就业、社保、医药卫生、住房、交通等领域大数据普及应用,深度开发各类便民应用。

要加强精准扶贫、生态环境领域的大数据运用,为打赢脱贫攻坚战助力,为加快改善生态环境助力。

——2017 年 12 月 8 日,习近平在中共中央政治局第二次集体学习时讲话

大数据发展日新月异,我们则应该审时度势。大数据技术不仅已经成为我国经济社会发展的重要力量,同时也是解决民生问题、改善人民生活的重要支撑。如何有效地将大数据用于服务民生,是互联网时代一项重大课题。

"大数据在保障和改善民生方面大有作为。"实施大数据战略,加快数字中国建设,在习近平的战略布局中,人民始终是主角。

APP 即应用,是大数据服务民生最直接的路径。自 2012 年以来,我国相继出台了一系列政策支持大数据的发展与应用,国内企业也积极开展大数据在教育、健康、扶贫、旅游,以及公共安全等民生领域的研究和应用,并取得了很多成果。"政务一体化平台""智慧社区""智慧旅游""天网系统"等大数据应用概念与成果,已经开始为人们的日常生活提供便捷与保障。

以贵阳大数据发展为例。贵阳致力于利用大数据洞察民生需求、优化民生服务,深度开发各类便民应用,加快大数据与服务民生的融合。如今,在贵阳不论是街头购物,还是外出吃饭,市民早已经习惯了用一部手机就搞定一切的支付方式。繁琐的水电缴费、公积金查询,甚至是想要抢购车票,也只需要打开惠民 APP,就能获得贵阳市各部门的在线服务。

"善于获取数据、分析数据、运用数据,是领导干部做好工作的基本功。"民生是最大政治。提升国家治理现代化水平,建立健全大数据辅助科学决策和社会治理的机制,是实现政府决策科学化、社会治理精准化、公共服务高效化的重要内容。

习近平在今年 4 月份召开的全国网络安全和信息化工作会议上强调:要运用信息化手段推进政务公开、党务公开,加快推进电子政务,构建全流程一体化在线服务平台,更好解决企业和群众反映强烈的办事难、办事慢、办事繁的问题。

近年来,全国各地不断地推进"互联网＋政务"建设,目前全国政府网站运行总数近 3.2 万家。中国政务微信总量近 6 000 个,微信公众平台覆盖了从中央部委到省区市、从地县到乡镇的所有行政区域。

今年两会,深入推进"互联网＋政务服务""最多跑一次"写入政府工作报告。

2. 大数据＋产业　用新动能推动新发展

要瞄准世界科技前沿,集中优势资源突破大数据核心技术,加快构建自主可控的大数据产业链、价值链和生态系统。

要发挥我国制度优势和市场优势,面向国家重大需求,面向国民经济发展主战场,全面实施促进大数据发展行动,完善大数据发展政策环境。

要坚持数据开放、市场主导,以数据为纽带促进产学研深度融合,形成数据驱动型创新体系和发展模式,培育造就一批大数据领军企业,打造多层次、多类型的大数据人才队伍。

——2017 年 12 月 8 日,习近平在中共中央政治局第二次集体学习时讲话

2015 年 6 月 17 日,习近平来到贵阳市大数据广场。他走进大数据应用展示中心,听取贵州省大数据产业发展规划和实际应用情况。贵州省以发展大数据作为突破口推动经济社会发展的探索,给习近平留下深刻印象。习近平对当地干部说:"贵州发展大数据确实有道理。"

如今,"互联网＋"、共享经济、网络购物、数字经济已经成为新时代经济发展最为亮丽的名片。搭乘大数据、云计算、移动支付等信息技术手段创新的东风,大数据产业异军突起,正在成为现代化经济体系的重要基石。

大数据时代,数据正在成为一种生产资料,成为一种稀有资产和新兴产业。任何一个行业和领域都会产生有价值的数据,而对这些数据的统计、分析、挖掘和人工智能则会创造出意想不到的价值和财富。

作为全国首个国家大数据综合试验区,贵州省深知推动深度融合、培育大数据产业体系是基础的道理。贵州省已初步形成包括数据存储、清洗加工、数据安全等核心业态;电子信息制造、软件和信息技术服务等关联业态;服务外包与呼叫中心、电子商务、大数据金融等衍生业态的大数据全产业链条。

"推动互联网、大数据、人工智能和实体经济深度融合,发展数字经济、共享经济,培育新增长点、形成新动能。"近年来我国大数据产业与实体经济的融合已经逐步深入。

📖 思考与练习5

一、选择题

1. 云计算概念的形成经历不包括(　　)阶段。
   A. 互联网　　　　　　B. 万维网　　　　　　C. 物联网　　　　　　D. 云计算

2. 云计算的基本特征不包括(　　)。
   A. 基于大规模基础设施支撑的强大计算能力和存储能力
   B. 使用多种虚拟化技术提升资源利用率
   C. 依托弹性扩展能力支持的按需访问,按需付费以及强通用性
   D. 应用于人工智能、模式识别、统计学数据库、高度自动化地分析数据,做出归纳性的推理

3. CCRA 的分层框架不包括(　　)。
   A. 用户层　　　　　　B. 应用层　　　　　　C. 服务层　　　　　　D. 资源层

4. 云计算服务按照服务类型可以分为(　　)。
   A. 基础设施即服务　　B. 平台即服务　　　　C. 软件即服务　　　　D. 资源即服务

5. (　　)是为某个特定用户/机构建立的,只能实现小范围内的资源优化。
   A. 私有云　　　　　　B. 公有云　　　　　　C. 社区云　　　　　　D. 混合云

二、判断题

1. 云计算的核心思想是将大量用网络连接的计算资源统一管理和调度，构成一个计算资源池向用户按需服务。（　　）
2. "云"实现了资源的高度集中，不仅包括软硬件基础设施和计算、存储资源，也包括云计算服务的运维资源。（　　）
3. 公有云按服务类型分类可以分为 Iaas、Paas、Saas。（　　）
4. 云计算中，根据其服务集合所提供的服务类型，整个云计算服务集合被划分成四个层，即应用层、平台层、基础设施层和虚拟化层。（　　）
5. PaaS 是指将一个完整的计算机平台，包括应用设计、应用开发、应用测试和应用托管，都作为一种服务提供给客户。（　　）

三、论述题

1. 结合自己认识谈谈什么是云计算？
2. 云计算有何特征？如何理解？
3. 简述云计算的优势和劣势？
4. 什么是基础设施即服务(IaaS)？有何功能和特点？
5. 结合云计算在互联网中的挑战和现状分析我们需要如何改进现有信息系统。
6. 分析云计算是如何与 ERP 系统相结合的，云 ERP 与传统 ERP 之间最大的不同是什么？
7. 云计算在物联网行业中具有哪些应用？分析这些应用所带来的好处。
8. 分析云计算对教育行业产生哪些影响。

模块 6 人工智能和虚拟现实技术

人工智能是创造接受感知的事物,虚拟现实是创造被感知的环境。人工智能的事物可以在虚拟现实环境中进行模拟和训练,不过随着时间的推移,人工智能和虚拟现实技术会逐步融合,尤其是在交互技术子领域的融合尤为明显。我们可以这么来理解两者如何融合:在虚拟现实的环境下,配合逐渐完备的交互工具和手段,人和机器人的行为方式将逐渐趋同。

知识目标

(1) 了解人工智能及基本应用。
(2) 了解虚拟现实技术及基本应用。
(3) 了解人工智能和虚拟现实技术的联系。
(4) 了解人工智能与虚拟现实技术在教学中的应用。

能力目标

(1) 能够完成人工智能相关问题的求解。
(2) 使用原理知识进行逻辑推理与定理证明。
(3) 能够完成自然语言处理。
(4) 熟练使用智能信息检索技术。

6.1 认识人工智能

人工智能在计算机领域内得到了愈加广泛的重视,并在机器人、经济政治决策、控制系统、仿真系统中得到应用。

6.1.1 人工智能概述

人工智能是研究、开发用于模拟、延伸和扩展人的智能的理论、方法、技术及应用系统的一门新的技术科学。

人工智能的定义可以分为两部分,即"人工"和"智能"。"人工"比较好理解,争议性也不大。有时我们会要考虑什么是人力所能及制造的,或者人自身的智能程度有没有高到可以创造人工智能的地步等。但总的来说,"人工系统"就是通常意义下的人工系统。关于什么是"智能",争议就多了。这涉及到诸如意识、自我、思维(包括无意识的思维)等问题。

人唯一了解的智能是人本身的智能,这是普遍认同的观点。但是我们对自身智能的理解非常有限,对构成人的智能的必要元素也了解有限,所以难定义什么是"人工"制造的"智能"。因此,人工智能的研究往往涉及对人的智能本身的研究。关于动物或其他人造系统的智能也普遍被认为是人工智能相关的研究课题。人工智能在计算机领域内,得到了愈加广泛的重视并在机器人、经济政治决策、控制系统、仿真系统中得到应用。尼尔逊教授对人工智能下了这样一个定义:"人工智能是关于知识的学科——怎样表示知识以及怎样获得知识并使用知识的科学"。温斯顿教授认为:"人工智能就是研究如何使计算机去做过去只有人才能做的智能工作"。这些说法反映了人工智能学科的基本思想和基本内容,即人工智能是研究人类智能活动的规律,构造具有一定智能的人工系统。研究如何让计算机去完成以往需要人的智力才能胜任的工作,也就是研究如何应用计算机的软硬件来模拟人类某些智能行为的基本理论、方法和技术。人工智能机器人如图 6-1 所示。

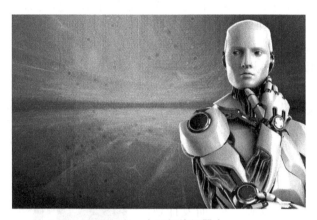

图 6-1　人工智能机器人

6.1.2　人工智能的基本应用

人工智能已经逐渐走进人们的生活,并应用于各个领域,它不仅给许多行业带来了巨大的经济效益,也为人们的生活带来了许多改变和便利。下面分别介绍人工智能的一些主要应用场景。

1. 无人驾驶汽车

无人驾驶汽车是智能汽车的一种,也称为轮式移动机器人,主要依靠车内的以计算机系统为主的智能驾驶仪来实现无人驾驶的目的。无人驾驶汽车集自动控制、体系结构、人工智能、视觉计算等众多技术于一体,是计算机科学、模式识别和智能控制技术高度发展的产物,也是衡量一个国家科研实力和工业水平的一个重要标志,在国防和国民经济领域具有广阔的应用前景。我国自主研制的无人驾驶汽车——由国防科技大学研制的红旗 HQ3 无人驾驶汽车(见图 6-2),其首次完成了从长沙到武汉 286 公里的高速全程无人驾驶实验,创造了当时我国自主研制的无人驾驶汽车在一般交通状况下自主驾驶的新纪录,标志着我国无人驾驶汽车在环境识别、智能行为决策和控制等方面实现了新的技术突破。无人驾驶技术在目前阶段主要目的还不是制造出一辆无人驾驶汽车来上路行驶,而是希望通过相关技术的研发和应用,帮助司机减轻劳动强度、提高车辆的自主安全性。例如,主动安全系统的防追尾、防跑偏、自动泊车等都需要无人驾驶技

图 6-2　红旗 HQ3 无人车

术的支撑。

美国、英国、德国等发达国家从 20 世纪 70 年代开始就投入无人驾驶汽车的研究中,我国从 20 世纪 80 年代起也开始了无人驾驶汽车的研究。2005 年,一辆名为 Stanley 的无人驾驶汽车以平均 40 km/h 的速度跑完了美国莫哈维沙漠中的野外地形赛道,用时 6 小时 53 分 58 秒,完成了约 282 千米的驾驶里程。

Stanley 是由一辆大众途锐汽车经过改装而来的,由大众汽车技术研究部、大众汽车集团下属的电子研究工作实验室及斯坦福大学一起合作完成,其外部装有摄像头、雷达、激光测距仪等装置来感应周边环境,内部装有自动驾驶控制系统来完成指挥、导航、制动和加速等操作。

2006 年,卡内基梅隆大学研发了无人驾驶汽车 Boss,Boss 能够按照交通规则安全地驾驶通过附近有空军基地的街道,并且会避让其他车辆和行人。近年来,伴随着人工智能浪潮的兴起,无人驾驶成为人们热议的话题,国内外许多公司纷纷投入到自动驾驶和无人驾驶的研究中。例如,Google 的 Google X 实验室正在积极研发无人驾驶汽车 Google Driverless Car,如图 6-3 所示。百度也已启动了"百度无人驾驶汽车"研发计划,其自主研发的无人驾驶汽车 Apollo 还曾亮相 2018 年央视春晚。但是最近两年人们发现,无人驾驶的复杂程度远超预期,要真正实现商业化还有很长的路要走。

图 6-3　谷歌无人驾驶汽车

2. 智能音箱

智能音箱是传统有源音箱智能化升级的产物,是指具备智能语音交互系统、可接入内容服务以及互联网服务,同时可关联更多设备、实现对场景化智能家居控制的智能终端产品。智能音箱集成了人工智能处理能力,能够通过语音识别、语音合成、语义理解等技术完成语音交互。智能音箱是智能家居的组成部分之一,智能音箱的功能延伸与智能家居产生了密切联系。如果把智能家居看作是一个智能生活系统的话,那智能音箱就是人工智能管家,是核心操控者。

2018 年 6 月 11 日,百度在北京发布首款自有品牌智能音箱"小度智能音箱"。2019 年 6 月 1 日,百度旗下人工智能助手"小度智能音箱大金刚"登陆小度商城。2019 年 11 月 25 日,由华为和帝瓦雷联合打造的华为 Sound X 智能音箱正式发布。

智能音箱的代表产品,亚马逊 Echo 背后的 Alexa,以及它的前辈 Siri,实际上都属于智能语音技术。其核心非常简要,就是要让机器在语音对话这一环节拥有近似于人的能力。智能音箱已成为小家电一般的存在,渗入人们的日常生活空间。

2014 年 11 月正式发布后的两年多的时间里,亚马逊 Echo 智能音箱已经成为市场上最火热的智能家居产品之一,如图 6-4 所示。人们通过 Echo 可以用语音控制家电、购买商品、查询咨询。根据研究机构 eMarketer 的调查数据显示,美国大约有 3 600 万用户每月会用到一次语音操控的音箱,并且这个数字还在扩大。

智能音箱是语音识别、自然语言处理等人工智能技术的电子产品类应用与载体,随着智能音箱的迅猛发展,其也被视为智能家居的未来入口。究其本质,智能音箱就是能完成对话环节的拥有语音交互能力的机器。通过与它直接对话,家庭消费者能够完成自助点歌、控制家居设备和唤起生活服务等操作。支撑智能音箱交互功能的前置基础主要包括将人声转换成文本的自动语音识别(automatic speech recognition,ASR)技术,对文字进行词性、句法、语义等分析的自然语言处理(natural language processing,NLP)技术,以及将文字转换成自然语音流的语音合成技术(text to speech,TTS)技术。在人工智能技术的加持下,智能音箱逐渐以更自然的语音交互方式创造出更多家庭场景下的应用。

图 6-4　亚马逊 Echo 智能音箱

产品需要不停迭代完善,并确保稳定的网络连接。例如,一款精美的音箱需要反复磨合外观设计;语音交互需要良好的收声效果,而扬声器本身会发声,在远场唤醒智能音箱时,就需要消除扬声器本身的声音;甚至音量大时的震动也会影响收声,因此音腔和麦克风之间的距离都需要考量。智能音箱市场所存在的“分裂发展”问题:看起来简单的智能音箱想要真正实现日常语音交互,实际上全是技术难题。也正是这些难题让我国智能语音市场发展迟缓,而其中影响最大的就是机器对于中文的理解,也就是我们俗称的 NLP。

3. 人脸识别

人脸识别是基于人的脸部特征信息进行身份识别的一种生物识别技术。用摄像机或摄像头采集含有人脸的图像或视频流,并自动在图像中检测和跟踪人脸,进而对检测到的人脸进行脸部识别的一系列相关技术,通常也叫做人像识别、面部识别。

“人脸识别系统”集成了人工智能、机器识别、机器学习、模型理论、专家系统、视频图像处理等多种专业技术,同时需结合中间值处理的理论与实现,是生物特征识别的最新应用。其核心技术的实现,展现了弱人工智能向强人工智能的转化。

人脸识别系统的研究始于 20 世纪 60 年代,随着计算机技术和光学成像技术的发展,人脸识别技术水平在 20 世纪 80 年代得到不断提高。20 世纪 90 年代后期,人脸识别技术进入初级应用阶段。目前,人脸识别技术已广泛应用于多个领域,如金融、司法、公安、边检、航天、电力、教育、医疗等。有一个关于人脸识别技术应用的有趣案例:张学友获封“逃犯克星”,因为警方利用人脸识别技术在其演唱会上多次抓到了在逃人员。2018 年 4 月 7 日,张学友南昌演唱会开始后,看台上一名粉丝便被警方带离现场。实际上,他是一名逃犯,安保人员通过人像识别系统锁定了在看台上的他。2018 年 5 月 20 日,张学友嘉兴演唱会上,犯罪嫌疑人于某在通过安检门时被人脸识别系统识别出是逃犯,随后被警方抓获。随着人脸识别技术的进一步成熟和社会认同度的提高,其将应用在更多领域,给人们的生活带来更多改变。

受安全保护的地区可以通过人脸识别辨识试图进入者的身份。人脸识别系统可用于企业、住宅安全和管理,如人脸识别门禁考勤系统,人脸识别防盗门等。

人脸识别门禁是基于先进的人脸识别技术,结合成熟的 ID 卡和指纹识别技术而推出的安全实用的门禁产品,如图 6-5 所示。产品采用分体式设计,人脸、指纹和 ID 卡信息的采集和生物信息识别及门禁控制内外分离,实用性高、安全可靠。系统采用网络信息加密传输,支持

图6-5 人脸识别门禁

远程进行控制和管理,可广泛应用于银行、军队、公检法、智能楼宇等重点区域的门禁安全控制。

4. 智能客服机器人

近年来,智能机器人技术不断发展和成熟,智能机器人被应用于金融、财务、客服工作等领域,其中智能机器人在客服工作中的应用效果最为显著。它通过自动客服、智能营销、内容导航、智能语音控制等功能提高了企业客服服务水平。

智能客服系统是在大规模知识处理基础上发展起来的一项面向行业应用的,适用大规模知识处理、自然语言理解、知识管理、自动问答系统、推理等技术行业。相较于传统人工客服,智能客服可以7×24小时在线服务,解答客户的问题、降低客服人力成本和提升用户网站活跃时长。

智能客服机器人是一种利用机器模拟人类行为的人工智能实体形态,它能够实现语音识别和自然语义理解,具有业务推理、话术应答等能力。当用户访问网站并发出会话时,智能客服机器人会根据系统获取的访客地址、IP和访问路径等,快速分析用户意图,回复用户的真实需求。同时,智能客服机器人拥有海量的行业背景知识库,能对用户咨询的常规问题进行标准回复,提高应答准确率。

智能客服机器人广泛应用于商业服务与营销场景,为客户解决问题、提供决策依据。同时,智能客服机器人在应答过程中,可以结合丰富的对话语料进行自适应训练,因此其在应答话术上将变得越来越精确。

随着垂直发展,智能客服机器人已经可以深入解决很多企业的细分场景下的问题。例如,对大多数电商企业来说面临的售前咨询问题,用户所咨询的售前问题普遍围绕价格、优惠、货品来源渠道等主题,传统的人工客服每天都会对这几类重复性的问题进行回答,导致无法及时为存在更多复杂问题的客户群体提供服务。而智能客服机器人可以针对用户的各类简单、重复性高的问题进行解答,还能为用户提供全天候的咨询应答、解决问题的服务,它的广泛应用大大降低了企业的人工客服成本。

5. 医学成像及处理

人工智能在快速医学影像成像方法、医学图像质量增强方法及医学成像智能化工作流图等方面均有突出表现。随着医学影像大数据时代的到来,使用计算机辅助诊断技术对医学影像信息进行进一步的智能化分析挖掘,以辅助医生解读医学影像,成为现代医学影像技术发展的重要需求。利用人工智能算法,构建并训练的深度学习模型,根据影像自动生成标注信息,实现分层次的CNN网络模型生成不同层级的输出词汇,或使用迁移学习算法模型生成数个词汇的描述,是更加有效的方式。

医学图像处理是目前人工智能在医疗领域的典型应用,它的处理对象是由各种不同成像机理,如在临床医学中广泛使用的核磁共振成像、超声成像等生成的医学影像。传统的医学影像诊断主要通过观察二维切片图去发现病变体,这往往需要依靠医生的经验来判断。而利用计算机图像处理技术,可以对医学影像进行图像分割、特征提取、定量分析和对比分析等工作,进而完成病灶识别与标注,针对肿瘤放疗环节的影像的靶区自动勾画,以及手术环节的三维影像重建,如图6-6所示。该应用可以辅助医生对病变体及其他目标区域进行定性甚至定量分析,从而大大提高医疗诊断的准确性和可靠性。另外,医学图像处理在医疗教学、手术规划、手术仿真、各类医学研究、医学二维影像重建中也起到重要的辅助作用。

图6-6　人工智能在医学领域大显身手

6. 声纹识别

生物特征识别技术包括很多种,除了人脸识别,目前用得比较多的是声纹识别。声纹识别是一种生物鉴权技术,也称为说话人识别,包括说话人辨认和说话人确认。

声纹识别的工作过程为:系统采集说话人的声纹信息并将其录入数据库,当说话人再次说话时,系统会采集这段声纹信息并自动与数据库中已有的声纹信息做对比,从而识别出说话人的身份。相比于传统的身份识别方法(如钥匙、证件),声纹识别具有抗遗忘、可远程的鉴权特点。在现有算法优化和随机密码的技术手段下,声纹也能有效防录音、防合成,因此安全性高、响应迅速且识别精准。同时,相较于人脸识别、虹膜识别等生物特征识别技术,声纹识别技术具有可通过电话信道、网络信道等方式采集用户的声纹特征的特点,因此其在远程身份确认上极具优势。

目前,声纹识别技术有声纹核身、声纹锁和黑名单声纹库等多项应用案例,可广泛应用于金融、安防、智能家居等领域,落地场景丰富,如图6-7所示。

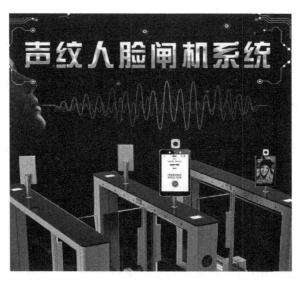

图6-7　声纹识别系统

7. 个性化推荐

个性化推荐是一种基于聚类与协同过滤技术的人工智能应用,它建立在海量数据挖掘的基础上,通过分析用户的历史行为建立推荐模型,主动给用户提供匹配他们的需求与兴趣的信息,如商品推荐、新闻推荐等。

个性化推荐既可以为用户快速定位需求产品,弱化用户被动消费意识,提升用户兴致和留存黏性,又可以帮助商家快速引流,找准用户群体与定位,做好产品营销。个性化推荐系统广泛存在于各类网站和 APP 中。本质上,它会根据用户的浏览信息、用户基本信息和对物品或内容的偏好程度等多因素进行考量,依托推荐引擎算法进行指标分类,将与用户目标因素一致的信息内容进行聚类,经过协同过滤算法,实现精确的个性化推荐。

8. 扫地机器人

人工智能在家居方面最常见的是扫地机器人,里面配有电动的抽风机,能够通过快速旋转形成内外气压差,使得垃圾顺着气流被吸入进去。现在的扫地机器人还增加了导航系统,让其不会到处乱撞。

扫地机器人又称自动打扫机、智能吸尘、机器人吸尘器等,是智能家用电器的一种,能凭借一定的人工智能,自动在房间内完成地板清理工作,如图 6-8 所示。一般采用刷扫和真空方式,将地面杂物吸纳进入自身的垃圾收纳盒,从而完成地面清理的功能。一般来说,将完成清扫、吸尘、擦地工作的机器人也统一归为扫地机器人。扫地机器人最早在欧美市场进行销售,随着国内生活水平的提高,逐步进入我国。

图 6-8 扫地机器人

除了以上这八个主要的应用场景,人工智能还在其他许多方面已经有很成熟的应用,相信在未来一定还有许多新的应用方式出现,为人们生活提供更多的便利和帮助。

6.1.3 人工智能的发展

1956 年夏季,以麦卡赛、明斯基、罗切斯特和申农等为首的一批有远见卓识的年轻科学家在一起聚会,共同研究和探讨用机器模拟智能的一系列有关问题,并首次提出了"人工智能"这一术语,它标志着"人工智能"这门新兴学科的正式诞生。

人工智能是计算机学科的一个分支,20 世纪 70 年代以来被称为世界三大尖端技术(空间技术、能源技术、人工智能)之一,也被认为是 21 世纪三大尖端技术(基因工程、纳米科学、人工智能)之一。这是因为近 30 年来人工智能发展迅速,在很多学科领域都获得了广泛应用,并取得了丰硕的成果。人工智能已逐步成为一个独立的分支,无论在理论和实践上都已自成一个系统。

人工智能是研究使用计算机模拟人的某些思维过程和智能行为(如学习、推理、思考、规划等)的学科,主要包括计算机实现智能的原理、制造类似于人脑智能的计算机,使计算机实现更高层次的应用。人工智能涉及计算机科学、心理学、哲学和语言学等学科,可以说几乎是自然科学和社会科学的所有学科,其范围已远远超出了计算机科学的范畴。人工智能与思维科学的关系是实践和理论的关系,人工智能是处于思维科学的技术应用层次,是它的一个应用分支。从思维观点看,人工智能不仅限于逻辑思维,要考虑形象思维、灵感思维才能促进人工智能取得突破性发展。数学常被认为是多种学科的基础科学，并已进入语言、思维领域，人工智能学科也必须借用数学工具。数学在标准逻辑、模糊数学等范围发挥着作用，进入人工智能学科，它们将互相促进而更快地发展。

人工智能是一门前沿学科，属于自然科学、社会科学、技术科学三向交叉学科。它是计算机科学的一个分支，企图了解智能的实质，并生产出一种新的能以人类智能相似的方式做出反应的智能机器，该领域的研究包括机器人、语言识别、图像识别、自然语言处理和专家系统等。

人工智能从诞生以来，理论和技术日益成熟，应用领域也不断扩大，可以设想，未来人工智能带来的科技产品将会是人类智慧的"容器"。人工智能可以对人的意识、思维的信息过程进行模拟。人工智能不是人的智能，但能像人那样思考、也可能超过人的智能。人工智能是一门极富挑战性的科学，从事这项工作的人必须懂得计算机知识、心理学和哲学。人工智能是一门内容十分广泛的科学，它由不同的领域组成，如机器学习、计算机视觉等。总的说来，人工智能研究的一个主要目标是使机器能够胜任一些通常需要人类智能才能完成的复杂工作。但不同的时代、不同的人对这种"复杂工作"的理解是不同的。2017 年 12 月，人工智能入选"2017 年度中国媒体十大流行语"。2021 年 9 月 25 日，为促进人工智能健康发展，《新一代人工智能伦理规范》发布。

人工智能涉及哲学和认知科学、数学、神经生理学、心理学、计算机科学、信息论、控制论、不定性论、仿生学、社会结构学与科学发展观。

人工智能的研究范畴在于语言的学习与处理、知识表现、智能搜索、推理、规划、机器学习、知识获取、组合调度问题、感知问题、模式识别、逻辑程序设计、软计算、不精确和不确定的管理、人工生命、神经网络、复杂系统、遗传算法人类思维方式，最关键的难题还是机器的自主创造性思维能力的塑造与提升。例如，繁重的科学和工程计算本来是要人脑来承担的，如今计算机不但能完成这种计算，而且能够比人脑做得更快、更准确，因此当代人已不再把这种计算看作是"需要人类智能才能完成的复杂任务"。可见复杂工作的定义是随着时代的发展和技术的进步而变化的，人工智能这门科学的具体目标也随着时代的变化而发展。它一方面不断获得新的进展，另一方面又转向更有意义、更加困难的目标。

通常，"机器学习"的数学基础是"统计学""信息论"和"控制论"，还包括其他非数学学科。这类"机器学习"对"经验"的依赖性很强。计算机需要不断从解决一类问题的经验中获取知识，学习策略，在遇到类似的问题时，运用经验知识解决问题并积累新的经验，就像普通人一样。这样的学习方式称之为"连续型学习"。但人类除了会从经验中学习之外，还会创造，即"跳跃型学习"。这在某些情形下被称为"灵感"或"顿悟"。一直以来，计算机最难学会的就是"顿悟"。或者再严格一些来说，计算机在学习和"实践"方面难以学会"不依赖于量变的质变"，很难从一种"质"直接到另一种"质"，或者从一个"概念"直接到另一个"概念"。正因为如此，这里的"实践"并非同人类一样的实践。人类的实践过程同时包括经验和创造。这是智能化研究者梦寐以求的东西。

2013 年，帝金数据普数中心数据研究员开发了一种新的数据分析方法，该方法导出了研究函数性质的新方法。本质上，这种方法为人的"创造力"的模式化提供了一种相当有效的途径。这种途径是数学赋予的，是普通人无法拥有但计算机可以拥有的"能力"。从此，计算机不仅精于算，还会因精于算而精于创造。计算机学家们应该斩钉截铁地剥夺"精于创造"的计算机过于全面的操作能力，否则计算机有一天会"反捕"人类。

IBM 公司"深蓝"电脑击败了人类的世界国际象棋冠军是人工智能技术的一个完美表现。从 1956 年正式提出人工智能学科算起,人工智能取得长足的发展,成为一门广泛的交叉和前沿科学。总的说来,人工智能的目的就是让计算机这台机器能够像人一样思考。如果希望做出一台能够思考的机器,那就必须知道什么是思考,更进一步讲就是什么是智慧。

什么样的机器才是智慧的呢?科学家已经作出了汽车、火车、飞机、收音机等,它们能够模仿我们身体器官的功能,但是能不能模仿人类大脑的功能呢?到目前为止,我们对大脑知之甚少,仅仅知道它是由数十亿个神经细胞组成的器官,模仿它或许是天下最困难的事情。当计算机出现后,人类开始真正有了一个可以模拟人类思维的工具,在以后岁月中,无数科学家为这个目标努力着。如今人工智能已经不再是几个科学家的专利了,全世界几乎所有大学的计算机系都有人在研究这门学科,学习计算机的大学生也必须学习这样一门课程,如今计算机似乎已经变得十分聪明。大家或许不会注意到,在一些地方计算机帮助人们做着原来只属于人类的工作,以它的高速和准确为人类发挥着它的作用。

人工智能是计算机科学的前沿学科,计算机编程语言和其他计算机软件都因为有了人工智能的进展而得以存在。2019 年 3 月 4 日,十三届全国人大二次会议举行新闻发布会,发言人张业遂表示,已将与人工智能密切相关的立法项目列入立法规划。

2021 年 7 月 13 日,中国互联网协会发布了《中国互联网发展报告(2021)》。报告显示,2020 年人工智能产业规模达到了 3031 亿元,同比增长 15%,增速略高于全球的平均增速。人工智能产业主要集中在北京、上海、广东、浙江等省份,我国在人工智能芯片领域、深度学习软件架构领域、中文自然语言处理领域进展显著。

《重大领域交叉前沿方向 2021》(2021 年 9 月 13 日由浙江大学中国科教战略研究院发布)认为当前以大数据、深度学习和算力为基础的人工智能在语音识别、人脸识别等以模式识别为特点的技术应用上已较为成熟,但对于需要专家知识、逻辑推理或领域迁移的复杂性任务,人工智能系统的能力还远远不足。基于统计的深度学习注重关联关系,但缺少因果分析,使得人工智能系统的可解释性差,处理动态性和不确定性能力弱,难以与人类自然交互,在一些敏感应用中容易带来安全和伦理风险。类脑智能、认知智能、混合增强智能是重要发展方向。

思政视窗

合肥推动人工智能产业驶入"快车道"

在合肥,说起人工智能,不得不提中国声谷。依托"部省市联动＋市场化运作"两大创新机制的叠加,这里孕育和培植了全国首个 AI 产业基地。

教育机器人、AI 翻译棒、会说话的鼠标……走进中国声谷体验中心,一款款新产品让人目不暇接、一项项新技术令人赞叹不已。目前,中国声谷在教育、医疗、服务、汽车、家居等领域孵化培育出 200 多款人工智能软硬件产品,涉及语音识别与翻译、人脸识别、自然语音处理等人工智能技术。

每个智能产品的背后,都有响亮的企业名字作注脚,科大讯飞、科大国创、华米科技、咪鼠科技……漫步园区,这里已入驻企业超 1400 家。越来越多的智能产品,正从这里加速走进消费市场。

两亿台,这是截至去年年底,华米智能设备的全球累计出货量。以智能可穿戴硬件为入口,华米科技开拓了基于人体数据的医疗健康业务。短短几年,便成长为国家级专精特新"小巨人"企业。去年四季度,两款成人智能手表出货量在巴西、土耳其、意大利、印尼、西班牙、俄罗斯等多个国家位居市场前三,而全年累计出货量位列全球前五。

如今,中国声谷的人工智能智慧教育产品服务全国 32 个省 5 万所学校超 1 亿师生。智医助理已在安徽、江苏、浙江等 26 个省市开展实际应用,同时覆盖全国 200 余家三级医院。科大讯飞承建的 7×24 小时不打烊"随时办"服务的智慧政务模式获各方肯定。

"作为全国首个国家级人工智能产业基地,中国声谷已建成较为完备的产业平台和技术平台,先后获得国家新型工业化产业示范基地、国家级科技企业孵化器等 11 项国字号荣誉。"中国声谷运营单位高级副总裁毛媛媛说。

中国声谷的追"声"之路,仅是合肥人工智能产业发展的一个缩影。

在包河区,"中国视界"重点发展以人工智能为核心,以视频视觉、科技研发为主导,以科技服务为支撑的产业生态体系,构建人工智能视觉产业创新体系集聚发展平台,全力打造引领未来产业发展的"智能之眸"。

大项目造就大产业。过去一年,腾讯智慧产业总部基地、紫光新一代光通信产业基地、海康威视合肥科技园等一批重大项目接连落地合肥。这一年,全市人工智能集群集聚企业达 846 家,同比增长 23.2%;全年人工智能产业规模突破 815 亿元、增速约 21.1%,其中智能语音产业规模突破 185 亿元、占全国该产业总产值的 64.9%。

(来源:《江淮晨报》,2022 年 3 月 29 日)

6.2 认识虚拟现实技术

虚拟现实技术囊括计算机、电子信息、仿真技术,其基本实现方式是计算机模拟虚拟环境从而给人以环境沉浸感。随着社会生产力和科学技术的不断发展,各行各业对 VR 技术的需求日益旺盛。VR 技术也取得了巨大进步,并逐步成为一个新的科学技术领域。

6.2.1 虚拟现实技术概述

1. 虚拟现实技术的定义

(1)虚拟现实。所谓虚拟现实,顾名思义,就是虚拟和现实相互结合。从理论上来讲,虚拟现实技术是一种可以创建和体验虚拟世界的计算机仿真系统,它利用计算机生成一种模拟环境,使用户沉浸到该环境中。虚拟现实技术就是利用现实生活中的数据,通过计算机技术产生的电子信号,将其与各种输出设备结合使其转化为能够让人们感受到的现象。这些现象可以是现实中真真切切的物体,也可以是肉眼所看不到的物质,通过三维模型表现出来。因为这些现象不是直接能看到的,而是通过计算机技术模拟出来的现实中的世界,故称为虚拟现实。

(2)虚拟现实技术。VR 技术是利用计算机生成一种模拟环境,通过多种传感设备使用户投入到该环境中,实现用户与该环境直接进行自然交互的技术,是 20 世纪发展起来的一项全新的实用技术。

虚拟现实技术受到了越来越多人的认可,用户可以在虚拟现实世界体验到真实的感受,其模拟环境的真实性与现实世界难辨真假,让人有种身临其境的感觉。同时,虚拟现实具有一切人类所拥有的感知功能,如听觉、视觉、触觉、味觉、嗅觉等感知系统。最后,它具有超强的仿真系统,真正实现了人机交互,使人在操作过程中,可以随意操作并且得到环境最真实的反馈。正是虚拟现实技术的存在性、多感知性、交互性等特征使它受到了许多人的喜爱。

2. 虚拟现实技术的发展沿革

(1) 第一阶段(1963 年以前):有声形动态的模拟是蕴涵虚拟现实思想的阶段。1929 年,Edward Link 设计出用于训练飞行员的模拟器;1956 年,Morton Heilig 开发出多通道仿真体验系统 Sensorama。

(2) 第二阶段(1963—1972):虚拟现实萌芽阶段。1965 年,Ivan Sutherland 发表论文 *Ultimate Display*(终极的显示);1968 年,Ivan Sutherland 研制成功了带跟踪器的头盔式立体显示器;1972 年,Nolan Bushell 开发出第一个交互式电子游戏 Pong。

第三阶段(1973—1989):虚拟现实概念的产生和理论初步形成阶段。1977 年,Dan Sandin 等研制出数据手套 Sayre Glove;1984 年,NASA AMES 研究中心开发出用于火星探测的虚拟环境视觉显示器;1984 年,VPL 公司的 Jaron Lanier 首次提出"虚拟现实"的概念;1987 年,Jim Humphries 设计了双目全方位监视器的最早原型。

第四阶段(1990 年至今):虚拟现实理论进一步的完善和应用阶段。1990 年,提出 VR 技术包括三维图形生成技术、多传感器交互技术和高分辨率显示技术;VPL 公司开发出第一套传感手套 Data Gloves,第一套 HMD EyePhoncs;21 世纪以来,VR 技术高速发展,软件开发系统不断完善,具有代表性的有 MultiGen Vega、Open Scene Graph、Virtools 等。

VR 涉及学科众多,应用领域广泛,系统种类繁杂,这是由其研究对象、研究目标和应用需求决定的。从不同角度出发,可对 VR 系统做出不同分类。一般分为沉浸型虚拟现实系统、简易型虚拟现实系统、共享型虚拟现实系统。

从沉浸式体验角度,VR 系统分为非交互式体验、人-虚拟环境交互式体验和群体-虚拟环境交互式体验等几类。该角度强调用户与设备的交互体验,相比之下,非交互式体验中的用户更为被动,所体验内容均为提前规划好的,即便允许用户在一定程度上引导场景数据的调度,也仍没有实质性交互行为,如场景漫游等,用户几乎全程无事可做。而在人-虚拟环境交互式体验系统中,用户则可通过诸如数据手套、数字手术刀等设备与虚拟环境进行交互,如驾驶战斗机模拟器等,此时的用户可感知虚拟环境的变化,进而也就能产生在相应现实世界中可能产生的各种感受。如果将该套系统网络化、多机化,使多个用户共享一套虚拟环境,便得到群体-虚拟环境交互式体验系统,如大型网络交互游戏等,此时的 VR 系统与真实世界无甚差异。

从系统功能角度,VR 系统分为规划设计、展示娱乐、训练演练等几类。规划设计系统可用于新设施的实验验证,可大幅缩短研发时长,降低设计成本,提高设计效率,城市排水、社区规划等领域均可使用。例如,VR 模拟给排水系统,可大幅减少原本需用于实验验证的经费。展示娱乐类系统适用于提供给用户逼真的观赏体验,如数字博物馆,大型 3D 交互式游戏,影视制作等。例如,VR 技术早在 70 年代便被迪士尼用于拍摄特效电影。训练演练类系统则可应用于各种危险环境及一些难以获得操作对象或实操成本极高的领域,如外科手术训练、空间站维修训练等。

3. 虚拟现实技术的特征

(1) 沉浸性。沉浸性是虚拟现实技术最主要的特征,就是让用户成为并感受到自己是计算机系统所创造环境中的一部分。虚拟现实技术的沉浸性取决于用户的感知系统,当使用者感知到虚拟世界的刺激时,触觉、味觉、嗅觉、运动感知等便会产生思维共鸣,造成心理沉浸,感觉如同进入真实世界。

(2) 交互性。交互性是指用户对模拟环境内物体的可操作程度和从环境得到反馈的自然程度。使用者进入虚拟空间,相应的技术让使用者跟环境产生相互作用,当使用者进行某种操作时,周围的环境也会做出某种反应。例如,使用者接触到虚拟空间中的物体,那么手上应该能够感受到,若使用者对物体有所动作,物体的位置和状态也应改变。

(3) 多感知性。多感知性表示计算机技术应该拥有很多感知方式,如听觉,触觉、嗅觉等。理想的虚拟现实技术应该具有一切人所具有的感知功能。由于相关技术,特别是传感技术的限制,目前大多数虚拟现实技术所具有的感知功能仅限于视觉、听觉、触觉、运动等几种。

(4) 构想性。构想性也称想象性,使用者在虚拟空间中,可以与周围物体进行互动,拓宽认知范围,创造客观世界不存在的场景或不可能发生的环境。构想可以理解为使用者进入虚拟空间,根据自己的感觉与认知能力吸收知识,发散拓宽思维,创立新的概念和环境。

(5) 自主性。是指虚拟环境中物体依据物理定律动作的程度。例如,当受到力的推动时,物体会向力的方向移动、或翻倒、或从桌面落到地面等。

4. 虚拟现实技术的关键技术

虚拟现实的关键技术主要包括以下五点。

(1) 动态环境建模技术。虚拟环境的建立是 VR 系统的核心内容,目的就是获取实际环境的三维数据,并根据应用的需要建立相应的虚拟环境模型。

(2) 实时三维图形生成技术。三维图形的生成技术已经较为成熟,那么关键就是"实时"生成。为保证实时,至少保证图形的刷新频率不低于 15 帧/秒,最好高于 30 帧/秒。

(3) 立体显示和传感器技术。虚拟现实的交互能力依赖于立体显示和传感器技术的发展,现有的设备不能满足需要,力学和触觉传感装置的研究也有待进一步深入,虚拟现实设备的跟踪精度和跟踪范围也有待提高。

(4) 应用系统开发工具。虚拟现实应用的关键是寻找合适的场合和对象,选择适当的应用对象可以大幅度提高生产效率,减轻劳动强度,提高产品质量。想要达到这一目的,则需要研究虚拟现实的开发工具。

(5) 系统集成技术。VR 系统中包括大量的感知信息和模型,因此系统集成技术起着至关重要的作用。集成技术包括信息的同步技术、模型的标定技术、数据转换技术、数据管理模型、识别与合成技术等。

6.2.2　虚拟现实技术的基本应用

1. 在影视娱乐中的应用

近年来,由于虚拟现实技术在影视业广泛应用,以虚拟现实技术为主而建立的第一现场 9DVR 体验馆得以实现。第一现场 9DVR 体验馆自建成以来,在影视娱乐市场中的影响力非常大,它可以让观影者体会到置身于真实场景之中的感觉,让体验者沉浸在影片所创造的虚拟环境之中,如图 6-9 所示。同时,随着虚拟现实技术的不断创新,此技术在游戏领域也得到了快速发展。虚拟现实技术是利用电脑产生的三维虚拟空间,而三维游戏刚好建立在此技术之上。三维游戏几乎包含了虚拟现实的全部技术,使得游戏在保持实时性和交互性的同时,也大幅提升了游戏的真实感。

图6-9　9DVR体验馆

2. 在教育中的应用

如今,虚拟现实技术已经成为促进教育发展的一种新型教育手段。传统的教育一味地给学生灌输知识,而现在利用虚拟现实技术可以帮助学生打造生动、逼真的学习环境,使学生通过真实感受来增强记忆,相比于被动性灌输,利用虚拟现实技术进行自主学习更容易让学生接受,激发学生的学习兴趣。此外,各大院校利用虚拟现实技术还建立了与学科相关的虚拟实验室来帮助学生更好地学习,如图6-10所示。

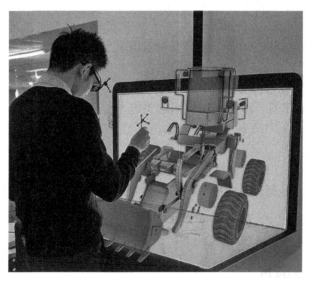

图6-10　虚拟实验室

3. 在设计领域的应用

虚拟现实技术在设计领域小有成就。例如,室内设计,人们可以利用虚拟现实技术把室内结构、房屋外形通过虚拟技术表现出来,使之变成可以看得见的物体和环境。同时,在设计初期,设计师可以将自己的想法通过虚拟现实技术模拟出来,在虚拟环境中预先看到室内的实际效果,这样既节省了时间,又降低了成本,如图6-11所示。

图 6 - 11　虚拟房屋设计

4. 在医学方面的应用

医学专家们利用计算机在虚拟空间中模拟出人体组织和器官,可以让学生在其中进行模拟操作,感受手术刀切入人体肌肉组织、触碰到骨头的感觉,使学生更快地掌握手术要领。而且,主刀医生们在手术前,也可以建立一个病人身体的虚拟模型,在虚拟空间中先进行一次手术预演,这样能够大大提高手术的成功率,让更多的病人得以痊愈,如图 6 - 12 所示。

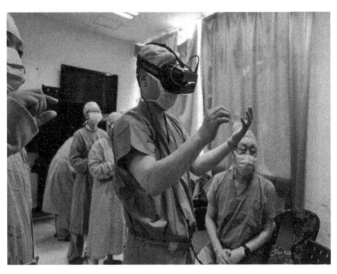

图 6 - 12　医学虚拟仿真

5. 在军事方面的应用

由于虚拟现实的立体感和真实感,在军事方面,人们将地图上的山川地貌、海洋湖泊等数据通过计算机进行编写,利用虚拟现实技术,能将原本平面的地图变成一幅三维立体的地形图,再通过全息技术将其投影出来,这更有助于进行军事演习等训练,提高我国的军事实力。除此之外,现在的战争是信息化战争,战争机器都朝着自动化方向发展,无人机便是信息化战争的典型产物。无人机由于它的自动化以及便利性深受各国喜爱,在战士训练期间,可以利用虚拟现实技术去模拟无人机的飞行、射击等工作模式。战争期间,军人也可以通过眼镜、头盔等机器操控无人机进行侦察和暗杀任务,减小战争中军人的伤亡率。虚拟现实技术能将无人机拍摄到的场景立体化,降低操作难度,提高侦查效率,因此无人机和虚拟现实技术的发展刻不容缓,如图6-13所示。

图6-13 虚拟现实技术在军事方面的应用

6. 在航空航天方面的应用

航空航天是一项耗资巨大,非常烦琐的工程,因此人们利用虚拟现实技术和计算机的统计模拟,在虚拟空间中重现了现实中的航天飞机与飞行环境,使飞行员在虚拟空间中进行飞行训练和实验操作,极大地降低了实验经费和实验的危险系数,如图6-14所示。

图6-14 战斗机飞行模拟器

6.2.3 虚拟现实技术的发展

VR技术前景较为广阔,但作为一项高速发展的科学技术,其自身的问题也随之渐渐浮现,如产品回报稳定性的问题、用户视觉体验问题等。对于VR企业而言,如何突破目前VR发展的瓶颈,让VR技术成为主流仍是亟待解决的问题。

部分用户使用VR设备会有眩晕、呕吐等不适之感,造成其体验不佳。部分原因是清晰度不足,另一部分原因是刷新率无法满足要求。据研究显示,14K 以上的分辨率才能基本使大脑认同,但就目前来看,国内所用的 VR 设备远远达不到大脑认同的要求。不舒适感可能会使消费者产生 VR 技术是否会对自身身体健康造成损害的担忧,这将影响 VR 技术未来的发展与普及。

高价位的 VR 体验同样是制约了其扩张的原因之一。在国内市场中,VR 眼镜价位一般都在三千元以上。当然这并非是短时间内可以解决的问题,用户如果想体验到高端的视觉享受,必然要为其内部更高端的电脑支付高昂的价格。若想要使得虚拟现实技术得到推广,确保其内容产出和回报率稳定十分关键。其所涉及内容的制作成本与体验感决定了消费者接受 VR 设备的程度,而对于其高成本的内容,回报率难以预估。同时,对 VR 原创内容的创作无疑加大了其中的难度。

虚拟现实与网络通信特性的结合,是人们所梦寐以求的。在某种意义上说,它将改变人们的思维方式,甚至会改变人们对世界、自己、空间和时间的看法。它是一项发展中的、具有深远的、潜在应用方向的新技术。利用它,人们可以建立真正的远程教室,在这间教室中和来自五湖四海的朋友们一同学习、讨论、游戏,就像在现实生活中一样。使用网络计算机及其相关的三维设备,人们的工作、生活、娱乐将更加有趣。

思政视窗

山东打造千亿级虚拟现实产业高地

山东省工业和信息化厅等七部门近日联合发布《山东省推动虚拟现实产业高质量发展三年行动计划(2022—2024 年)》(下称《计划》),将用三年时间在全省培育推广百项应用场景及解决方案,打造国内一流、具有国际竞争力的千亿级虚拟现实产业高地。

虚拟现实产业是新一代信息技术的重大前沿领域。近年来,山东在智能硬件、内容制作、应用场景、平台服务等多个环节发力,集聚虚拟现实全产业链企业及相关机构 200 余家,2021 年产值超过 600 亿元,虚拟现实产品出货量突破 1000 万台,增长 130% 以上,拥有 13 家专业从事虚拟现实领域的高端研发机构。但核心芯片空白、供应链集聚效应缺乏、高端人才短缺、行业应用不广等问题突出,成为制约产业发展的关键短板。

按照《计划》,山东将打造以青岛为中心,济南、潍坊、烟台、威海四市联动,其他市协同的"1+4+N"虚拟现实产业区域布局,同时,推进优化完善产业链条、健全产业发展生态、强化技术协同创新、提升公共服务能力,开展行业应用示范、赋能前沿新兴领域,培育壮大市场主体、激发市场内在活力,加强人才引进培育、有力支撑产业发展等五项重点任务。

其中,青岛重点打造虚拟现实研发高地,发挥歌尔全球研发中心创新引领作用,加快创建国家虚拟现实制造业创新中心;济南重点打造虚拟现实应用基地,推广虚拟现实技术在制造、教育、医疗、智慧城市等重点行业特色场景的应用示范;潍坊重点打造全国虚拟现实整机与核心部件研发、生产基地,加快整机与光学显示零组件等核心部件的研发和生产制造;烟台重点打造工业领域虚拟现实特色应用基地,深化虚拟现实在工程机械、智能制造、数字工厂等领域应用,并逐步开拓消费电子、教育培训等产业领域;威海重点打造高端消费智能硬件产业园,面向手机、可穿戴设备、游戏机等消费类领域,以及汽车电子、智能家居等物联网领域建设国内消费电子智能硬件生产基地。

到 2024 年,全省虚拟现实领域要累计新增申请国际、国内专利 3000 项以上,龙头企业研发投入强度达到 6% 以上,累计培育虚拟现实产业相关专业人才 1 万人以上。

(来源:《大众日报》,2022 年 3 月 29 日)

6.3 人工智能和虚拟现实技术的联系

　　虚拟现实的高速发展给我们的认知造成了很大的冲击,而人工智能也是一种能够极大影响我们生活的科技。人工智能与虚拟现实的结合被视作一种全新的研究方向,或许是未来科技发展的一种趋势。

　　虚拟现实与人工智能同为新一代关键共性技术,对加速我国产业转型、催生新的经济增长点具有重要意义。新一轮科技革命和产业变革正在蓬勃发展,虚拟现实技术逐步走向成熟,拓展了人类感知能力,改变了产品形态和服务模式。我国正致力于实现高质量发展,推动新技术、新产品、新业态、新模式在各领域广泛应用。目前,全球围绕人工智能和虚拟现实的竞争日益激烈,我国在关键技术和产业应用方面均取得突出成果。在人工智能领域涌现出一批人工智能产品,并正在全面重塑家电、机器人、医疗、教育、金融、农业等行业。在虚拟现实领域,VR+医疗康养、VR+教育文化、VR+装备制造等在广电、出版、电商、旅游等大众消费领域的大量应用,正在将虚拟现实带入各行业和寻常百姓家。

　　人工智能和虚拟现实有着天然的联系,已经呈现出你中有我、我中有你的趋势。人工智能对虚拟现实的赋能作用体现在三个方面:一是虚拟对象智能化,虚拟人和人的智能行为将更多地出现在各种虚拟环境和虚拟现实应用中;二是交互方式智能化,智能交互将综合视觉、听觉、嗅觉等感知通道,带来全新的交互体验,让虚拟现实真正"化虚为实";三是虚拟现实内容研发与生产智能化,人工智能将提升虚拟现实制作工具、开发平台的智能化及自动化水平,提升建模效率,提升 VR 内容生产力。两种技术的融合发展将开辟出新一代信息技术产业,成为新的增长源泉。

6.3.1 人工智能中的虚拟现实

　　人工智能在过去 60 年的发展,尤其最近 10 年的发展,让语音识别、手写文字识别、人脸识别这样的传统识别技术,在大数据的引导下逐步商业化并形成了一个很大的风口。人工智能在这 60 年间经历了三次发展高潮,可能由于没有进行标准化,人工智能的发展还处于比较初级的阶段。

　　以移动通信为例,其历史只有 40 多年。40 多年后的今天,移动用户的 Subscriber 数量已经超过了全球人口数量。从移动通信的发展来看,每十年进行一次标准化的迭代。现在移动通信的发展是比较快速的,在 2G 数字移动时代,我们就认为 2G 已经非常精彩,可以全球随时随地移动通信,而现在 5G 移动高清视频高速数据传输似乎到达了极致,但其实这并不是终点,未来还会有 6G、7G 等。同样地,目前的人工智能处在第三次高潮中,接下来还会有第四次以至于更多。

　　人工智能的架构需要技术来支撑。除了各类模式识别技术、深度学习和大数据分析之外,还需要计算能力。以前有 CPU,现在又有了 GPU,在 AI 人工智能的时代,会不会需要一个专门针对人工智能计算的 APU(或者 AIPU)? 可能在支撑人工智能发展的过程中,还需要专门的 APU/AIPU 芯片。

　　人工智能的发展也离不开移动终端的发展,此外还需要专门的操作系统。人工智能并不是平地起高楼的技术。它不仅会带来新的设备,如 VR 眼镜,还会改造已有的产品和服务。只有随着这样的技术发展和结合,人们才能够去改造已有的业务。

　　人工智能为什么发展这么火热? 原因之一是不同的产业群体在这里能看到不同的商机。以三星电子为例,首先改造已有的设备,如说家电设备。让传统家电体现智能性方面,今年 1 月的 CES 上,三星电子率先发布了 Family-Hub 智能冰箱。当你在厨房里,消耗五分钟喝一杯咖啡的时候,和这样一台智能设备相处,它不仅是一个冰箱,还可以识别管理你的食物,进行大数据的处理分析和提出健康饮食建议,甚至能进行通信和人机交互、厨房娱乐等。这就是一个三星电子改造已有的传统家电的例子。此外三星电子在美国收购了 Smarthings 并据此构筑一个智能家居的公共服务平台,基于这样的开放式平台,相信未来的 smart home 会非常精彩。

　　未来人工智能还会改造传统汽车行业,近些年智能汽车也很火热,这个风口也是很多人看重的。三星在 2016 巴塞罗那世界移动通信大会上宣布与爱立信、IBM、AT&T 等企业建立 Connected Auto 合作体系。人工智能将会改造传统的行业,早准备、早起步的人将有机会站上风口。

　　与此同时,人工智能会产生新的服务。例如,实现语音识别 S-VOICE,每个人都可以有一个智能语音生活助理;移动智能健康 S-Health 进行大数据处理以后,每个人都可以有一个智能健康生活助理。具有智能提醒功能的个人智能助理使用范围越来越广泛,这样的新服务领域,是人工智能带来的红利。

　　人工智能还会带来什么呢? VR。有人说 2016 年是 VR 元年。VR 所带来的交互视听体验是全新的,是由人工智能带来的新机会。

　　人工智能所需要的技术包括语音文字、人脸图像等多模态的识别、深度学习以及大数据分析等。此外人机交互能力也很重要,当前的 VR 改变了人类的交互体验。

　　实现这一切都需要媒体视频数据格式处理的能力。不仅是 4 K、8 K,甚至要做到 16 K,发展是永无止境的。现在 4 K 是有线高清视频显示的主流,2 K 是移动高清视频显示的主流。而未来的主流,在 VR/AR 的时代,高质量 3D 全景内容需要 16 K 视频显示分辨率。以半导体的发展来看,摩尔定律并没有完全失效。观察 SOC 的集成速度,2018 年 SOC 集成晶体管的数目达到人脑神经元相当的数目,300 亿颗。孙正义在今年世界移动通信大会 GTI 峰会上大胆预测在 2040 年,SOC 的处理能力将是现在的 100 万倍。这样的处理能力拿来干什么? 人工智能的发展要改造传统行业,今天的传统行业是什么? 就是一些传统的设备,如家电设备、办公设备等,都会借此成功升级为智能设备。而这需要专用的人工智能芯片、专用的 IoT 操作系统,来连接所有的物联网设备。三星电子和 Intel 合作推动了 TIZEN 这一先进物联网操作系统,助推 IoT 产业发展。

　　AlphaGo 打败了围棋世界冠军,使用了 1920 个 CPU,280 个 GPU。如果未来有一天,基于手机或者物联网设备的计算处理能力能打败世界冠军,那么今天的物联网设备还有很大的发展空间。另外,以 VR 为例,VR 设备通常是移动的,这就涉及到网络通信能力,需要让传输时间大幅地缩短,5G 通信可以缩短端对端时延 1 毫秒。因此这些技术能力的提升将会支撑整个人工智能的发展,而不仅是依靠识别算法的进步。

　　电视诞生以来,人们已经看了七八十年,习惯了传统的视听交互。而现在,VR 将真正的改变人类的视听体验。VR 的内容可以来自于传统的设备,如普通手机拍摄的内容。但是这些还不够,需要一些新的内容生成,如 360 度的 2D/3D 全景视频,这种内容的沉浸式体验对人们是很有冲击力的。

人们以前使用短信,现在使用微信秀文字、图片、视频。还有一种新方法是采集 VR 的内容,在社交媒体上分享给你的朋友,通过 VR 设备进行观看。人们可以亲自采集,甚至编辑 VR 内容。

今天对 VR 产品的认识,更多的是 VR 头盔。但还有一种非常重要的设备,就是可以拍摄 360 度影像的内容生成设备。使用这种便携的 2D/3D 全景摄像头,人们就可以在游泳、滑雪、坐过山车的时候,在空中、在水下拍出非常精彩的 VR 视频大片。

三星电子在 2014 年发布了业界首款 VR 眼镜,具有 96 度的 FOV,16.7 毫秒的低延时,而且非常轻便。今年的世界移动通信大会上,第一次有 5 000 人同时使用 VR 观看同一个内容,这个场景是非常震撼的。另外,会上三星电子还发布了一个 Gear 360 全景拼接摄像头,非常小巧,可以做到 4 K 视频的 360 度拼接,会给消费者完全不同的 VR 用户体验。由这个全景拼接摄像头拍摄的全景视频,既能看到水底,又能看到水面上和周围,非常有趣。这就是人工智能在人机交互方面的一个典型应用。

2016 年是 VR 元年,人们可以戴着 VR 眼镜 10 分钟,但要做到持续使用两个小时甚至更长,还有很多的路要走。如何实现自然的人机交互,如何提供高质量的内容和高质量的硬件(市场上 1 K FHD 手机屏幕根本支持不了 VR 的良好用户体验),都是需要继续研究的问题。VR 的行业标准出来了(时延低于 20 毫秒,屏幕刷新率 75 赫兹以上,以及 1 K 以上的陀螺仪刷新率),这是一个很好的开端。不过,当前 VR 有很强的局限性,因为 VR 是隔离于现实的完全的虚拟世界。

因此,VR 的未来是 AR,即所谓的增强现实。增强现实技术也被称为扩增现实,AR 技术是促使真实世界信息和虚拟世界信息内容之间综合在一起的较新的技术内容,其将原本在现实世界的空间范围中比较难以进行体验的实体信息在电脑等科学技术的基础上,实施模拟仿真处理,叠加将虚拟信息内容在真实世界中加以有效应用,并且在这一过程中能够被人类感官所感知,从而实现超越现实的感官体验。真实环境和虚拟物体之间重叠之后,能够在同一个画面以及空间中同时存在。AR 通过穿透式的显示,解决眼睛的疲劳,将真实的世界引入到视线里来。AR 已经在教育等 B2B 市场有一些商业化的例子了,但 AR 的发展可能相对会慢一些。在技术上,需要在实时的人机交互方面取得进展。例如,使用六自由度的高精度摄像头的姿态跟踪,实时的物体检测、识别、跟踪等,这样 AR 的视听体验会更加舒适友好。现在的 VR 是一个阶段性的成果,还有待于完善,而它的未来在于 AR。

VR 正在重塑人机交互,改善人与环境的交互,使我们能够参与到未来的虚拟世界当中。随着进一步的发展,VR 与 AR 的界线将会变得模糊,混合现实将是未来的形态。

人们希望在人工智能和虚拟现实的发展中做出贡献,但要实现这样的变革,不仅需要相关企业,更需要来自各个高校的专家学者和来自产业界的朋友共同合作,促进整个的产业链的发展,形成对 AI,对 VR/AR 的强大推力。在过去的几十年当中,人们沿着电视、手机和平板这样的交互形式发展,但今天 VR 会彻底改变人们的视听体验,改变人们的交互方式,而现在只是刚刚开始,未来随着人工智能技术的发展,VR/AR 会获得新的更大的施展空间。

1. 人工智能和虚拟现实相互结合

人工智能和虚拟现实技术都提供了人们在数字营销领域从未见过的潜力。随着企业开始了解其潜力,并看到这些新技术对其业务的直接影响之后,越来越多的企业将采用人工智能和虚拟现实。人工智能和虚拟现实将永远改变客户寻找、参与、互动的方式。企业需要提供一种体验。每个企业的目标都是以一种有助于实现更多转化和更高收入的方式优化客户体验。虽然以往的营销自动化平台已经做了很好的工作,但人工智能和虚拟现实提供的新技术能力已经让位于新的和改进的可能性。

为了让人们更好地了解新兴技术如何改变业务环境,以下提供人工智能和虚拟现实增强业务的一些方法。

(1) 提供行为客户数据。开发客户数据一直在创造目标市场共鸣的内容方面发挥重要作用。但是,过去的企业采用人口统计学和偏好等基本特征来创造角色,高级人工智能已经完全改变了这种情况。例如,像 GetResponse 这样的 SaaS 营销自动化平台已经让位于营销自动化的新时代。企业现在可以超越人口统计学,收集有关约会、近期行为、终生价值等特定特质的先进数据。借助机器学习提供的这些高级数据,企业有机会使用电子邮件自动化为销售线索提供超级针对性的消息。而且可以预料的是,这导致了更高的转换率。

(2) 提供情感体验。调动情绪在销售领域中一直扮演着重要的角色。但是在过去,只有通过文字来建立客户和企业之间的情感联系。而借助虚拟现实,企业可以为客户提供身临其境的体验,让他们感受到与产品或服务的直接联系。结合机器学习提供的高级行为数据,其转换潜力是无与伦比的。

(3) 在适当的时候提供正确的内容。无论企业使用何种类型的数字营销策略,个性化都可以提高转化率。但是,如果要在电子邮件中包含收件人姓名这样的简单策略,在与客户进行真正联系时并不完全这样做。这就是采用人工智能的地方,通过了解有关个人客户的高级行为数据,企业现在有能力在适当的时间向合适的人提供正确的内容。它不再是简单的电子邮件模板,它不像人们想要的那样个性化。企业现在有真实的、详细的数据来创建一个真正的联系互动,虽然并没有达到真正深入客户心中的地步,但是机器学习使人们能够在客户需要时提供他们想要的东西。

(4) 通过自动化解放团队。由于客户使用多种渠道进行沟通,如今的客户服务团队从来没有被这么多的请求淹没。聊天、电话、电子邮件、社交媒体只是其中的例子。为服务代表提供他们所需要的实时客户数据,以及自动化重复的任务,这是企业能够跟上这种趋势的唯一途径。自动化只有与智能结合才有效。这是大数据发挥作用的地方。例如,客户服务团队现在可以使用服务管理平台获得过去客户问题的整体视图,他们目前站在队列中,并在客户服务代表甚至进行通信之前自动提供解决方案。这种自动化水平显著提高了生产力,同时为客户提供了更加个性化的体验。

总之,使用人工智能和虚拟现实技术来提升企业的业务并不是没有公平的挑战。有了这种技术,企业正在被迫抛弃已经使用和理解多年的方法。如预期的那样,这种转变可能会令人不舒服。但是,将人工智能和虚拟现实的强大功能与营销自动化相结合的确存在一条学习曲线,企业从未有过更多的机会真正与客户建立联系。人工智能和虚拟现实必将为企业的营销提供更加光明的未来。

不过,虚拟现实技术与人工智能的结合也并非我们想象中那样完美。1995 年的一部科幻电影《时空悍将》就揭露了其中潜在的危险。故事讲的是 1999 年,美国政府执法技术中心开发出用于训练警探的模拟机原型。这种虚拟现实模拟机装载有最先进人工智能技术,使用者需追捕电脑生成的罪犯 Sid 6.7,用以锻炼他们的侦探技巧。有意思的是,融合了超过 150 个连环杀手变态心理和杀人手法的 Sid 6.7 在"人工智能"的催化下最终挣脱了科学家的控制独立行凶,给电影中的科学家带去了许多始料未及的灾难。可以预言的是,未来几十年内虚拟现实技术与人工智能这两样技术将会为科学界开启一扇"超现实之门",并引领着下一波科技变革。

6.3.2 人工智能与虚拟现实的融合发展态势

虚拟现实技术让人们拥有沉浸式的体验,这种 VR 体验是通过模拟虚拟世界,通过各种传感设备让人们产生进入到另一个世界的感受。然而目前的 VR 体验都是十分表面的、浅显的,受到目前技术水平的严重限制。而真正的虚拟现实是能够给人们带来与现实世界相同的视觉、听觉甚至触觉感受,所以也有人说有智慧的世界才是真正的第二世界。而当高度发展的人工智能与虚拟现实相结合,虚拟世界将会拥有生命和智慧,给人们带来更多不可思议的神奇体验。人工智能与虚拟现实的融合也将大大的改变人们的生活和娱乐,包括游戏、电影等,通过人工智能与虚拟现实的结合科幻电影中的场景也将变为现实。

当然,从目前的科技水平来看,要想真正的实现人工智能与虚拟现实的结合还是很困难的,而且要想把两个领域的技术结合也需要更多的创造力和想象力,只能期待在未来能够机会实现科幻世界里的美妙场景。

习近平总书记指出,人工智能是新一轮科技革命和产业变革的重要驱动力量,加快发展新一代人工智能是事关我国能否抓住新一轮科技革命和产业变革机遇的战略问题。要深刻认识加快发展新一代人工智能的重大意义,加强领导,做好规划,明确任务,夯实基础,促进其同经济社会发展深度融合,推动我国新一代人工智能健康发展。

虚拟现实与人工智能同为新一代关键共性技术,对加速我国产业转型、催生新的经济增长点具有重要意义。习近平总书记在致世界 VR 产业大会的贺信中指出,新一轮科技革命和产业变革正在蓬勃发展,虚拟现实技术逐步走向成熟,拓展了人类感知能力,改变了产品形态和服务模式。我国正致力于实现高质量发展,推动新技术、新产品、新业态、新模式在各领域广泛应用,加强虚拟现实等领域国际交流合作,共享发展机遇,共享创新成果,努力开创人类社会更加智慧、更加美好的未来。

创新创业企业是发展人工智能、虚拟现实等新兴技术的重要推动者,是产业发展的新生力量和未来主力。希望这些创新创业企业主攻关键技术、坚持需求导向、积极培育创新产品和服务,加强虚拟现实、人工智能在医学、教育、制造、文旅、住房、交通等领域的产业化应用,以创新的技术、产品、解决方案,为产业结构转型和产业升级换代贡献力量。

🔲 思政视窗

人工智能陪伴学生成长

人工智能帮助学校进行管理和提醒。学生佩戴一个智能手环,最基础的管理是学生进出校门就应知道他的整个轨迹,这对校园内管理、家长了解孩子上下学路况带来了很快的反馈和跟踪,这是基础的。还有一些学校有一些危险场所,比如化学实验室,学生不能随便进去,需要教师陪伴才行。如果某个学生不知情跑进去时,有一个电子的声音及时提醒他,让他远离危险,这就是一种陪伴的提醒。还有学生去图书馆想借阅他喜爱的书,但图书馆的书那么多,如何及时有效地借阅到?这时,他可以对自己的人工智能陪伴者提出要求,他的陪伴手环就会给予提示,并提供满足要求的图书。这属于基础的应用领域。

人工智能可以提供帮助和推送信息。如课堂上同学们在讨论,许多时候教师来不及到达某一个讨论的群组,人工智能手环就可以将整个群组中所讨论的问题传送给教师,使教师可以及时地反馈。如果学生遇到困难,也可以及时给予帮助。比如孩子佩戴了这样的智能手环,回到家里学习遇到了困难,可以跟它说一说,智能手环作为陪伴者就会提供帮助和进行信息推送,孩子就像多了一位教师在身边陪伴一样。另外,人工智能还可以提升孩子的学习能力。比如在整个学习过程中,学生某一天到学校的科技馆,觉得这个场所非常好,第二天、第三天继续去,之后我们可以发现,原来孩子特别喜欢科技类的项目。通过了解孩子的学习兴趣,人工智能将在孩子学习过程中推送相关的书籍和信息。如此,孩子在成长过程中就会受到很大的帮助,获得比书本知识多得多的信息资源。

在孩子佩戴这个手环的同时,学校还可以利用人工智能技术进行更加准确的跟踪和数据的录入。这是一个新的技术应用,只需要通过声音,就可以帮我们写好一些信息推送给对方,然后及时地把信息进行列举和呈现。这些技术很简单,现在已经有许多地方在应用了,只是深入教育领域时,我们还需要进行精细应用和深度处理。

(来源:《中国教师报》,2017 年 9 月 20 日)

6.4　人工智能与虚拟现实技术在教育领域中的应用情况

人工智能和虚拟现实技术的应用,能够为教育工作者提供全新的教学工具。同时,能激发学生学习新知识的兴趣,让学生在动手体验中迸发出创新的火花。人工智能和虚拟现实技术在教育领域中的应用潜力巨大、前景广阔,主要体现在运用人工智能和虚拟现实技术具有激发学习动机、创设学习情境、增强学习体验、感受心理沉浸、跨越时空界限、动感交互穿越和跨界知识融合等多方面的优势。因此,人工智能和虚拟现实技术应用于教育行业是教育技术发展的一个新的飞跃,它营造了自主学习的环境,由传统的"以教促学"的学习方式演变为学生通过新型信息化环境和工具来获取知识和技能的新型学习方式,符合新一轮教学改革的教育理念,有助于培养学生核心素养。虚拟现实和增强现实设备有很多种,本节分别介绍各种设备在教学中的具体应用。

6.4.1　人工智能和虚拟现实技术在教学中的具体应用

1. 头戴式虚拟现实和增强现实设备在教学中的应用

头戴式虚拟现实设备一般包含头戴式显示器、位置跟踪器、数据手套和其他设备等,分为移动虚拟现实头盔和分体式虚拟现实头盔。国外有脸谱、谷歌、微软、三星等公司的虚拟现实头盔产品,国内有微视酷、蚁视、暴风魔镜、中兴、乐视、华为、小米等 100 多种虚拟现实头盔产品。结合国内外的研究报告以及目前虚拟现实教育实践情况,虚拟现实和增强现实技术在生物、物理、化学、工程技术、工艺加工、飞行驾驶、语言、历史、人文地理、文化习俗等教学中均可应用。

学生使用头戴式虚拟现实设备体验学习时具有置身真实情境的沉浸式感觉,能给学生以绝佳的真实体验,让书本中的内容可触摸、可互动、可感知。例如,地理学科讲述关于宇宙太空星际运行的课程时,在现实生活中学生无法遨游太空,如果戴上头戴式虚拟现实设备,就可以让学生从各个角度近距离观察行星、恒星和卫星的运行轨迹,观察每个星球的地表形状,甚至能够降落在火星或月球上进行"实地"考察、体验星际之旅等。虚拟现实头戴设备如图 6-15 所示。

图 6-15　虚拟现实头戴设备

2016 年,微视酷推出了一款在国内具有一定代表性的虚拟现实课堂教学系统。该教学系统由一台教师用的平板电脑主控端、多套学生用的虚拟现实眼镜和 IES 教育软件系统构成。系统具备一键操控、一键统计和一键打印功能,教师可根据教学进度需求,随时控制学生虚拟现实眼镜教学内容。微视酷开展了"VR 课堂 1 工程"计划,跨越了全国多个省市。其中,在陕西省榆林市高新小学呈现的"神奇星球在哪里"虚拟现实示范教学观摩课情景如图 6-16 所示。头戴式增强现实装置代表产品有微软 HoloLens、MagicLeap 和 Meta 2 等,均有酷炫的体验感,能够让使用者在任何地方观看虚拟电视,甚至可以把影像投影在墙上、手机屏幕或者面前的空气中,这些增强现实设备应用将取代所有的"显示器和屏幕"。以 HoloLens 头戴式增强现实设备为例,其主要硬件由全息处理单元(CPU+GPU+HPU)、光学投影系统(Lcos 微投影仪+光导透明全息透镜)、摄像头与传感器部分(6 个摄像头+惯性传感器+环境光传感器等)、存储部分、其他部件(耳机+麦克风+电池+结构件)等组成。学生在使用 HoloLens 后,就可以扔掉电脑和手机,不用键盘、鼠标和显示屏幕,双手在空气中操作即可完成现在人们在电脑和手机上的所有操作,悬空操作即可完成机器人的 3D 建模设计任务。

图 6-16　观摩课情景

2. 桌面式虚拟现实与增强现实设备在教学中的应用

桌面式虚拟现实与增强现实设备具有代表性的产品是美国 zSpace 公司的虚拟现实教育

一体机,美国从 2013 年开始使用,现在使用的 zSpace Z300 为第三代产品。根据美国最新的《新一代科学教育标准》,zSpace 开发出了包含 2~12 年级多门学科的课件,课件分布在六款软件之中,教师可采用系统平台自带课件实施教学计划,也可创造性地自主开发新课件。zSpace不仅可以成为教学工具,还为学生、老师提供了丰富的素材资源。在美国的小学、中学和大学有 250 多所学校上万名学生正在使用 zSpace STEAM 实验室课件进行学习。我国的云尚互动公司 2015 年底将 zSpace Z300 引入国内,2016 年 4 月"智创空间"获赠 6 套该设备用于创客教育和 STEAM 教育的推广普及,至今共有 2 700 多人次体验学习。zSpace Z300 的内容覆盖了小学、初中和高中的生命科学、数学、物理、化学、历史、地理、地球与空间科学、艺术等多个学科,课件总数达 440 多个。该平台还提供课件资源开发系统,教师可以根据需要将 stl、obj 等格式的 3D 模型文件导入系统,同时可以加入文本、图片、声音和视频文件,教师可以像制作PPT 课件一样进行修改和自主开发能够在 zSpace Z300 平台上运行的课件资源。zSpace Z300平台的使用方法有两种:一种是戴上 3D 眼镜(含追踪和非追踪眼镜),戴追踪眼镜者用激光笔操作,其他人戴上非追踪眼镜可以看到 3D 虚拟现实效果;另一种是增加一个全息摄像头和平板电脑(或投影),将 zSpace Z300 设备的 3D 影像叠加投射到平板电脑上即可呈现出裸眼 3D的增强现实效果。

3. 手持式虚拟现实与增强现实设备在教学中的应用

手持式增强现实设备多采用移动设备与 APP 软件相结合的方式。APP 有视＋AR、AR、4D 书城、幻视、视视 AR、尼奥照照等。另外多种增强现实图书都有相配套的 APP,如《机器人跑出来了》《实验跑出来了》《恐龙争霸赛来了》这套"科学跑出来"系列增强现实科普读物有iRobotAR、iScienceAR、恐龙争霸赛来了等多个 APP,它们的原理都是采用手机摄像头获取现实世界影像,通过手机在现实世界上叠加虚拟形象的形式,实现增强现实的特殊显示效果。有的 APP 提供了丰富的教育资源,如安全教育、科普读物、识字卡片、益智游戏等,特别适合儿童教育。使用方法有两种:一种是手机 APP 与相配套的纸质图书一起使用,用手机摄像头扫描图书上的图片;另一种使用方法是运用 APP 下载增强现实资源并与外界实景叠加。增强现实特效非常逼真,利用这些 APP 进行学习,学习过程具有真实感、体验感、沉浸感,增强了学生学习知识的兴趣,可以达到寓教于乐的教学效果。

6.4.2　人工智能和虚拟现实技术在教学中应用的优势

1. 为学生自主学习提供了有利条件

教学资源存在形式多种多样,根据采用的设备不同,可以将教学资源保存在网络运营平台、桌面式设备、移动设备和纸质图书里,学生可以在不同的地方采用不同的设备调用虚拟现实和增强现实教学资源随时随地进行自主学习。如果学生在课堂上有些知识点未能掌握,可以重新学习一遍,增加对知识的巩固和理解。有时学生因为特殊原因未能在课堂上学习,也可以课后弥补,同时可以将虚拟现实和增强现实设备作为载体,采用"翻转课堂"或"微课导学"教学模式组织教学,为学生提供自主学习条件。教师也可以从繁重的重复性讲解中解脱出来,有针对性地为学生答疑解惑,有助于传统教学方式的变革。

2. 为学生提供更加真实的情景

在传统的教学课堂上,知识的传输主要通过文字、图片、声音、动画和视频的形式呈现。遇到比较复杂的情况,如数学课的立体几何、地理课的天体运动、物理课的磁力线和电力线、化学课的微观粒子结构、生物课的细胞结构等,教师用语言很难把这些知识点表达得非常清晰。同时由于每个学生的理解力不同,教学效果也会因人而异,甚至初次学习这些知识的学生会有"盲人摸象"的感受。而采用人工智能和虚拟现实技术组织教学,三维立体效果的呈现可以弥补这样的缺憾,能够把知识立体化,把难以想象的东西直接以三维形式呈现出来,让学生直观感受到文字所表达不出来的知识,真实的情景可以帮助学生对知识的理解和记忆,使学生的想象变得更加丰富。

3. 能提高学生的学习兴趣

由于人工智能和虚拟现实技术具有视觉、听觉和触觉一体化的感知效果,学生具有真实情境体验、跨越时空界限、动感交互穿越的感受,能身临其境般在书海里遨游,让书本中的内容可触摸、可互动、可感知。身临其境的感受和自然丰富的交互体验不仅极大地激发了学习者的学习动机,更给学习者提供了大量亲身观察、操作以及与他人合作学习的机会,促进了学生的认知加工过程及知识建构过程,有利于实现深层次理解。传统的学习方式让很多学生觉得枯燥乏味,为了应付考试不得不去死记硬背,但很多知识学生考完之后很快会忘得一干二净,而采用人工智能和虚拟现实技术组织教学,新颖的学习方式和丰富多彩的学习内容能够极大地提升课堂教学的趣味性,生动形象的场景会加深学生的记忆,激发学生的学习兴趣。"兴趣是最好的老师",兴趣也是学生学习新知识的不竭动力。

4. 能促进优质资源均衡化

我国幅员辽阔,地区之间贫富差距较大,存在教学资源分配不均的情况。经济发达地区无论是软硬件配置、教学师资和教学资源都非常丰富,而经济落后、地域偏远的山村学校学生连接受最基本的教育都难以实现。各级政府和教育主管部门都在大力推进教育均衡发展,加大教育投资力度,而人工智能和虚拟现实技术应用将是解决城乡教育资源不均衡问题的一把金钥匙,有利于缓解教育资源两极分化、扩大优质资源的分享范围,能让教育资源不再受限于地区和学校,让教育发达地区的名教师通过虚拟现实课堂走进山村学校,通过整体优化教育资源配置缩小城乡差距,实现教育公平,同时这也是教育扶贫的较佳途径。

6.4.3 人工智能和虚拟现实技术在教学应用中存在的问题

虽然人工智能和虚拟现实技术在教学中的应用可以改变传统的教学方式、提高学习兴趣、实现教育均衡发展,但虚拟现实和增强现实技术发展还处在初级应用阶段,在技术瓶颈、资源开发、教学内容和推广普及等方面还存在很多问题。

1. 虚拟现实设备应用中的眩晕问题

人们在使用虚拟现实设备时会出现眩晕感,从硬件结构来看,由于现在的科技还无法做到高度还原真实场景,许多用户使用配置达不到要求的虚拟现实产品时会产生眩晕感。虚拟现实界面中的视觉反差较大,实际运动与大脑运动不能够正常匹配,影响大脑对所呈现影像的分析和判断,从而产生眩晕感。虚拟现实设备的内容有相当一部分资源是从电脑版上移植过来的,UI界面不能很好地匹配虚拟现实设备,不同的系统处理也无法达到协调统一,画面感光线太强或太弱都不能让用户接受。虚拟现实设备帧间延迟跟不上人的运动,会有微小的延迟感,当感官与帧率不同步时也会让使用者产生眩晕感。

2. 虚拟现实和增强现实技术在教学中资源短缺

目前人工智能和虚拟现实产业刚起步,软硬件设施不完备,开发人员技术力量不足,很多学校未配备虚拟现实和增强现实设备;中小学校的很多教师还没有接触过虚拟现实设备,不知道如何在教学中应用,更谈不上去开发虚拟现实教学资源。因此,针对中小学教学所开发的虚拟现实资源很少,课程资源短缺是人工智能和虚拟现实在中小学推广的最大瓶颈。但随着人工智能和虚拟现实技术的迅猛发展,将二者应用于教学势在必行,未来人工智能和虚拟现实技术在教学中的应用势必带来课堂教学方式的颠覆性改变。

3. 虚拟现实和增强现实教学平台和资源的设计重形式轻内容

当前很多虚拟现实教育平台只是在一个 3D 视频或虚拟现实软件游戏的基础上构成虚拟现实教学。虽然学生在虚拟世界玩得津津有味,课堂气氛很活跃,学生互动、交流和讨论很热烈,表面上看学生得到了沉浸式的体验感,但是有些虚拟现实教育平台所提供的知识点讲解还停留在现实世界中,课本内容的单调、枯燥并没有因软件的存在而得到缓解,知识要点的讲解没有变得更加生动、有趣和有针对性。这种只重视形式而不重视内容、教与学完全脱节的虚拟现实课堂称为"伪虚拟现实课堂"。

4. 虚拟现实和增强现实设备价格较高和技术条件限制导致普及困难

企业的前期研发成本较高、设备销售量较少,导致多数虚拟现实设备销售价格居高不下,很多学校因资金问题望而却步,无力购买售价高昂的虚拟现实设备,导致虚拟现实技术在学校推广普及步履艰难。例如,zSpace Z300 刚引入我国时每台售价 20 多万元,微软的 HoloLens 还未上市,公布的预售价在每台 2 万元以上,普通头戴式虚拟现实设备的价格也在 2 000 ~ 5 000 元。大多数虚拟现实软件普遍存在语言专业性较强、通用性较差和易用性差等问题。受硬件局限性的影响,虚拟现实软件开发花费巨大且效果有限。

另外在新型传感应用、物理建模方法、高速图形图像处理、人工智能等领域,都有很多问题亟待解决。三维建模技术也需进一步完善,大数据与人工智能技术的融合处理等都有待进一步提升。以上诸多原因的存在制约了人工智能和虚拟现实技术在中小学教学中的推广和普及。

6.4.4　人工智能和虚拟现实技术在教学应用中的前景展望

人工智能和虚拟现实技术能为学生提供多种形式的数字内容和虚实结合的情景化的学习环境,增强了学生在学习中的存在感和沉浸感。通过人工智能和虚拟现实技术能够将虚拟场景与现实世界相结合,通过穿越时空的方式进行交流互动,增强了学生的动手操作能力,提升了学生的感性认识和真实体验,激发了学生的创新意识和创新思维,培养了学生自主探究和自主学习的能力。人工智能和虚拟现实技术是多种先进技术的应用和多学科知识的汇聚与融合,是创客教育和 STEAM 教育的较佳载体,将虚拟现实技术应用于教学中,为学生的创客学习创造了条件。学生在创客空间里利用虚拟现实技术通过主动探索、动手实践、创新设计、跨界融合来学习新知识和掌握新技能,利用先进的虚拟现实技术为载体开展创客教育和 STEAM 教育。学生在虚拟与现实交互和时空穿越的过程中通过"玩中做""做中学""学中做""做中创",能够拓展发散性思维,迸发出更加丰富的创新火花,创意"智"造出更加丰富的创客作品。例如,中视典全息商科教室,如图 6 - 17 所示。

全息商科教室主要面向经管跨专业实习、财会专业、营销专业、开发专业及创新创业,通过将企业的真实业务流程、业务场景搬进校园,让学生在学校中能够仿真不同组织、不同岗位的工作内容和流程,将信息化与实践教学深度融合,塑造学生探究式的学习环境,实现"上学即上班"、"校内实训=校外实习"!

图6-17　中视典全息商科教室

思政视窗

中国人工智能发展独具优势

中国的人工智能正面临前所未有的发展机遇,并且在发展条件方面具有诸多优势。经济的持续发展为中国注入积极能量,而这对中国的人工智能而言也将是一个充满独特发展机遇的时期。

中国最高领导层鼓励人工智能发展,为中国人工智能和机器人技术的发展提供了大力支持和明确指示。中国国务院及政府有关部门制定和印发了相应的战略和发展规划,例如《"互联网＋"人工智能三年行动实施方案》等。国家战略和政府推动是中国人工智能技术和产业健康发展的基础。

中国的产业转型与升级及经济增长结构的调整也将为人工智能技术和产业的发展提供"用武之地"。虽然中国的人工智能技术起步较晚,并走过了曲折的发展道路,但中国在智力资源方面具有独特的优势。

首先,人工智能技术侧重于软件,而中国人在这方面具有良好的传统和特殊智慧。中国人工智能的先驱、著名数学家吴文俊曾强调,中国不仅有作为典型脑力劳动的数学机械化的合适土壤,而且也是各种脑力劳动机械化的沃土。

其次,中国目前拥有实现名副其实的脑力劳动机械化所必需的完备基础、高效手段和丰富经验。中国拥有庞大的互联网用户群以及人数最多的网民和相关人才,他们形成了在人工智能群体资源方面的重要优势。

第三,中国派往国外学习人工智能的大批海归专家已经成为这一领域的重要资源,并形成研发学术圈,他们对于产业应用和新一代教师、教授的培养也极其重要。

第四,中国开放的发展环境将继续吸引更多从事这一领域的留学生和外国专家加入在全球范围内提升人工智能技术的共同道路。

只要完善地制定和实施人才战略,中国的人工智能技术和产业将进入一个充满发展机遇的最好时期。

此外,近年来,中国资本市场为人工智能领域的发展铺平了道路。新的创业者可能会在短时间内呈指数级发展。

(来源:《参考消息》,2022年10月8日)

📖 思考与练习 6

一、判断题

1. 人工智能技术通过对人的意识、行为、思维进行模拟使机器能够代替人们完成具有危险性、复杂性的任务，提高工作质量和效率。（　　）

2. 《国务院关于印发新一代人工智能发展规划的通知》中指出，到 2020 年初步建立人工智能法律法规、伦理规范和政策体系，形成人工智能安全评估和管控能力。（　　）

3. 在移动互联网、大数据、超级计算、传感网、脑科学等新理论新技术以及经济社会发展强烈需求的共同驱动下，人工智能发展进入新阶段。（　　）

4. 一个典型的虚拟现实系统主要由头盔显示设备和多传感器组两部分组成。（　　）

二、选择题

1. 人工智能应用研究的两个最重要最广泛领域为（　　）。
   A. 专家系统、自动规划　　　　　　　B. 专家系统、机器学习
   C. 机器学习、智能控制　　　　　　　D. 机器学习、自然语言理解

2. 被认为是人工智能"元年"的时间应为（　　）。
   A. 1948 年　　　　　　　　　　　　B. 1946 年
   C. 1956 年　　　　　　　　　　　　D. 1961 年

3. 被誉为国际"人工智能之父"的是（　　）。
   A. 图灵（Turing）　　　　　　　　　B. 费根鲍姆（Feigenbaum）
   C. 傅京孙（K. S. Fu）　　　　　　　D. 尼尔逊（Nilsson）

4. 语义网络的组成部分为（　　）。
   A. 框架和弧线　　　　　　　　　　　B. 状态和算符
   C. 节点和链　　　　　　　　　　　　D. 槽和值

5. 尽管人工智能学术界出现"百家争鸣"的局面，但是，当前国际人工智能的主流派仍属于（　　）。
   A. 连接主义　　　　　　　　　　　　B. 符号主义
   C. 行为主义　　　　　　　　　　　　D. 经验主义

三、综合题

1. 当前人工智能有哪些学派？他们对人工智能在理论上有何不同观？

2. 请说明神经元的基本结构和前馈型神经网络的工作过程。

3. 虚拟现实系统的分类有哪些？

4. 虚拟现实技术的三大基本特征是什么？

模块 7 新型平板显示

新型平板显示技术是 21 世纪全球新兴的高新技术之一,其产业技术含量高、市场规模大、拉动效益显著。新型平板显示技术主要包括薄膜晶体管液晶显示技术(TFT-LCD)、等离子体显示技术(PDP)、有机发光电致显示技术(OLED)、场发射显示技术(FED)、激光显示技术(LPD)、电子纸显示技术(E-PAPER)、三维(3D)立体显示技术、低温多晶硅技术(LTPS)以及特种显示技术等。

知识目标

(1) 了解平板显示产业概况。
(2) 了解新型平板显示技术组成及各自特点。
(3) 了解新型平板显示技术发展现状和趋势。
(4) 了解我国平板显示产业发展思路。

技能目标

(1) 能够完成平板显示相关问题的解答。
(2) 使用原理知识进行逻辑推理。
(3) 能够完成自然语言处理。
(4) 熟练使用智能信息检索技术。

7.1 平板显示器

平板显示产业是电子信息产业重要的组成部分和高速增长点,已成为国民经济增长的重要支撑。我国平板显示行业进入了从追赶者成为挑战者的关键阶段,在 FPD 显示技术的不断推进下,我国平板显示产业格局也在发生着变化。

7.1.1 平板显示器概述

平板显示器是指显示屏对角线长度是整个机身厚度四倍以上的显示器件。平板显示器的类型有很多,如液晶显示器、电致发光显示器、等离子体显示器、真空荧光显示器等。

1. 平板显示器的优点

(1) 整机很薄且轻巧,可以做成便携式。

（2）多数平板显示器的使用寿命比较长。

（3）电压较低，不会产生 X 射线辐射，也不会出现闪烁抖动、发生静电等现象。

（4）耗电量低，可用电池供电，使用较方便。

（5）不会对人体健康造成影响。

2. 平板显示器种类及特点

平板显示器分为主动发光显示器与被动发光显示器。主动发光显示器指显示媒质本身发光而提供可见辐射的显示器件，包括等离子显示器（PDP）、真空荧光显示器（VFD）、场发射显示器（FED）、电致发光显示器（LED）和有机发光二极管显示器（OLED）等。被动发光显示器指本身不发光，而是利用显示媒质被电信号调制后，其光学特性发生变化，对环境光和外加电源（背光源、投影光源）发出的光进行调制，在显示屏或银幕上进行显示的器件，包括液晶显示器（LCD）、微机电系统显示器（DMD）和电子油墨（EL）显示器等。

（1）液晶显示器。液晶显示器包括无源矩阵液晶显示器（PM-LCD）与有源矩阵液晶显示器（AM-LCD）。STN 与 TN 液晶显示器均属于无源矩阵液晶显示器。20 世纪 90 年代，有源矩阵液晶显示器技术飞速发展，特别是薄膜晶体管液晶显示器（TFT-LCD）。它作为 STN 的换代产品具有响应速度快、不产生闪烁等优点，广泛应用到便携式计算机及工作站、电视、摄录像机和手持式视频游戏机等产品中。AM-LCD 与 PM-LCD 的差别在于前者每像素加有开关器件，可克服交叉干扰，得到高对比度和高分辨率显示。当前 AM-LCD 采用的是非晶硅（a-Si）TFT 开关器件和存储电容方案，可得到高灰度级，实现真彩色显示。然而，高密度摄像机和投影应用对高分辨率和小像素的需求推动了 P-Si（多晶硅）TFT（薄膜晶体管）显示器的发展。P-Si 的迁移率比 a-Si 的迁移率高 8 到 9 倍。P-Si TFT 的尺寸小，不仅适合用于高密度高分辨率显示，且周边电路也可以集成到基板上。总而言之，LCD 适合作薄、轻、功耗小的中小型显示器，广泛应用于笔记本电脑、移动电话等电子设备中。LCD 经过规模化生产，成本在不断降低。它的未来发展方向是取代 PC 的阴极显示器并在液晶电视中应用。

（2）等离子体显示器。等离子体显示是利用气体（如氖气）放电原理实现的一种发光型显示技术。等离子体显示器具有阴极射线管的优点，但制造在很薄的结构上。主流产品尺寸为 40 英寸[①]、42 英寸。50 英寸、60 英寸的产品正在开发中。

（3）真空荧光显示器。真空荧光显示器是一种广泛用作音/视频产品和家用电器的显示器。它是将阴极、栅极和阳极封装在真空管壳内的一种三极电子管式的真空显示器件。它是阴极发射的电子经栅极和阳极所加的正电压而加速，并激励涂覆于阳极上的荧光粉而发光的。其栅极采用的是蜂窝结构。

（4）电致发光显示器。电致发光显示器采用固态薄膜技术制成。在两个导电板之间放置一个绝缘层，一个薄的电致发光层便沉积而成。该器件采用宽发射频谱的涂锌板或涂锶板作电致发光部件。其电致发光层为 100 微米厚，能达到像有机发光二极管显示器（OLED）一样清晰的显示效果。它的典型驱动电压为 10 kHz、200 V 的交流电压，因而需要较昂贵的驱动器集成电路。采用有源阵列驱动方案的高分辨率微型显示器已研制成功。

（5）发光二极管显示器。发光二极管显示器由大量发光二极管构成，可以是单色或多色彩的。高效率的蓝色发光二极管已面市，使得生产全色大屏幕发光二极管显示器成为可能。

---

① 　1 英寸=2.54 厘米。

LED 显示器具有高亮度、高效率、长寿命的特点,适合作室外用的大屏幕显示屏。但是,采用这种技术制造不出用于监视器或 PDA(掌上型电脑)的中等显示器。但是,发光二极管单片集成电路能用作单色的虚拟显示器。

(6) 微机电系统。微机电系统是一种采用微机电系统技术制造的微型显示器。在这种显示器中,微型的机械结构是采用标准的半导体工艺加工半导体和其他材料制造出来的。在数字微镜器件中,其结构是一种由铰链支持的微镜。其铰链由连接到下面的一个存储单元的极板上的电荷所激励。每一微镜的尺寸大约为人头发的直径。该器件主要用于便携式商用投影机和家庭影院投影机。

(7) 场发射显示器。场发射显示器的基本原理与阴极射线管相同,即由极板吸引电子并使其碰撞涂覆在阳极上的荧光体而发光。它的阴极由为数众多的微细电子源依阵列排列而成,即以一个像素一个阴极的阵列形式排列。像离子体显示器一样,场发射显示器需要高压才能工作,其电压范围为 200~6 000 V。但时至今日,由于其制造设备的生产成本高使之没有成为主流的平板显示器。

(8) 有机发光二极管显示器。在有机发光二极管显示器中,电流通过一层或多层塑料,就会产生像无机发光二极管发光的那种现象。这意味着 OLED 器件所需的是衬底上的固态膜叠层。然而,有机材料对水蒸气和氧非常敏感,因此密封是必不可少的。OLED 是主动发光器件,并显示出极好的光特性和低功耗特性。它们具有在可弯曲的衬底上以一卷接一卷的加工方式进行批量生产的巨大潜力,因此制造成本非常低廉。该技术具有很宽的应用范围,从简单的单色大面积发光到全色视频图形显示器。

(9) 电子油墨显示器。E-ink 显示器是在一种双稳态材料上加上电场而进行控制的显示器。它由大量微型密封的透明球体所构成,每一个球体的直径大约为 100 微米,并包含黑色液体染色材料以及数千个白色二氧化钛的微粒。当在双稳态材料上加上电场时,二氧化钛粒子根据其电荷状态将向其中一个电极迁移,从而导致像素发光或不发光。由于这种材料是双稳态的,保存信息的时间可达数个月。由于用电场控制其工作状态,用很小的能量就能改变其显示的内容。

7.1.2 平板显示器产业链

1. 平板显示产业链组成

平板显示产业链由上游材料、中游组装和下游产品组成,FPD 光电玻璃精加工行业位于中游组装阶段,其中薄化、镀膜、切割业务的加工对象为光电玻璃,相关器件经过前序精加工后,由模组厂商用于生产显示模组、显示触控模组,最终用于智能手机、平板电脑等移动智能终端产品,如图 7-1 所示。

平板显示产业是电子信息领域的核心支柱产业之一,包括玻璃基板、液晶材料、偏光片、彩色滤光片、光学薄膜、面板产业等众多细分领域,融合了光电子、微电子、化学、制造装备、半导体工程和材料等多个学科,具有产业链长、多领域交叉的特点,对上下游产业的拉动作用明显。

平板显示产业极具发展潜力,平板显示产业重在打造产业链。2006 年,我国生产的手机、微机、彩电、显示器的产量占全球总量已超过 40%,列世界第一。我国主要终端产品市场规模巨大,彩电产品结构逐步优化升级。自 2004 年以来,我国平板电视机产销量呈快速发展的态势,尤其是液晶电视几十倍地增长。作为 FPD 器件的主要应用领域,生产的手机、PC、彩电、

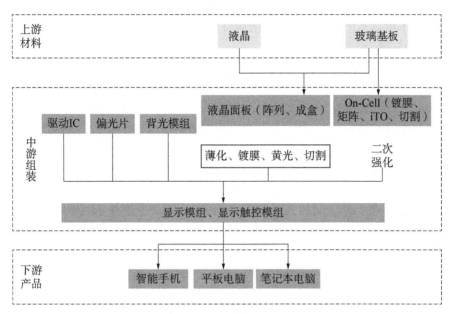

图 7-1 平板显示产业链

显示器等产量均已居全球第一。自 2003 年年底以来,我国已是全球最大的笔记本电脑生产基地;我国平板电视的需求以年均 250% 的速度增长。

2. 国产平板电视然存在的问题

(1)赢利模式不佳。2005 年国产 LCD-TV、PDP-TV 的市场占有率分别为 74.3% 和 45.3%,但利润的 80% 为液晶平板厂商所有(平板成本在 60% 左右),因此国产品牌的液晶电视基本不赢利。

(2)缺乏核心技术。超薄玻璃、导电玻璃、滤光片、增光片、长效背光源灯管等技术都在跨国公司手中,基础器件、专用设备、新材料、关键工艺等至今尚未突破。中国企业联合起来建设第 6 代液晶屏生产线,投资 20 亿美元,大约有 80% 资金用于进口设备。

(3)资金压力较大。由于平板电视元器件成本偏高,营销费用相对较大,价格变化较快,整机生产厂家的资金压力很大。

(4)价格依然偏高。虽然自去年以来,TCL32 英寸液晶电视、海尔 TLM3201、海信 37 英寸液晶的价格都陆续降到万元以下,但对三、四级市场而言,价格仍然偏高,难以普及。据调查资料显示,北京、上海、广州等 28 个城市的平板电视消费量占了 84% 的份额,而我国现有的约 4 亿台 CRT 彩电尚难以全面更新。

(5)售后服务不能到位、服务网点少、维修价格高。

3. 平板显示业发展政策建议

(1)着重打造产业链。既要借鉴当年发展彩电业的经验和教训,也要借鉴韩国和我国台湾地区的发展经验,以液晶屏生产线为重点,整合整机企业,同时要抓上游配套材料,如基板玻璃、背光源等。

(2)国家给予引导资金。20 世纪 80 年代,由中央政府和地方政府出资引进 113 条生产线,造就了目前销售收入约 800 亿美元的彩电工业;20 世纪 90 年代,政府投入 12 亿美元扶持

8英寸芯片生产线,加快了我国集成电路产业的发展。平板显示产业是一个处于成长期的产业,建议国家对平板显示产业也采取同样的扶持措施,由政府出引导资金,企业积极筹资,促进平板显示产业的发展。

（3）改革国家资金投入模式。一是国家研发资金项目要更多地体现企业重大科技创新要求;二是经费要向企业倾斜,引导科研机构研发项目与企业需求相结合;三是要整合有限资源,用于共性、关键性、前瞻性的重大科技项目研发和产业化投入;四是对研究型企业予以重点支持;五是对优势企业的研究开发、技术创新予以重点倾斜。

（4）引进与创新并重。平板显示产业的投资不能再走过去 CRT 彩电引进快而消化吸收慢的老路,国家科技投资应拟定引进与消化吸收再创新的比例,近期以 1∶3 较为合理(当前为 1∶0.07),所有项目都应遵循这一比例。

（5）倡导联合开发。对于制约我国 FPD 发展的共性、关键性技术,倡导联合开发、有效推进,要总结彩电、手机的经验教训,要像限制重复建设那样限制重复引进和重复开发,保障有限资源的有效使用。

（6）调整税收政策。2005 年,财政部和国家税务总局已联合发布《关于扶持薄膜晶体管显示器产业发展税收优惠政策的通知》,这是对 TFT-LCD 产业发展的重大支持。与此同时,在出口退税、关税、增值税等方面都应有支持我国平板显示产业加快发展的政策。

（7）发展创业基金。除银行贷款、股市融资外,创业基金是企业投入资金重要来源之一,当前要解决的问题有两方面:一是风险投入的会计制度;二是风险投入的税收政策。

（8）完善技术转移机制。目前产学研界面相对刚性,研究院所的技术成果找不到企业接盘,而企业急需开发的产品找不到可用的研究成果。因此,要发展科技中介机构,促进企业之间、企业与研究机构之间的技术转移。

4. 产业链不完善导致被动

尽管我国已经成为平板显示行业的第一市场大国,产能与规模方面也在逐渐加强,但是在全球格局中,仍然处于"被动应对"的角色,而不是"主动出击"。究其原因,自主产业链尤其是上游配套的体系不完善是"最深的痛"。

表面上看,制约中国平板显示产业发展首要问题是效益问题,实际上是产业链不完善导致了效益问题突出。平板显示产业是高投入、高消耗、更新快的产业,上游材料、部件、装备不能自给,配套产业的不足和高端人才的匮乏,使得我国自主平板企业可以掌握的利润空间并不大,在激烈的市场竞争面前往往难以获得较好的经济效益,从而降低了更多资本和人才进入平板行业的决心。

京东方首席运营官王家恒表示"我国液晶面板企业最受制约的地方就是上游端国产化的配套。有数据表明,在对于成本至关重要的产业配套率上,日本已达 176%、韩国为 82%,而中国的产业配套率仅 11%。要充分发挥政府的引导和推动作用,有效利用资源、重点发展,促进国产化配套和产业链的整体完善。"由此可见,完善产业链是迫切需要我国平板显示产业发力的地方。

随着液晶面板生产线大批投资建设,我国在基板玻璃、偏光片、TFT 液晶材料、上游薄膜材料等方面均获得较大的突破。在低端的 TN/STN LCD 领域,我国的配套完善程度要高于 TFT-LCD 面板生产领域、ITO 导电玻璃、液晶材料、偏光片等关键材料均能够实现本土化供应,在设备方面,京城清达、七星华创、太原二所等已能够提供相关的生产设备。

不过,清华液晶技术工程研究中心教授高鸿锦认为,虽然我国的液晶面上游配套取得众多的突破,但目前仍未形成完善的配套体系,上游材料厂商与面板厂商之间的整合还需要进一步加强。例如,关键的建线设备及相关材料等还需进口,国内厂商提供的材料很少被采用,相关人才还很紧缺。我国液晶产业得到更大的发展,对于原材料的需求空前旺盛,对于上游材料厂商来说是难得的契机。上游配套产业的完善还需要政府政策的支持,相关机构人才的培养以及上下游厂商的通力合作。

对于产业协作合力发展,中国电子工业标准化技术协会副秘书长庞春霖建议采取标准联盟或专利联盟的方式,把我国平板显示产业有效的组织起来,改变过去松散和彼此恶性竞争的状况,以标准制定或共建专利池的方式,使各家利益进行有效的捆绑,在各自特点的基础上,结合国家支持,将标准体系、专利体系、公共技术服务平台、检测与评价平台一致、完整地建立起来。

5. 主要做法

(1)研判产业发展趋势,坚定产业发展方向。根据国家鼓励产业发展方向,依托现有关联企业发展情况,集中优势资源,着力发展面向移动终端的中小尺寸显示,实现错位发展,打造新型平板显示基地。

(2)定位招商重点区域,不断扩大招商视野。经过市场分析,将招商重点锁定在显示产业发达的广东地区,积极和深圳平板协会、手机协会等行业协会对接,利用他们的平台信息,通过以商招商、驻点招商和借会招商等多种方式,集中引进龙头新项目和产业链关键环节项目。成功招引中兴通信智能科技产业园项目、华宇彩晶液晶显示模组项目、德仓光电背光源模组项目和华讯方舟电子书包项目,部分项目实现当年签约、当年建设、当年投产。

(3)依托龙头企业招商,持续延伸产业链条。按照"龙头企业—产业链—产业集群—产业基地"的发展思路,不断延伸产业链,壮大产业集群。依托长信科技成功引进了厦门映日科技TFT靶材、南太电子等项目;依托中兴通信成功引进了德仓光电背光源、聚飞光电 SMD-LED器件、中兴新能源等项目;依托三安光电成功引进了瑞昌电气系统、亚格盛高纯金属有机源、三首光电等项目。

(4)大力提升服务水平,全力推动项目建设。通过定期调度、现场协调会、企业"一周一报"、"主任跑工地"等多种方式,全力加快在建项目推进速度;在项目审批、土地预审核、环评、基础设施建设、科技创新扶持、员工招募和住宿等方面提供一系列优质高效服务,并落实专人全程负责。及时有效地解决企业在建设中遇到的困难,让投资者感到放心、舒心。

思政视窗

厦门平板显示产业集群形成 AMOLED、商用显示、新型显示等产业

厦门平板显示产业集群作为全国唯一的国家光电平板显示产业集群试点,在平板显示领域已经具备经济规模,产业链条完整,聚集了宸鸿科技、友达光电等产业翘楚,是厦门首个突破千亿的产业。

厦门市显示产业项目和产业链主要集中在厦门火炬高新区,2017 年厦门火炬高新区平板显示产业产值 1223 亿元,较 2016 年增长约 18%,,在全国电子信息产业光电显示细分行业排名第一;也为火炬高新区六大产业之首,占整个厦门市约 92.3%。

就产业链方面,厦门平板显示产业以中游为主,占比超过 6 成,目前最主要的生产项目包括:天马微电子的 6 代 LTPS TFT 液晶面板项目及电气硝子的 8.5 代 α-Si TFT 液晶玻璃基

板项目已量产,而电气硝子二期项目也于 2018 年 5 月全面生产,月产能达 260 万平方米,生产的基板玻璃厚度仅 0.4~0.5 毫米,为厦门平板显示产业发展提供最重要的原材料。其他还有友达光电、宸鸿科技、宸美光电等,所生产的车载屏、背光模组、触摸屏等产品在市场上具有较高的占有率。

目前,厦门平板显示产业在龙头带动方面,已有天马微电子落户在厦门,并主攻传统 LTPS 及 AMOLED 手机面板,具备成为厦门平板显示产业龙头企业的条件。软件配套方面,也已有不错的软件及内容产业基础,近年来集成电路产业也快速成长,为平板显示产业整合及跨业发展提供良好助力。

面对国内外平板显示产业的发展趋势及未来布局,未来 5 年内,全球液晶面板供给平均每年成长 59%,其中国内面板龙头京东方 10 代线厂 2018 年上半启用,之后华星光电、中电熊猫及鸿海 10 代线厂都会陆续投产,推估 2018~2020 年将高达 7 家 10 代线厂。

对厦门而言,若要投资 8.5 代线或者 10 代以上高世代产线,待至能投产出货时,恐将面临 10 代以上产线竞争白热化,以及削价竞争。部分较小世代线的发展也可能受影响,如目前主力生产 65 寸的 6 代线或生产 75 寸的 7.5 代线,都可能面临直接竞争,压缩利润。

因此持续投资新型平板显示项目如 OLED 柔性显示技术、AMOLED、MicroLED,掌握新应用领域如车用、电竞等领域,生产高附加价值产品以提升产业竞争力,巩固企业获利空间,将是厦门平板显示产业往两千亿规模发展的重要推手。

值得注意的是,厦门在电子信息产业方面已有一定基础,除平板显示产业外,在集成电路、软件信息服务、终端应用等产业方面都有不错发展,面对 microLED、智能汽车、microLED、智能汽车、智能穿戴/AR/VR、智能家居、商用显示(电竞、医疗)等创新应用,应加强本地各产业之间的融合共享发展,以面板+软件、面板+IC 等打群战方式,抢占新型显示市场,以提升厦门平板显示产业的行业竞争力。

7.2 平板显示产业概况

近年来,平板显示技术,尤其是液晶显示与等离子显示技术在我国得到突飞猛进的发展,对我国显示产业从传统显示器向平板显示器(flat panel display,FPD)的转型具有重要意义。

平板显示,本身就是一块平板,没有一般显示器中的电子束管的显示方式。作为大屏幕显示时不存在投射距离问题,多采用矩阵控制,故亦称"矩阵控制平板显示"或简称"矩阵显示"。其基本原理是利用无需背光源自发光的原理,根据薄膜晶体管线路控制达到阵列显示目的,可使显示设备实现超薄化、柔性化。

平板显示器成为未来电视的主流是大势所趋,但在国际上尚没有严格的定义,一般这种显示屏厚度较薄,看上去就像一款平板。

7.2.1 平板显示技术产业发展

平板显示(flat display panel,FDP)技术主要是相对于阴极放射线管(cathode ray tube,CRT)显示技术而言的。相比 CRT 显示技术,平板显示技术具有无辐射、无闪烁、高分辨率、低能耗以及易实现便携化等优点,自 20 世纪 90 年代实现产业化以来获得了飞速发展。随着平板显示技术的不断改进,其产业化程度不断提高,当前平板显示技术已取代 CRT 显示技术成为全球主流的显示技术。

根据技术特点划分,平板显示技术主要包括等离子显示(plasma display panel,PDP)、场发射显示(field emission display,FED)、有机发光二极管显示(organic light-emitting display,OLED)、液晶显示(liquid crystal display,LCD)等,如图 7-2 所示。

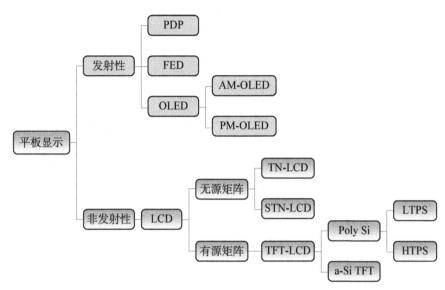

图 7-2　平板显示技术的划分

1. 平板显示行业发展现状

目前市场上的平板显示器件主要包括 LCD、PDP 和 OLED 等。OLED 由于量产技术尚未成熟、价格居高不下等原因,目前主要应用于小尺寸显示领域;与 PDP 相比,LCD 在性价比、分辨率、耗电量、屏幕尺寸多样化等关键指标上占据了优势。因此,当前量产技术最为成熟、性能优秀的 LCD 成为平板显示领域主导技术和产品,占据了平板显示 90% 以上的市场份额。

2. 平板显示行业的发展趋势

目前,LCD 占据了平板显示市场 90% 以上的市场份额,预计在未来较长时期内,LCD 仍将是平板显示的主流显示器件,主要原因如下。

(1) PDP 生产厂商逐渐减少,市场份额将逐渐降低。PDP 受制于尺寸限制(33~103 英寸),目前一般用于电视和大型显示器(如机场、展览会显示用),相对于液晶产品,等离子电视和显示器目前的市场状况并不理想。

(2) OLED 存在替代 LCD 的可能,但能否替代尚不确定。OLED 通过利用有机材料实现自主发光,不需背光模组,因此其结构比 LCD 更简单,材料成本理论上比 LCD 便宜 30% 左右。此外,OLED 还有更轻薄、视角更大、功耗更低、响应时间短、抗震等诸多优点,可能构成对 LCD 的潜在竞争。LCD 技术不断向前发展,生命周期将有效延长。1968 年美国先发明 LCD 技术,其后在日本形成产业化,其产业发展经历了从单色的扭曲向列型(TN-LCD)到超扭曲向列型(STN-LCD)、从超扭曲向列型加上彩色滤光片后可显示彩色的超扭曲向列型(CSTN-LCD)、从可显示彩色的超扭曲向列型到有源式的薄膜晶体管型(TFT-LCD)的显示技术升级历史,技术特点如表 7-1 所示。

表 7-1　LCD 技术特点分析表

显示类别	特点	主要应用领域
TFT-LCD	成本低、内容简单、功耗低	数字显示领域
STN-LCD	成本低、显示容量较大、功耗低	文字或图像显示
CSTN-LCD	成本低、彩色显示	静态或者缓变彩色显示领域
TFT-LCD	色彩丰富、画质好、动态显示	彩色动态显示领域

TFT-LCD 在 TN-LCD、STN-LCD、CSTN-LCD 的基础上大大提高了图像质量,是当前主流的液晶显示技术,其技术应用几乎涵盖了当今市场上的各种大、中、小尺寸电子产品,如电视、台式电脑、笔记本电脑、手机、PDA、GPS、车载显示、仪器仪表、公共显示和虚幻显示等。

在过去的几年中,前沿的 LCD 面板制造技术已迅速从大尺寸电视应用向高解析度移动应用产品转移。随着高端移动应用产品屏幕分辨率已超过 400 ppi 且继续向更高分辨率迈进,移动应用产品液晶显示面板的制造其实在很多方面都比大尺寸液晶显示面板制造更具挑战。此外,对于大部分移动产品来说,大幅降低显示屏幕能量消耗是增加移动应用产品相对较短的待机时间的关键。因此,提高分辨率、降低能量损耗、提高画面质量(如色彩饱和度和对比度)、符合人体工程学和降低成本是近年来 LCD 制造技术的主要发展目标。

同时,随着相关技术陆续突破并在成本考量下得以运用到 LCD 制造中,OLED 所具备的部分技术优势将被大幅度弱化。例如,量子点技术是 LCD 行业用来创造更真实画面的一项创新技术,它非常接近人眼的完整可视范围。Display Search 新研究表明,采用量子点技术的 4 K 超高清(UHD)增强型彩色液晶电视已经推出。

随着全球电子产业的发展,平板显示器的主要下游产品呈现出持续发展的局面,尤其是智能手机、平板电脑、平板电视、液晶显示器等新兴电子产品的兴起,将会极大地带动平板显示器及相关产业的市场需求,为平板显示产业及上下游延伸行业的发展提供更好的市场契机。

(3) 平板显示产业产能加速向中国转移。当前,平板显示产业主要集中在中国、日本、韩国,基本涵盖了整个产业链。中国平板显示产业起步较晚,但在政府支持下,近年来发展迅猛,为了扩大产能,面板厂商积极投资购买平板显示器生产设备建设新厂。

在巨额投资的带动下,中国 FPD 的产能迅猛增长,占全球 FPD 产能的比例也快速提高。目前,中国 FPD 生产设备支出几乎都集中在 a-Si TFT(非晶硅薄膜晶体管)LCD 工厂,产品主要用于液晶显示器和液晶电视。随着智能移动设备市场(如智能手机和平板电脑等)的不断壮大,中国 FPD 生产商正试图向高端、高增长的 LTPS(低温多晶硅)TFT LCDs 和 AMOLEDs 产品拓展,以供智能手机和平板电脑使用。

7.2.2　我国平板显示行业发展历程及现状

20 世纪 60 年代以来,先后出现的平板显示技术可分为三类:被动发光型、真空荧光粉型和电致发光型。被动发光型主要有液晶显示(LCD)、电泳显示(EPD)、背投(RPD)等。真空荧光粉型主要有真空荧光管显示(VFD)、场发射显示(FED)、等离子显示(PDP)等。电致发光型主要有电致光显示(ELD)、发光二极管显示(LED)、有机发光二极管显示(OLED)等。在平板显示技术发展进程中,PDP 曾经一度领先于 LCD,但随着工艺和技术的发展,LCD 后来居上,在性价比、分辨率、耗电量、屏幕尺寸多样化等关键指标上全面超越 PDP,逐渐成为平板显示主流技术。

我国 LCD 技术起步较晚。20 世纪 80 年代,中科院长春物理所和清华大学开始从事 LCD 产业研究。20 世纪 90 年代,中科院长春物理所先后完成 TN-LCD(曲向列型液晶显示器,单色)和 STN-LCD(超扭曲向列型液晶显示器)的研制开发工作。1998 年,吉林彩晶建立国内第一条 TFT-LCD(薄膜晶体管液晶显示器)生产线,并于 2000 年开始生产小尺寸的 TFT-LCD。2001 年开始,京东方、上广电等开始建设五代线(液晶面板生产线世代是根据玻璃基板的大小来划分的,世代越高,玻璃基板尺寸越大)。2009 年,我国掀起高世代液晶面板产线建设高潮,TFT-LCD 开始强势崛起。目前我国平板显示行业发展现状和特点如下。

1. 产能扩张迅猛

2009 年之前,中国面板产线最高世代为五代线,产量远远不能满足需求,年进口额超过 400 亿美元。2009 年我国开始掀起高世代面板生产线建设热潮。目前中国液晶面板总产能已跃居全球第一,随着大量高世代液晶面板生产线的建成投产,未来平板显示领域将出现产能过剩,液晶面板企业将面临巨大的竞争压力。

2. 技术水平进一步提高,量产进程稳步推进

以 TFT-LCD 为主的平板显示产业已经进入成熟阶段,新技术产业化以及新产品量产化成为产业发展的重要驱动力,国内新一代显示技术布局加快。氧化物半导体(Oxide)、四道光罩工艺等新技术逐步导入生产线;自主研发的电子设计自动化(EDA)软件被骨干企业大量采用;大尺寸、超高分辨率的 55 英寸 4K×2K 液晶电视面板实现量产;和辉光电 4.5 代、国显光电等 AM-OLED 产线进入量产阶段,厦门 5.5 代低温多晶硅生产线、鄂尔多斯 5.5 代 AM-OLED 生产线相继投产,电视用 55 英寸以上有源矩阵有机发光二极管(AM-OLED)面板样品研制成功。在新兴显示技产品方面,继 3D、4K 之后,显示技术高附加值化竞争的新竞争核心已经明确为扩大 TFT-LCD 的色彩表现范围。采用量子点的光学材料置于背光与液晶面板之间,使 TFT-LCD 的色域达到或超过 OLED 的水平。为应对技术的不断加速发展,我国平板显示企业新技术量产进程也在明显加快,京东方、华星光电、中电熊猫、天马微电子等骨干企业在高分辨率、宽视角、低功耗、窄边框、高饱和度等新技术上投入也在不断加大。

3. 本土产业链不断完善,形成初步配套体系

平板显示产业发展带动了上游材料和设备的发展,推动了配套产业的国产化进程,低世代线国产化供应体系基本建成。国产上游材料和装备在产业竞争中,已经具备了一定优势,一是价格和成本较低;二是产能和技术快速成长;三是与国际企业相比,更贴近市场和客户。在国内面板龙头企业带动下,产业集聚效应逐渐显现,京东方在玻璃基板、液晶材料、导光板、光刻胶、彩色滤光片、偏光片、背光源等重要材料方面实现了本土企业配套供应。华星光电则通过与本土企业一起技术攻关,产品合格后大批量采用的模式,扶持配套国产化。目前,我国部分 5 代线材料本地配套率达到 70%,其中玻璃基板国产化率达 70%,彩色滤光片达 60%,偏光片达 100%,液晶材料达 60%。

4. 知识产权和高世代产业链配套受制于人

与面板企业相比,国内材料和装备企业起步晚、技术基础薄弱。虽然我国在低世代线上游供应体系中国产化配套率较高,但是高世代 TFT-LCD 面板生产线 90% 以上的工艺设备、70% 以上的零配件和材料仍依赖于进口,关键材料和核心装备已成为制约我国新型显示产业发展的瓶颈。境外龙头企业在显示领域拥有数量众多的专利,在成熟技术领域已完成专利积累,在

新技术领域也加快了布局。近几年,随着竞争的白热化,越来越多的国际企业以知识产权或专利作为武器,遏制包括我国企业在内的竞争对手发展。例如,美国康宁、韩国三星都对我国相关企业提出知识产权(商业秘密)侵权诉讼。从产业支撑体系看,知识产权和产业链配套建设的滞后与产业规模快速增长极度不匹配,势必制约产业后续发展。

5. 基础创新能力薄弱,自主发展能力有待加强

近年来,为刺激需求和扩大市场,不断有高附加值产品推出例如,4K、2K高分辨率、LTPS(低温多晶硅技术)和氧化物背板技术、量子点显示以及曲面显示等产品,这些产品大多是以韩国、日本或我国台湾地区的企业主导发展。在LTPS和氧化物背板技术方面,日本和韩国企业在知识产权和产能方面占据极大优势,日本显示器公司在LTPS产能面积占比达到48%,氧化物背板技术则基本由夏普和韩国企业控制。近年来,曲面显示成为各大电视机企业推广重点。但是在曲面显示面板方面,核心技术基本由韩国企业和日本企业掌握,我国电视机企业的OLED或LCD曲面电视显示面板大多由韩国企业提供。虽然曲面显示的发展前景尚不明朗,但是在新技术开发和应用的意识和水平方面,我国企业大多处于跟随状态,尚不具备引领产业发展的自主发展能力。

6. 投资主体和产业分布较为分散

目前,一方面,新型显示产业发达地区已趋向产业集聚,如日本的日本显示和夏普、韩国的三星和LG、中国台湾的友达和群创,全球市场占有率近90%。而我国拥有面板生产线的省(直辖市、计划单列市)有10个,相关企业超过11家,不仅投资主体分散,区域也不集中,同一企业在多地建线的情况多有发生。另一方面,国际上面板企业对上游企业的垂直整合(如韩国三星大规模参股上游材料、设备企业),以及上游企业的强强联合(如应用材料收购东京电子)愈加频繁。在全球进一步加快产业集聚步伐的背景下,我国平板显示产业的"四处开花"不利于形成产业集群优势,为长远发展埋下隐忧。

7.2.3 我国平板显示行业发展趋势分析

1. 平板显示技术发展趋势

纵观平板显示技术发展历史和未来发展趋势,可以从"薄""大""精""深"和柔性化等方面阐述。

(1)"薄":对液晶显示超薄特性的追求,促进了材料技术、工艺技术的革新,玻璃基板从0.7mm到0.5mm,再到0.3mm甚至0.1mm;铝合金一体成型、侧边式背光等各种薄型化技术纷纷出现,这些技术都使得平板显示器件向更薄方向发展。

(2)"大":对大尺寸面板的需求推动了面板世代线更迭,已经量产的产线,基板尺寸从第一代的320mm×400mm,扩张到第十代的2880mm×3130mm,2015年12月,京东方在合肥投资建设的世界上第一条第10.5代线动工,基板尺寸达3370mm×2940mm,可以做到100英寸以上的大屏幕。

(3)"精"(更高分辨率):显示技术的进步,一直沿着分辨率不断提高,从而显示精细度不断提升的道路发展。无论是手机屏的"视网膜屏"概念,还是电视屏的4K、8K概念,其实质都是通过提升显示精度,带来显示品质的飞跃,从而成为市场的热点。对超高精细显示的追求,手机的像素密度已经从早期的100ppi以内,提升到450ppi以上,面板高精细度发展趋势,对TFT器件特性提出了更高的要求,传统的非晶硅技术已经达到技术瓶颈,开始向LTPS技术和IGZO(铟镓锌氧化物)技术转向。

（4）"深"：可以理解为景深，即显示从平面向三维立体方向发展。与普通 2D 画面显示相比，3D 技术可以使画面变得立体逼真，图像不再局限于屏幕的平面上，仿佛能够走出屏幕外面，让观众有身临其境的感觉。3D 电影《阿凡达》获得了极大的成功，并在市场上掀起 3D 显示热潮，不仅商业片纷纷推出 3D 版，在大尺寸 TV 领域，3D 显示功能也几乎成为标配。3D 技术可以分为眼镜式和裸眼式两大类。目前，无论是家用还是影院，常见的 3D 显示都是需要配合 3D 眼镜使用。未来 3D 技术不仅要提供立体逼真的画面，而且要向裸眼式发展。

（5）柔性化：OLED 技术发展及可穿戴设备的需求拉动，促进了平板显示技术向柔性化方向发展。三星电子和 LG 电子分别推出了全球首款配备柔性屏幕的 AM-OLED（有源矩阵有机发光二极管）智能手机，它们的成功激励了其他厂商纷纷跟进柔性显示技术。随着柔性显示技术的发展，柔性屏幕可以应用于平板电脑、车载监控设备和大屏幕电视等领域。而未来的电视产品将有可能发展成为可悬挂于墙壁上、可卷曲的屏幕。

2. 平板显示产业发展趋势

（1）产业重心向中国转移。由于国际化分工的需要，平板产业发展重心不断转移。LCD 产业的核心面板制造产业首先在日本得到发展，20 世纪末开始向韩国和我国台湾地区转移，2010 年前形成了日、韩、中国台湾三足鼎立局面。2009 年开始，中国大陆面板产业迅速崛起，目前平板显示产能已位居世界第一。

液晶产业的上游产业也逐渐向中国转移，已经逐渐建立起偏光片、玻璃基板等面板配套产业。而在下游的应用端，中国已是世界最大的平板显示终端制造基地和市场。发展平板显示产业对于加强电子终端产品配套能力具有重要意义。

（2）可能出现结构性产能过剩。目前我国有 11 条高世代液晶显示生产线处在开工建设过程中，其中以中西部地区热情最高。除了安徽、广东、北京、江苏等平板显示先行地区，四川、湖北、福建、内蒙古等具备一定平板显示产业基础的省份和河南、重庆、陕西等地区都在该领域投入重资，将平板显示产业作为地区发展重点。

随着平板显示器对 CRT 显示器替换逐渐完成，液晶电视机、个人电脑显示器等大尺寸面板需求增长趋缓。而以平板电脑、智能手机、车载显示为主的中小尺寸面板则处于高速增长期，年均增长率将继续保持在 20% 以上，成为产业发展的主要驱动力。

近年来我国集中建设多条高世代平板显示生产线，且全部是 TFT-LCD 生产线，由于大尺寸 TV 面板需求增长速度减缓，未来大尺寸 TFT-LCD 面板将难免出现产能过剩局面。而中小屏幕由于智能手机和平板电脑等终端产品高速增长，需求较为旺盛，则有可能出现供不应求的局面。因此，液晶面板行业可能形成结构性产能过剩的局面。

（3）产业集中度将进一步提高。液晶面板行业是资本、技术密集型行业，且有很强周期性，发展过程中，业内企业不断兼并重组，集中度日趋提高。而且随着行业成熟度的提高，利润率有下降趋势，也促使企业间的合并，以形成规模优势，降低成本。

以日本为例，曾经有十多家企业涉足面板制造，是市场的绝对主导，发展到现在只剩日本显示和夏普有一定规模，其他的几家影响已经很小。在面板的上游，材料及设备产业集中度也相当高。例如，玻璃基板主供应商是康宁、旭硝子、电气硝子；偏光片主供应商是住化、LG 化学；液晶主供应商是默克；光刻机主供应商是爱发科、佳能。

预期未来我国的液晶面板行业也将出现兼并重组（包括纵向兼并和横向兼并），产业资源向大型制造商集中。目前国内液晶面板行业产能主要集中于京东方、华星光电、中电熊猫、天马、国显五大厂商，预期未来大型面板制造厂商将采取兼并重组措施，一方面横向兼并，扩大面板产能规模；另一方面向液晶面板上、下游领域扩张（上游产业包括玻璃基板、液晶、导光板、光刻胶、彩色滤光片、偏光片、背光源，下游产业包括各类显示终端产品的生产销售），以掌控更多产业资源，获取规模效益和竞争优势。

总之，平板显示技术发展速度非常快，各种新型显示技术层出不穷。近年来，OLED技术发展迅速，随着该产品技术的进一步完善，有可能发展成为平板显示的主流技术，替代当前的LCD技术。而平板显示产业格局和市场需求的变化也受到各个地区政策和经济发展等各方面因素的影响，对该行业后期发展还需根据实际情况不断调整。

7.3 液晶显示器概述

LCD对于用户而言并不算新鲜的名词，不过这种技术存在的历史远远超过了我们的想象。早在19世纪末，奥地利植物学家就发现了液晶，即液态的晶体，也就是说一种物质同时具备了液体的流动性和类似晶体的某种排列特性。在电场的作用下，液晶分子的排列会产生变化，从而影响到它的光学性质，这种现象叫做电光效应。利用液晶的电光效应，英国科学家在20世纪制造了第一块液晶显示器即LCD。

7.3.1 液晶显示器

图7-3 液晶显示器

液晶显示器（LCD）是一种借助于薄膜晶体管驱动的有源矩阵液晶显示器，它主要是以电流刺激液晶分子产生点、线、面配合背部灯管构成画面。IPS、TFT、SLCD都属于LCD的子类。LCD工作原理是，在电场的作用下，利用液晶分子的排列方向发生变化，使外光源透光率改变（调制），完成电—光变换，再利用R、G、B三基色信号的不同激励，通过红、绿、蓝三基色滤光膜，完成时域和空间域的彩色重显。液晶显示器如图7-3所示。

1. LCD的起源

世界上第一台液晶显示设备出现于20世纪70年代初，被称之为TN-LCD（扭曲向列）液晶显示器。尽管是单色显示，它仍被推广到了电子表、计算器等领域。

2. 基本结构

1）液晶面板

液晶面板包括偏振膜、玻璃基板、黑色矩阵、彩色滤光片、保护膜、普通电极、校准层、液晶层（液晶、间隔、密封剂）、电容、显示电极、棱镜层、散光层。

偏振膜又称偏光片（polarizer），偏光片分为上偏光片和下偏光片，上下两偏光片的偏振功能相互垂直，其作用就像是栅栏一般，按照要求阻隔光波分量，如阻隔掉与偏光片栅栏垂直的光波分量，而只准许与栅栏平行的光波分量通过。

玻璃基板（glass substrate）在液晶显示器中可分为上基板和下基板，其主要作用在于两基板之间的间隔空间夹持液晶材料。玻璃基板的材料一般采用机械性能优良、耐热与耐化学腐蚀的无碱硼硅玻璃。对于 TFT-LCD 而言,一层玻璃基板分布有 TFT,另一层玻璃基板则沉积彩色滤光片。

黑色矩阵(black matrix)借助于高度遮光性能的材料,用以分隔彩色滤光片中红、绿、蓝三原色(防止色混淆)、防止漏光,从而提高各个色块的对比度。此外,在 TFT-LCD 中,黑色矩阵还能遮掩内部电极走线或者薄膜晶体管。

彩色滤光片(color filter)又称滤色膜,其作用是产生红、绿、蓝三种基色光,实现液晶显示器的全彩色显示。

取向膜(alignment layer)又称配向膜或定向层,其作用是让液晶分子能够在微观尺寸的层面上实现均匀的排列和取向。

透明电极(transparent electrode)分为公共电极与像素电极,输入信号电压就是加载在像素电极与公共电极两电极之间。透明电极通常是在玻璃基板上沉积氧化铟锡(ITO)材料构成透明导电层。

液晶材料(liquid crystal material)在 LCD 中起到一种类似光阀的作用,可以控制透射光的明暗,从而取得信息显示的效果。

驱动 IC 其实就是一套集成电路芯片装置,用来对透明电极上电位信号的相位、峰值、频率等进行调整与控制,建立起驱动电场,最终实现液晶的信息显示。

在液晶面板中,有源矩阵液晶显示屏是在两块玻璃基板之间封入扭曲向列型液晶材料构成的。其中,接近显示屏的上玻璃基板沉积有红、绿、蓝(RGB)三色彩色滤光片(或称彩色滤色膜)、黑色矩阵和公共透明电极。下玻璃基板(距离显示屏较远的基板)则安装有薄膜晶体管器件、透明像素电极、存储电容、栅线、信号线等。两玻璃基板内侧制备取向膜(或称取向层),使液晶分子定向排列。两玻璃基板之间灌注液晶材料、散布衬垫,以保证间隙的均匀性。四周借助于封框胶黏结,起到密封作用;借助于点银胶工艺使上下两玻璃基板公共电极连接。

上下两玻璃基板的外侧,分别贴有偏光片(或称偏光膜)。当像素透明电极与公共透明电极之间加上电压时,液晶分子的排列状态会发生改变。此时,入射光透过液晶的强度也随之发生变化。液晶显示器正是根据液晶材料的旋光性,再配合上电场的控制,便能实现信息显示。

2) 背光模组

LCD 产品是一种非主动发光电子器件,本身并不具有发光特性,必须依赖背光模组中光源的发射才能获得显示性能,因此 LCD 的亮度要由其背光模组决定。由此可见,背光模组的性能好坏直接影响到液晶面板的显示品质。

背光模组包括照明光源、反射板、导光板、扩散片、增亮膜(棱镜片)及框架等,如图 7-4 所示。LCD 采用的背光模组主要可分为侧光式背光模组和直射式背光模组两大类。手机、笔记本电脑与监视器(15 英寸)主要采用侧光式背光模组,而液晶电视大多采用直射式背光模组光源。背光模组光源,主要以冷阴极荧光灯(cold cathode fluorescent lamp,CCFL)和发光二极管(light-emitting diode,LED)光源为 LCD 的背光源。

反射板(reflector sheet)又称反射罩,主要作用是将光源发出的光线完全送入导光板,尽可能地减少无益的耗损。

导光板(light guide plate)主要作用是将侧面光源发出的光线导向面板的正面。

棱镜片(prism film)又称增亮膜(brightness enhancement film),主要作用是将各散射光线通过该膜片层的折射和全反射,集中于一定的角度再从背光源发射出去,起到屏幕增亮的显

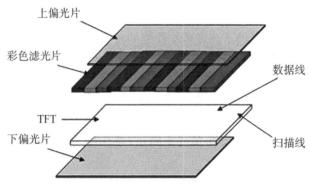

上偏光片

彩色滤光片

数据线

TFT

下偏光片

扫描线

图 7-4　液晶面板背光模组

示效果。

　　扩散片(diffuser)主要作用是把背光模组的侧光式光线修正为均匀的面光源,以达到光学扩散的效果。扩散片有上扩散片与下扩散片之分。上扩散片处于棱镜片与液晶组件之间,更接近于显示面板。而下扩散片处于导光板与棱镜片之间,更接近于背光源。

　　3. 工作原理

　　LCD 是一种采用液晶为材料的显示器。液晶是一类介于固态和液态间的有机化合物,在常温条件下,呈现出既有液体的流动性,又有晶体的光学各向异性,加热会变成透明液态,冷却后会变成结晶的混浊固态。

　　在电场作用下,液晶分子会发生排列上的变化,从而影响入射光束透过液晶产生强度上的变化,这种光强度的变化,进一步通过偏光片的作用表现为明暗的变化。据此,通过对液晶电场的控制可以实现光线的明暗变化,从而达到信息显示的目的。因此,液晶材料的作用类似于一个个小的"光阀"。

　　由于在液晶材料周边存在控制电路和驱动电路。当 LCD 中的电极产生电场时,液晶分子就会发生扭曲,从而将穿越其中的光线进行有规则的折射(液晶材料的旋光性),再经过第二层偏光片的过滤而显示在屏幕上。

　　值得指出的是,液晶材料因为本身并不发光,所以 LCD 通常都需要为显示面板配置额外的光源,主要光源系统称之为"背光模组"。其中,背光板是由荧光物质组成,可以发射光线,其作用主要是提供均匀的背光源。

　　1) 单色显示

　　LCD 技术是把液晶灌入两个列有细槽的平面之间。这两个平面上的槽互相垂直(相交成90°)。也就是说,若一个平面上的分子南北向排列,则另一平面上的分子东西向排列,而位于两个平面之间的分子被强迫进入一种 90°扭转的状态。因为光线顺着分子的排列方向传播,所以经过液晶时也被扭转 90°。当液晶上加一个电压时,液晶分子便会转动,改变光透过率,从而实现多灰阶显示。

　　LCD 通常由两个相互垂直的偏光片构成。偏光片的作用就像是栅栏一般,按照要求阻隔光波分量。例如,阻隔掉与偏光片栅栏垂直的光波分量,而只准许与栅栏平行的光波分量通过。自然光线是朝四面八方随机发散的。两个相互垂直的偏光片,在正常情况下会阻断所有试图穿透的自然光线。但是,因为两个偏光片之间充满了扭曲液晶,所以在光线穿出第一个偏光片后,会被液晶分子扭转 90°,最后从第二个偏光片中穿出。

2) 彩色显示

对于笔记本电脑或者桌面型的 LCD,需要采用更加复杂的彩色显示器。就彩色 LCD 而言,还需要具备专门处理彩色显示的色彩过滤层,即所谓的"彩色滤光片(color filter)",又称"滤色膜"。在彩色 LCD 面板中,每一个像素通常都是由三个液晶单元格构成,其中每一个单元格前面都分别有红色、绿色或蓝色(RGB)的三色滤光片。这样,通过不同单元格的光线就可以在屏幕上显示出不同的颜色。

彩色滤光片与黑色矩阵和公共透明电极一般都沉积在显示屏的前玻璃基板上。彩色 LCD 能在高分辨率环境下创造色彩斑斓的画面。

3) 动态影像显示

人类视觉器官(眼睛)对动态影像的感知存在"视觉残留"的现象,即高速运动的画面在人脑中会形成短暂的印象。早期的动画片、电影,一直到当下最新的游戏节目正是应用了"视觉残留"的原理,让一系列渐变的图像在人眼前快速连续显示,形成动态的影像。

当多幅影像产生的速度超过 24 帧/s,人的眼睛会感觉到连续的画面。这也是电影每秒 24 帧播放速度的由来。如果显示速度低于这一标准,人就会明显感到画面的停顿和不适。按照这一指标计算,每张画面显示的时间需要小于 40 ms。快速活动画面高清晰显示,一般影像的运动速度超过 60 帧/s。这就是说,活动画面每帧的间隔时间为 16.67 ms。

如果液晶的响应时间大于画面每帧的间隔时间,人们在观看快速运动的影像时,就会感觉到画面有些模糊。响应时间是 LCD 的一个特殊指标。LCD 的响应时间指的是显示器各像素点对输入信号反应的速度,就是液晶由"暗转亮"或由"亮转暗"的反应时间。响应时间越短越好,足够快的响应时间才能保证画面的连贯。如果响应时间太长,就有可能使 LCD 在显示动态图像时,有尾影拖曳的感觉。LCD 一般的响应时间在 2~5 ms。

4) TFT 驱动

所谓 TFT 是指液晶面板玻璃基片上的晶体管阵列,让 LCD 每个像素都设有自身的一个半导体开关。每个像素都可以通过点脉冲控制两片玻璃基板之间的液晶,即通过有源开关来实现对各个像素"点对点"的独立精确控制。因此,像素的每一个节点都是相对独立的,并且可以进行连续控制。TFT 型 LCD 主要由玻璃基板、栅极、漏极、源极、半导体活性层(a-Si)等组成。

TFT 阵列一般与透明像素电极、存储电容、栅线、信号线等共同沉积在显示屏的后玻璃基板(距离显示屏较远的基板)上。这样一种晶体管阵列的配制,有助于提高液晶显示屏的反应速度,而且还可以控制显示灰度,从而保证 LCD 的影像色彩更为逼真、画面品质更为赏心悦目。因此,大多数的 LCD、液晶电视及部分手机均采用 TFT 实施驱动,无论是采用窄视角扭曲向列模式的中小尺寸 LCD,还是采用宽视角的平行排列等模式的大尺寸液晶电视(LCD-TV),它们通称为"TFT—LCD"。

5) IPS

平面转换(in-plane switching,IPS)屏幕技术是日立公司于 2001 推出的液晶面板技术,俗称"Super TFT"。IPS 屏幕是基于 TFT 的一种技术,其实质还是 TFT 屏幕。IPS 是通过使分子在各方向表观长度相同来解决视角问题。

IPS 硬屏之所以具有清晰超稳的动态显示效果,取决于其创新性的水平转换分子排列,改变了 VA 软屏垂直的分子排列,因而具有更加坚固稳定的液晶结构。并非表面意义上的,硬屏就是在液晶面板上加上一层硬的保护膜,为了避免液晶屏幕受外界硬物的戳伤。

6) SLCD

LCD 面板就是 PVA 面板,S-LCD 面板采用 PVA 技术,该技术采用透明的 ITO 电极层,因此其更高的开口率可获得优于 MVA 的亮度输出。PVA 技术还具有 500∶1 的高对比能力以及高达 70% 的原色显示能力。

4. 技术参数

1) 亮度

液晶显示器的最大亮度,通常由背光源来决定,技术上可以达到高亮度,但是这并不代表亮度值越高越好,因为太高亮度的显示器有可能使观看者眼睛受伤。LCD 是一种介于固态与液态之间的物质,本身是不能发光的,需要借助额外的光源才行。因此,灯管数目关系着液晶显示器亮度。

2) 分辨率

分辨率是指单位面积显示像素的数量。液晶显示器的物理分辨率是固定不变的,对于 CRT 显示器而言,只要调整电子束的偏转电压,就可以改变分辨率。但是在液晶显示器里面实现起来就复杂得多了,必须通过运算来模拟出显示效果,实际上的分辨率是没有改变的。由于并不是所有的像素同时放大,这就存在着缩放误差。当液晶显示器使用在非标准分辨率时,文本显示效果就会变差,文字的边缘就会被虚化。

3) 色彩度

LCD 重要的当然是的色彩表现度。自然界的任何一种色彩都是由红、绿、蓝三种基本色组成的。例如,分辨率 1 024×768 的 LCD 面板上是由 1 024×768 个像素点组成显像的,每个独立的像素色彩是由红、绿、蓝(R、G、B)三种基本色来控制。大部分厂商生产出来的液晶显示器,每个基本色(R、G、B)达到 6 位,即 64 种表现度,那么每个独立的像素就有 64×64×64=262 144 色彩。也有不少厂商使用了所谓的 FRC(Frame Rate Control)技术以仿真的方式来表现出全彩的画面,也就是每个基本色(R、G、B)能达到 8 位,即 256 种表现度,那么每个独立的像素就有高达 256×256×256=16 777 216 种色彩。

4) 对比度

对比度是定义最大亮度值(全白)除以最小亮度值(全黑)的比值。LCD 制造时选用的控制 IC、滤光片和定向膜等配件,与面板的对比度有关。

5) 响应时间

响应时间指的是液晶显示器对于输入信号的反应速度,也就是液晶由暗转亮或由亮转暗的反应时间,通常是以毫秒为单位。此值越小越好。如果响应时间太长了,就有可能使液晶显示器在显示动态图像时,有尾影拖曳的感觉。

6) 可视角度

液晶显示器的可视角度左右对称,而上下则不一定对称。例如,当背光源的入射光通过偏光板、液晶及取向膜后,输出光便具备了特定的方向特性,也就是说大多数从屏幕射出的光具备了垂直方向。假如从一个非常斜的角度观看一个全白的画面,我们可能会看到黑色或是色彩失真。一般来说,上下角度要小于或等于左右角度。如果可视角度为左右 80°,表示在始于屏幕法线 80° 的位置时可以清晰地看见屏幕图像。但是,由于人的视力范围不同,如果没有站在最佳的可视角度内,所看到的颜色和亮度将会有误差。

7）可视面积

液晶显示器所标示的尺寸就是实际可以使用的屏幕范围。例如,一个 15.1 英寸的液晶显示器约等于 17 英寸 CRT 屏幕的可视范围。

5. 优缺点

1）优点

液晶显示器的主要原理是以电流刺激液晶分子产生点、线、面配合背部灯管构成画面,它具有以下四个特点。

（1）机身薄,节省空间,与比较笨重的 CRT 显示器相比,液晶显示器只要前者三分之一的空间。

（2）省电,不产生高温,液晶显示器属于低耗电产品,相比 CRT 显示器可以做到完全不发烫。

（3）无辐射,有利于身体健康,液晶显示器完全无辐射。

（4）画面柔和不伤眼,不同于 CRT 技术,液晶显示器画面不会闪烁,可以减少显示器对眼睛的伤害,眼睛不容易疲劳。

2）缺点

（1）可视偏转角度小。

（2）容易产生影像拖尾现象（如鼠标指针快速晃动）,这是由于普通液晶屏多为 60Hz（每秒显示 60 帧）,不过这个问题主要出现在液晶显示器刚流行时的游戏中（即"画面撕裂"）。

（3）液晶显示器的亮度和对比度不是很好。

（4）液晶"坏点"问题。

（5）寿命有限。

（6）当分辨率低于显示器的默认分辨率时,画面模糊会非常明显。

（7）当分辨率大于显示器的默认分辨率时（需要软件强制设定）,细节处的色彩会丢失。

6. 保养常识

1）安全清洁

如果显示器屏幕面板上有灰尘,要在专业维修人员的建议下进行操作,个人不要随便找块抹布或者比较粗糙的东西去擦。因为个人操作不当很容易损坏液晶屏,正确的擦拭方法应该选取比较清洁柔软的布去擦拭,这样就不会对显示器屏幕面板造成伤害。在擦拭过程中,不要把水或清洁剂直接喷到屏幕上,可以在软布上蘸上少许专用清洁剂,轻轻地擦拭屏幕,避免清洁剂流到屏幕里造成短路。擦拭显示器屏幕面板时注意用力要轻,更不要用硬物去碰刮面板等,一定不要让任何液体进入显示器边界的缝隙里,因液体不慎进入缝隙而造成显示器损坏的例子比比皆是。

建议在清理时,电源、数据线物理分离 20 分钟后,平放显示器（避免液体因重力流入缝隙）,擦屏布稍稍润湿后,轻轻擦拭时注意边界处,千万不要将清洁剂或水直接喷到屏幕上（避免形成液体而流入缝隙）。当液体挥发干净后,即可使用。

2）避免进水

千万不要让任何带有水分的东西进入液晶显示器。当然,一旦发生这种情况也不要惊慌失措,如果在开机前发现只是屏幕表面有雾气,用软布轻轻擦掉就可以了。如果水分已经进入液晶显示器,那就把液晶显示器放在通风干燥的地方,将里面的水分逐渐蒸发掉。如果发生屏幕"泛潮"的情况较严重时,普通用户还是打电话请服务商帮助为好,因为较严重的潮气会损害液晶显示器的元器件,会导致液晶电极腐蚀,造成永久性的损害。另外,平时也要尽量避免在潮湿的环境中使用 LCD 显示器。

3)避免碰伤

LCD 显示器比较脆弱,平时使用时应当注意不要被其他器件"碰伤"。在使用清洁剂的时候也要注意,不要把清洁剂直接喷到屏幕上,它有可能流到屏幕里造成短路,正确的做法是用软布蘸上清洁剂轻轻地擦拭屏幕。液晶显示器抗"撞击"的能力很小,许多晶体和灵敏的电器元件在遭受撞击时会被损坏,因此请勿碰撞尖锐物品。

4)时间工作

液晶显示器的像素是由许许多多的液晶体构成的,过长时间的连续使用,会使晶体老化或烧坏,损害一旦发生就是永久性的、不可修复的。一般来说,不要使液晶显示器长时间处于开机状态(连续 72 小时以上),在不用的时候关掉显示器。

(1)液晶显示器超负荷工作主要包括以下几点:①长时间工作;②高亮度;③不注意关闭电源;④长时间地连续显示一种固定的内容。

(2)保护措施:①让液晶显示器显示一种全白的屏幕内容;②将液晶显示器的显示屏亮度减小到比较暗的水平;③经常以不同的时间间隔改变液晶显示器屏幕上的显示内容;④没事的时候请关掉显示器。

5)空气要求

一般湿度保持在 30%~80%,显示器都能正常工作。但一旦室内湿度高于 80%,显示器内部就会产生结露现象。其内部的电源变压器和其他线圈受潮后也易产生漏电,甚至有可能造成连线短路。因此,LCD 显示器必须注意防潮,长时间不用的显示器,可以定期通电工作一段时间,让显示器工作时产生的热量将机内的潮气驱赶出去。

7. 故障与维修

1)白屏

白屏是由于背光正常,屏没正确接收到主板送过来的信号而引起的,这说明高压部分是好的,白屏是因为液晶屏上部的 T-CON 板停止工作或者工作异常。可能由驱动板上给液晶屏T-CON 板供电(电压一般为 5 V,少数液晶屏使用 12 V 或 3.3 V 供电)的回路的相关故障引起,也可能是显示器主板控制主芯片和 MCU 特性不良或损坏。市场上有已经写进各种型号MCU 程序的芯片发售,只要将原先主控板上的芯片取下,更换已经刷好程序的新芯片,这种故障均可解决。

2)黑屏

在实际维修过程中,以黑屏的情况居多,黑屏又分电源灯闪、长亮或不亮三种。

(1)液晶显示器电源灯闪。电源灯闪在维修过程中多属于高压板后级开关管短路,当液晶驱动板发出开启高压板的控制电压后,升压电路开始工作。但是某一或一对开关管对地短路,拉低主供电,导致液晶驱动板供电也随着拉低,当液晶板供电不正常后,也就随即撤销了对高压板的开启信号,电源板电压输出又回复正常。因此,反反复复,电源灯就一亮一灭了,更换相应故障的元件能解决故障。

(2)液晶显示器电源灯长亮。电源灯长亮可以确定电源部分是正常的,主要是高压逆变电路末级或者供电级元件发热量大,长期工作造成虚焊所致。该电路最容易出故障的是升压线圈,一般是接触不良的问题,应重点检查该电路。

(3)液晶显示器电源灯不亮。电源灯不亮应重点检查电源部分,主要应该检测 12 V、5 V

电压是否正常,电源灯不亮 12 V、5 V 电压应该是没有输出,重点应检查开关管是否热稳定性不佳或基极虚焊,电容是否有鼓包现象。另外脉宽调制的单片开关电源,所用到的脉宽调制集成控制器一般有 SG6841、UC3842、UC3843,也是故障率较高的元件。

　　3) 背光灯故障

　　除黑屏、白屏故障外,液晶显示器背光灯故障也常发生,主要表现为老化和彻底损坏,即不发光。背光灯老化后可以看到图像发黄,调节色温及白平衡都不能很好解决,同时屏亮度调节到最大也难以达到使用要求,这就说明需要更换背光灯了。

　　单灯管结构的显示器损坏后,开机在日光下斜视屏幕,可以看见暗淡的图文显示。新型多灯管显示器损坏某个灯管后表现为图像亮度不均匀,比如上方暗淡一些,那就是上方的灯管损坏了。用手摸显示屏灯管位置,通过温度对比也可以判断灯管是否损坏,正常的显示屏灯管位置温度应该是一致的。但由于新型显示器大都有高压平衡保护电路,一只灯管损坏后表现的往往并不是亮度不均衡,而是显示器不能开机或开机后黑屏,这要根据具体的显示器电路来区别。

7.3.2　常见液晶显示模块 LCD1602 介绍

　　LCD1602 液晶显示器是广泛使用的一种字符型液晶显示模块。它是由字符型液晶显示屏、控制驱动主电路 HD44780 及其扩展驱动电路 HD44100,以及少量电阻、电容元件和结构件等装配在 PCB 板上组成的。不同厂家生产的 LCD1602 芯片可能有所不同,但使用方法都是一样的。为了降低成本,绝大多数制造商都直接将裸片做到板子上。

1. 字符型液晶显示原理

　　点阵图形式液晶由 M×N 个显示单元组成,假设 LCD 显示屏有 64 行,每行有 128 列,每 8 列对应 1 字节的 8 位,即每行由 16 字节,共 16×8＝128 个点组成。显示屏上 64×16 个显示单元与显示 RAM 区的 1024 字节相对应,每一字节的内容与显示屏上相应位置的亮暗对应。例如,显示屏第一行的亮暗由 RAM 区 000H～00FH 的 16 字节的内容决定,当(000H)＝FFH 时,屏幕左上角显示一条短亮线,长度为 8 个点;当(3FFH)＝FFH 时,屏幕右下角显示一条短亮线;当(000H)＝FFH,(001H)＝00H,(002H)＝00H…,(00EH)＝00H,(00FH)＝00H 时,在屏幕的顶部显示一条由 8 条亮线和 8 条暗线组成的虚线。这就是 LCD 显示的基本原理。

　　字符型液晶显示模块是一种专门用于显示字母、数字和符号等的点阵式 LCD,常用 16×1,16×2,20×2 和 40×2 等的模块。一般的 LCD1602 字符型液晶显示器的内部控制器大部分为 HD44780,能够显示英文字母、阿拉伯数字、日文片假名和一般性符号。

2. 外形尺寸

　　LCD1602 分为带背光和不带背光两种,其控制器大部分为 HD44780。带背光的比不带背光的厚,是否带背光在实际应用中并无差别,具体的鉴别办法可参考图 7-5 所示的器件尺寸示意图。

3. 技术参数

　　(1) 显示容量:16×2 个字符。

　　(2) 芯片工作电压:4.5～5.5 V。

　　(3) 工作电流:2.0 mA(5.0 V)。

　　(4) 模块最佳的工作电压:5.0 V。

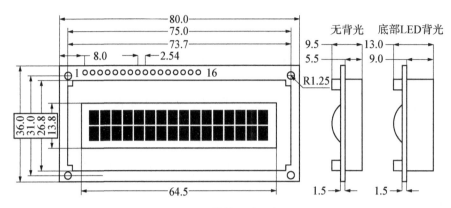

图 7-5　器件尺寸示意图

（5）字符尺寸：2.95 mm×4.35 mm（宽×高）

4. 引脚功能

LCD1602 采用标准的 14 脚（无背光）或 16 脚（带背光）接口，各引脚接口说明如表 7-2 所示。

表 7-2　引脚接口表

编号	符号	引脚说明
1	VSS	电源地
2	VDD	电源正极
3	VL	液晶显示偏压
4	RS	数据选择
5	R/W	读写选择
6	E	使能信号
7	D0	数据
8	D1	数据
9	D2	数据
10	D3	数据
11	D4	数据
12	D5	数据
13	D6	数据
14	D7	数据

各引脚的功能介绍如下。

引脚 1：VSS 为地电源。

引脚 2：VDD 接 5 V 正电源。

引脚 3：VL 为液晶显示器对比度调整端，接正电源时对比度最弱，接地时对比度最高。对比度过高时会产生"鬼影"现象，使用时可以通过一个 10 kQ 的电位器调整其对比度。

引脚 4：RS 为寄存器选择脚，高电平时选择数据寄存器、低电平时选择指令寄存器。

引脚 5：R/W 为读/写信号线，高电平时进行读操作，低电平时进行写操作。当 RS 和 R/W 共同为低电平时可以写入指令或显示地址；当 RS 为低电平，R/W 为高电平时，可以读忙信号；当 RS 为高电平，R/W 为低电平时，可以写入数据。

引脚 6：E 端为使能端，当 E 端由高电平跳变为低电平时，液晶模块执行命令。

引脚 7～14：D0～D7 为 8 位双向数据线。

引脚 15：背光源正极。

引脚 16：背光源负极。

5. 指令集

LCD1602 液晶模块内部的控制器共有 11 条控制指令。LCD1602 液晶模块的读/写操作、显示屏和光标的操作都是通过指令编程来实现的（其中，1 为高电平，0 为低电平），分别介绍如下。

指令 1：清屏。指令码 01H，光标复位到地址 00H。

指令 2：光标复位。光标复位到地址 00H。

指令 3：输入方式设置。其中，I/D 表示光标的移动方向，高电平右移，低电平左移；S 表示显示屏上所有文字是否左移或右移，高电平表示有效，低电平表示无效。

指令 4：显示开关控制。其中，D 用于控制整体显示的开与关，高电平表示开显示，低电平表示关显示；C 用于控制光标的开与关，高电平表示有光标，低电平表示无光标；B 用于控制光标是否闪烁，高电平闪烁，低电平不闪烁。

指令 5：光标或字符移位控制。其中，S/C 表示在高电平时移动显示的文字，低电平时移动光标。

指令 6：功能设置命令。其中，DL 表示在高电平时为 8 位总线，低电平时为 4 位总线；N 表示在低电平时为单行显示，高电平时双行显示；F 表示在低电平时显示 5×7 的点阵字符，高电平时显示 5×10 的点阵字符。

指令 7：字符发生器 RAM 地址设置。

指令 8：DDRAM 地址设置。

指令 9：读忙信号和光标地址。其中，BF 为忙标志位，高电平表示忙，此时模块不能接收命令或数据，如果为低电平则表示不忙。

指令 10：写数据。

指令 11：读数据。

6. 连接方式

LCD1602 与单片机的连接有两种方式，一种是直接控制方式，另一种是间接控制方式。它们的区别是所用的数据线的数量不同，其他都一样。

（1）直接控制方式。LCD1602 的 8 根数据线和 3 根控制线 E，RS 和 R/W 与单片机相连后即可正常工作。一般应用中只须往 LCD1602 中写入命令和数据。因此，可将 LCD1602 的 R/W 读/写选择控制端直接接地，这样可节省 1 根数据线。VO 引脚是液晶对比度调试端，通常连接一个 10 kΩ 的电位器即可实现对比度的调整；也可采用将一个适当大小的电阻从该引脚接地的方法进行调整，不过电阻的大小应通过调试决定。

（2）间接控制方式。间接控制方式也称为四线制工作方式，是利用 HD44780 所具有的 4 位数据总线的功能，将电路接口简化的一种方式。为了减少接线数量，只采用引脚 DB4～DB7 与单片机进行通信，先传数据或命令的高 4 位，再传低 4 位。采用四线并口通信，可以减少对微控制器 I/O 的需求，当设计产品过程中单片机的 I/O 资源紧张时，可以考虑使用此方法。

7.4 新型平板显示技术

随着时代的进步和科技的发展,人们对显示设备的要求也不断提高。显示器是信息传递、人机交互的主要设备之一,正广泛应用于商业和军事领域中。为了适应各个阶段的需求,信息系统终端不断向节能化、清晰化、小型化、便携化、低成本化的方向发展。

7.4.1 新型平板显示技术

1. 几种显示器的特点及比较

显示器主要可分为阴极射线管显示器(CRT)和平板显示器(FPD)。20 世纪初期发展起来的阴极射线管显示器,曾广泛应用于电视机、示波器等电子仪器上。随后出现了利用等离子管作为发光器件的等离子显示器(PDP),以及如今应用最广泛的液晶显示器(LCD)。近年来,出现一种新兴的显示器件——有机发光二极管显示器(OLED),以其优异的性能,成为了显示器件中的佼佼者。当前业界普遍看好的 OLED 显示器,其优良的性能是其他显示技术所不能达到的,目前已逐渐表现出取代液晶显示器(LCD)的趋势。以上几种显示器的特点及比较如表 7-3 所示。

表 7-3　常见显示器的特点和比较

显示器种类	原理	优点	缺点
CRT	利用高能电子束轰击荧光粉发光成像显示	可视角度大、色彩还原度高、分辨率高、响应时间短	体积庞大、质量重、功耗高
PDP	利用等离子管作为发光器件,等离子管加高压后产生紫外光激发屏上的荧光粉发光	颜色鲜艳、可视角度大、对比度高、分辨率高、超薄	功耗高、显示屏发热量大、价格较高、主要用于公共场所
LCD	利用液晶的"电-光效应",利用液晶体加电后调节透光率实现图像显示,液晶本身不发光,需要背光	辐射小、功耗小、无闪烁、较薄、没有视觉变形,在商用、军用领域都有应用	可视角度一般,低温特性差、响应速度较慢,色彩还原度和亮度比 CRT 差
OLED	在电压驱动下,阴极电荷与正极空穴在发光层(包含有机材料)中结合产生光亮	自发光、视角范围大、响应速度快、能耗小、适应性强、显示能力强、成本低、体积小、可实现软屏,主要用于手机、商用 PC 等	寿命较短、难以大尺寸化。

在上述显示器中,发展最成熟是 LCD,但是相比之下,OLED 具有更多优势。

(1) OLED 采用有机发光材料,自发光且发光转换效率高,色彩鲜艳,颜色显示效果更加丰富。

(2) 有机发光材料为固态,具有较强的抗震性,而且在 $-40\sim80℃$ 的低温环境下也能正常工作。

(3) OLED 的基衬材料只要求透光即可,因此可以将显示屏制造在不同的基衬材料上,如果选择塑料材质作为衬底,就可以制造出柔性显示器,这种特性是 OLED 显示器所特有的。

(4) OLED 体积小,不需要滤光片以及背面光源等结构,与普通的 LCD 屏幕相比,OLED

面板的厚度更薄，只有 $1\sim2\,\mathrm{mm}$，因此 OLED 显示器可以做到 $3\sim4\,\mathrm{mm}$ 的整体厚度。

（5）传统 LCD 存在可视角度小的问题，而 OLED 的发光源是放射物质，其显示器具有 160 度以上的视角范围，视角范围大，几乎没有可视角度的问题。

（6）OLED 的成本更低，因为 LCD 器件的生产要在真空环境中利用半导体工艺生产制造，而 OLED 器件不需要这些条件，所以成本比 LCD 低。

（7）OELD 响应速度更快，每个器件的响应时间只有 $0.001\,\mathrm{ms}$，比普通的液晶显示器快了上千倍，因此能显示更加优质、流畅的画面，能够实现画面精致的 3D 游戏和高清视频的播放。

OLED 这些优秀的性能相比于其他显示器具有很大的优势，许多厂商和研究机构都看到 OLED 的发展潜力，开始加大研究和生产力度。近年来，在显示器件系统、固态照明系统和 LCD 背光源设计方面都得到了快速发展。目前中小型的 OLED 已经得到广泛应用，在电视、手机等设备中都能看到它的身影，OLED 显示器件成为下一代主流显示器件的趋势也日益凸显。

然而 OLED 显示器想要批量商业化生产及推广，仍然存在一些明显的缺陷。

（1）OLED 显示器存在器件的使用寿命短、稳定性差的缺点，今后主要的发展方向就是增强显示器件的稳定性，提高器件的使用寿命，使 OLED 显示器更快地投入使用。

（2）在发光材料方面，黄绿光材料已经比较成熟，但是红蓝两色材料相对比较落后，还需要研发新材料，所以在全光谱发光方面还需要进一步努力。

（3）发光效率比较低。要解决这个问题，需要进一步了解 OLED 器件的发光原理，科学地解释器件红移现象、发光效率低及老化快等问题，考虑环境、温度等外界条件与发光光谱以及发光效率的关系。

要解决 OLED 显示器件的这些缺陷，不仅需要不断优化器件的结构，研发更优秀的有机发光材料，而且需要设计针对 OLED 显示器件专用的显示驱动控制电路，来提高 OLED 显示器的性能。目前，国外许多厂商和研究机构对 OLED 驱动电路的开发比较成熟，而我国在这方面开始比较晚，和国外还有比较大的差距。

2. 国内外发展历程及研究现状

1）国内外发展历程

OLED 是指有机发光二极管或有机发光显示器。早在 20 世纪 60 年代，就开始有与 OLED 相关的研究工作。1963 年时，Pope 发表了世界上第一篇关于 OLED 的文章，他将大于 400 伏特的高压电通过 Antllracene 晶体，观察到电激发光的现象，但由于过高的电压和低发光效率，不被当时所重视，持续停在研究阶段约二十年。直到 1987 年，美国 Kodak 公司 Tang 和 Vanslyke 等在 OLED 器件结构中引入了空穴传输层，这种结构利用热蒸镀方式将 Alq3 和 HTM-2 形成 OLED 原件，用较低的驱动电压产生了电致发光，这在技术上是一大突破。随后，小分子 OLED 器件和相关课题的研究开始受到全世界许多企业和研究机构的关注，每年都会发表成百上千的相关专著文献和专利。1990 年英国剑桥大学的 Friend 等成功将多分子以涂布方式应用到 OLED 上，即 Polymer（多聚物、聚合物）LED，也称 PLED，OLED 器件研究热潮再次出现，进一步促进了 OLED 在 21 世纪产业中的发展。1997 年，Forest 等发现磷光电致发光现象，将有机电子发光量子的发光效率提高到了 25% 以上。随后，OLED 显示技术慢慢走出实验室，开始逐渐进入商用领域。

20 世纪 90 年代末，OLED 器件主要应用在车载显示器上，而到了 21 世纪，OLED 显示器开始应用到手机显示屏中，在手机等移动终端快速发展的推动下，OLED 显示器得到了快速的发展,应用范围也越来越广。人们开始进入"4C"以及"3G"时代,人们需要图像更加清晰、画面更加流畅、能耗更加低、携带更加便携的新一代显示器。OLED 显示器开始走向成熟化、产业化的阶段,市场和技术都得到了突破性的进展,OLED 技术今后的主要突破方向是延长使用寿命以及扩大屏幕尺寸。

在这种背景的推动下,OLED 显示器在使用寿命和屏幕尺寸上已经取得了一些突破。在使用寿命方面,已经研制出了高稳定性、高发光效率的 OLED 材料,蓝绿发光材料的寿命半衰期已超过 8 万小时,红光的寿命半衰期超过 3 万小时。在屏幕尺寸方面,日本索尼公司早在 2007 年 10 月,就率先发布了全球首款 OLED 电视 XEL-01,这款 OLED 电视具有 11 英寸的 OLED 显示屏,以及非常前卫的工业设计,让它在众多电视中脱颖而出。在 2007 年之后,LG、索尼、三星等公司都先后推出了 OLED 电视,其屏幕的尺寸都在 20 英寸以上,但这些都还是试用品,都还没有实现真正的量产。2012 年 1 月,三星在美国国际消费电子展上推出一款屏幕尺寸为 55 英寸的超级电视,该 OLED 显示屏由单一玻璃面板制作而成,在每个像素的 OLED 材料中都融入红、绿、蓝三色图片技术,实现了 OLED 电视的超薄外观和最佳画质。LG 也在同年也推出一款 55 英寸的 OLED 电视,厚度仅有 4 mm。LG 利用白光和额外的色彩过滤器来实现彩色显示效果。美国市场研究公司 Display Search 高级副总裁保罗表示,三星的方法耗电量更低,而且可以显示更多的颜色,这项技术要求更好的精确度和持久性,因此生产难度高于 LG。LGD 进一步扩大 OLED 电视面板尺寸,推出了 65 英寸、77 英寸等屏幕尺寸更大的电视机。

2) 研究现状

目前国际上与 OLED 有关的专利数量已经超过 1 400 份,欧美国家掌握了其中的核心技术。以较有代表性的美国授权专利来分析,美国授权 OLED 专利前十名专利权人,基本是美、日、韩等国家/地区的公司。

与 OLED 相关的专利中,美国柯达(Kodak)掌握了大部分与小分子 OLED 相关的专利;美国杜邦、英国剑桥显示技术(CDT)、美国尤尼埃克斯公司(UDC)掌握了大部分与大分子 OLED 相关的专利。在 OLED 驱动方面,韩国、日本以及中国台湾掌握了一部分有源 OLED (AM-OLED)相关的专利。

全世界对 OLED 进行研发的公司和研究机构比较多,但其核心技术主要掌握英国剑桥显示技术、美国环宇显示技术公司以及美国柯达这三家公司手中,其盈利方式主要是通过将技术授予其他公司来获得高额的利润。

在专利授权方面,代表小分子 OLED 的 Kodak 公司对专利授权对象的要求非常高,所以至今为止能获得 Kodak 公司的专利授权的只有 20 多家公司。而代表大分子 OLED 的 CDT 公司对于专利授予和技术转移的态度与 Kodak 公司截然不同,CDT 公司的态度更加积极。虽然 Kodak 公司的态度并不积极,但是以 CDT 公司为代表的高分子材料和 Kodak 公司为代表的小分子材料两大阵营中,使用小分子 OLED 技术的企业仍然占据了 70% 以上。

目前日本厂商制造的 OLED 显示器,在产品寿命、屏幕尺寸、显示效果等方面都有待突破,Japan Display 的成立加强了材料加工商和显示屏制造商之间在工艺、材料等方面的研发。除此之外,Japan Display 还与松下的 LCD 厂商达成了转让协议,这样 Japan Display 在显示器产能方面得到很大的提高,将来有望在 AM-OLED 显示器领域占有一席之地。

近年来,中国台湾在 OLED 领域也发展得很快,他们效仿韩国政府,将联发科、友达、宏基等 OLED 厂商组成产业联盟,在研发基金方面,由客户、供应商还有政府共同出资,借此不仅能整合上下游的 OLED 生产商,还能提升产能利用率,共同营造良好的 OLED 产业氛围,促进共同的进步和发展。如今,中国台湾生产商致力于提高 OLED 基板的产能,以供应市场上需求量比较大的中小尺寸 AM-OLED 显示器面板,提高显示器面板制作工艺,提高产品率以降低投入成本。因为大尺寸 AM-OLED 显示器的制作难度更加高,工艺还没有很成熟,所以当前中国台湾厂商还不能进行量产大尺寸的显示器。

在 OLED 显示技术即将接替 CRT 和 LCD,成为未来显示主导技术之际,世界各国都投入了大量的人力和物力开发与研究 OLED 显示技术。但是在器件制造工艺和驱动电路上,OLED 与 LCD 相比还存在很多不成熟的地方。随着 OLED 应用不断增多,为了满足市场需求,许多公司和科研单位开始研发针对 OLED 显示器的新型显示驱动电路。对于 OLED 专用驱动电路的研究,国外已经比较成熟,但是我国在这方面起步较晚,还有很多需要提高的地方。

3. 发展 OLED 显示技术有可能实现我国显示产业强国梦想

国际上对 OLED 的研究始于 1987 年,产业化则从 1990 年代后期开始,OLED 的出现给我国显示产业实现"拥有自主知识产权,平等参与国际竞争"的跨越式发展提供了难得的历史机遇。

我国于 1991 年便有单位开展关于 OLED 的研究,目前在中国有数十家科研机构和企业从事 OLED 的研发和产业化工作。我国 OLED 基础技术与国外差距不大,研究人员在机理研究、材料开发、器件结构设计、生产工艺技术等方面做了大量工作,取得了一系列有价值的研究成果,获得了大量的专利技术。

OLED 的主要参与企业有维信诺、彩晶、京东方、上广电、广东信利、TCL 和五粮液;OLED 的主要参与高校和科研机构有清华大学、上海大学、华南理工大学、电子科技大学、长春应化所等,它们长期开展了 OLED 器件及有机材料方面的研究并取得了较大成果。香港晶门科技、中颖电子已成为全球为数不多的 OLED 驱动 IC 开发商。目前已拥有两条 OLED 中试生产线。而且清华大学的 OLED 项目已经超过了基础研究和中试阶段,生产技术全部由清华大学和维信诺公司独立研发完成的我国第一条自主设计建设的有一定规模的 OLED 生产线已于 2008 年 10 月 8 日在昆山投产,可实现年产 1200 多万片 3 英寸以下小尺寸的 OLED 显示屏。清华大学 OLED 技术的成功产业化,标志着通过多年自主创新,我国在新型平板显示技术领域已取得重大突破,开始了我国显示产业由"中国制造"开始走向"中国创造"。

在产业链布局上,中国也已有多家企业在进行相关材料、基板、封装盖、IC 和其他 OLED 配套产品的开发。相信用不了几年,我国将会成为 PM-OLED 的主要生产地。

虽然我国 OLED 技术已经走上了发展之路,但是也面临材料、设备以及 AM-OLED 技术不足的挑战,产业链仍未形成。目前需要在产业上加强知识产权积累,突破 AM-OLED 相关的技术与工艺,加快本土产业化建设,加速打造本土化产业链,才是快速发展 OLED 技术的最好办法。

目前全球加入 OLED 市场竞逐的厂商合计有 100 家以上,包括 IT 行业绝大多数大型跨国公司,如制造厂商有三星 SDI、LGD、索尼、夏普、精工爱普生及我国台湾的奇晶、铼宝等厂商;材料开发商有柯达、剑桥显示技术公司、通用显示公司、住友化学等;设备制造商有日本真空、大日本印刷、韩国斗山等。

OLED 产业方面,我国有机会摆脱国外大公司的技术垄断,占领国内这一世界平板显示产业的巨大市场,从而实现显示产业强国的梦想。认识到这一点,我国各级政府对包括 OLED 在内的新型平板显示器等一批重大高技术产业化的研究越来越重视,并且采取了一些鼓励企业研发的有力措施,如加大政府采购对自主创新产品的支持等。

按目前我国在 PM-OLED 方面的技术水平和产业布局,有希望在 PM-OLED 产业上不落后于世界。但是 AM-OLED 技术是方向,这方面我国的基础十分薄弱,而国外对此封锁很严密,如果不解决这个问题就会重蹈我国在发展 LCD 显示产业中的覆辙——PM-LCD 产业大国,AM-LCD 产业弱国。

4. 我国平板显示技术标准制定工作开始与国际同步

我国平板显示产业在快速发展的同时,也面临着严峻的挑战。国外平板显示技术发达国家掌握着产业的价值链高端,在大肆攫取高额附加值的同时,还不遗余力地压缩价值链低端的利润空间,以进一步获得更多的利益。同时随着人们对自身健康问题、环保问题投入更多的关注,对平板显示器件的辐射、节电、环保等方面的要求变得越来越苛刻,这在客观上推动了平板显示产品合格要求的提升和认证的发展,各产品输入国不断提高产品的准入门槛。这都增加了我国平板显示产品的生产成本,严重影响了我国平板显示企业的资本积累和健康发展。

产业要发展,产品要被市场所接受,不仅占领国内市场,还要打入国际市场,这些新情况、新问题都牵涉到一个长期以来被我们所忽视的问题——技术标准。随着我国加入世贸组织,标准与技术贸易措施、自主知识产权、国际间的技术与经济竞争等问题紧密地联系在一起,标准之争已成为产业发展、市场竞争的先导和主角。如今,谁掌握了技术标准的制定权,谁就在一定程度上掌握了技术和经济竞争的主动权。国内的平板显示企业只有拿起标准这个有力的武器,了解、掌握和运用平板显示技术标准,才是解决目前所面临的各种困难的根本出路,也才能真正摆脱当前这种受制于人的被动局面,在发展和竞争中掌握主动,使形势向着于我有利的方向发展。

在 20 世纪,国际平板显示技术标准领域没有由我国负责制定的国际标准。令人遗憾的是,即使常常处于受制于人的被动局面,国内的一些平板显示企业仍对国家标准、国际标准的制定工作并不关注,没有认识到这些标准的重要性。事实上,随着产业的快速发展,加上激烈的市场竞争,对产品的性能、生产技术和标准化管理均提出了迫切的要求。自我国入世以来,显示产品的出口受到了各种各样的限制,其中一个主要原因就是,我国的显示技术标准有许多没有达到进口国的要求。例如,欧盟的技术标准达 10 万多件,凡是达不到要求的,一律不准进入欧盟市场。所以说在如今的知识经济时代,标准一定要先行于生产。

以上不利局面都逼迫我国到了必须认真研究与制定标准的时候,平板显示技术标准的重要性一下子被提上了议事日程。

7.4.2 平板显示技术产业标准

1. 平板显示技术产业标准现状

中国电子行业标准的归口单位是原信息产业部电子工业标准化研究所(四所),20 世纪 80年代初期四所就开始组织专家制定了液晶显示器的基础标准,到 20 世纪 90 年代中期已制定了 20 余项国家标准和电子行业标准,涉及的主要是早期的 TN、STN 的钟表、计算器和仪器用的显示器。但是当时的有关生产厂家对已制定的国家标准并不重视,他们都是各自按用户要求制定厂标出售。20 世纪 90 年代末期四所瞄准产业热点,有计划地部分调整了 LCD 标准体系,开始等同采用 IEC 标准制定我国国家标准和电子行业标准。目前 IEC 已出版的有关LCD、PDP 面板的标准共有 14 项,我国均已采标制定或正在制定相应标准。除此之外,我国还有自主制定的其他标准。由此可见,这几年的标准化过程中,我国的标准与国际标准基本上是对应的。

随着以液晶、等离子体、有机发光二极管为代表的新型平板显示产业的蓬勃发展,国际标准化活动也于 21 世纪活跃起来。目前除了已承担的两项 IEC 标准制定工作,我国专家还负责两项 IEC 标准部分内容的编写,并于 2007 年 9 月在广州召开的 IEC-TC110 年会上争取到一项新工作提案的起草工作。如果说在参加国际标准制定初期,我国还是以参考其他国际标准或其他国家标准为主,那么现在则在这些标准中有我国专家首次提出的测试方法,如亮室条件下对比度等参数测试方法,LCD 运动伪像测试方法等。虽然这些测试方法还有待在制定过程中进一步完善,但目前已被国际标准化专家认可,并且在 IEC 标准制定中被采纳。

随着 LCD 面板大量应用于平板电视,目前的标准工作热点是与图像质量、视觉质量密切相关的参数测试方法和补充新的试验方法。在 2008 年的 IEC-TC110 年会上,韩国代表提出了制定 LCD 电视用背光源系列标准提案,得到了大家的肯定,我国也将展开相关工作。

2. 平板显示技术标准工作组

为了促进我国平板显示产业的健康发展,加快平板显示技术标准在我国的普及与应用,同时有效规避未来在平板显示技术上可能遭遇的自主知识产权问题,信息产业部于 2003 年正式成立了国家"平板显示技术标准工作组",负责制订和修订国家平板显示产品技术标准工作,自此我国平板显示技术标准化工作逐步走上规范化的发展道路。

在信息产业部的领导下,根据工作组的工作任务和长期目标,平板显示技术标准工作组积极联合社会各方面的力量,有效地组织和协调我国国内平板显示企业、相关研究机构、大专院校积极参与到有关平板显示技术国家标准的研究和制、修订工作中来,并且工作组还代表我国积极参加国际平板显示技术标准化活动。在工作组的统一安排下,充分发挥了政府、企业、研究机构、大专院校各方的优势,极大地加快了我国平板显示技术国家标准的编制、修订进程,有力地促进了我国平板显示技术和产业的健康发展。

信息产业部平板显示技术标准工作组主要涉及平板显示产业链中游的显示面板和模块,同时兼顾与上、下游之间的衔接协调。目前下设四个专业分组:液晶显示技术(LCD)分组、等离子显示技术(PDP)分组、有机发光二极管显示技术(OLED)分组和半导体发光二极管显示屏技术(LED 屏)分组。已有成员单位近 50 家,涉及平板显示技术产业链的上、中、下游产、学、研各方。

平板显示技术标准工作组目前已完成了 8 项国家标准和电子行业标准的制定工作。

还有一个与平板显示技术产业相关的标准化组织是全国音频、视频及多媒体系统与设备标准化技术委员会,侧重于从事音频、视频及多媒体专业标准化工作,主要涉及平板显示产业链下游的应用产品之一——平板电视,其对应的国际标准化组织是 IEC/TC100 音频、视频及多媒体系统与设备技术委员会。2006 年信息产业部的 25 项数字电视标准,是由该技术委员会的数字电视接收设备功能和性能标准工作组负责制定的,其中涉及数字电视平板显示器的标准有 3 个。这些标准对规范平板数字电视的市场起到了很大的促进作用。

3. 参与国际标准化工作,在 IEC 平台有了话语权

从国际平板显示技术标准化工作现状来看,以国际标准化组织 IEC 的平板显示技术标准化工作的情况为例,可以发现其已制定的标准提案基本都是由日、韩等平板显示技术发达国家的专家代表提出并负责制定的,具体的标准内容常常是建立在他们的发明专利基础上,标准制定的出发点也是代表他们自己的国家利益,而常常忽略了我国这样的发展中国家权益。不仅如此,日、韩等平板显示技术发达国家均已制定出自己的平板显示技术标准化发展战略,以确

保其在平板显示技术标准领域长期的优势和领导地位。形势迫切需要我国专家参与平板显示技术领域国际标准的制订。

2002年10月22日至11月1日第66届国际电工委员会(IEC)年会在北京召开。对中国平板显示技术标准领域来说,这是一个有重要意义和值得纪念的日子段。当时正值北京的深秋,寒意浓浓,但参加会议的中国代表心中却是暖意融融。因为在这次会议上,IEC正式确定"有机发光二极管显示器件光电参数测试方法"、"等离子显示器件图像质量测试方法"两项标准由中国承担。从此,拉开了我国参与国际平板显示技术标准制订进程的序幕,这在我国的平板显示界也是开天辟地头一回。

作为最初IEC/TC110-OLED标准工作组项目中国三个成员之一的清华大学化学系董桂芳博士,对当时的情形还记忆犹新。她说,当时中国代表团很兴奋,以前制定平板显示标准都是以日本人为主,很少有中国人在新技术问世的时候就参与国际标准的制订。这一事件同时也引发了平板显示业界对标准的兴趣,推动了国内平板显示产业标准的制定。

在这次北京会议之前,IEC/TC110中还没有OLED这个小组。这次会上,代表们就OLED技术的"名词术语和定义"进行了全面深入的探讨,清华大学邱勇教授代表中国提出的关于用OLED取代原来的OEL作为有机发光二极管显示器术语的提案,得到与会代表的支持和肯定。更重要的是,会前我们做了详尽的资料准备,在会上拿出了全英文版《有机发光显示器特性参数测试方法》提案。最后会议决定由我国承担OLED光电参数测试方法的标准制定,邱勇教授成为制定该标准的首任项目组长。

这次会议在科技部和产业界引起了强烈的反响,因为,参加会议的都是在OLED生产与开发领域处于世界上最前沿的企业,如日本的松下、先锋、三洋、IMB等,韩国的LG电子等。中国人第一次在强手如林的平板显示标准工作组中争取到独立承担完整标准制定的机会,来之不易。

IEC/TC110平板显示技术委员会经过三年的发展,目前有三个工作组:WG2-液晶显示器件、WG4-等离子显示器件、WG5-有机发光二极管显示器件。其主要工作内容:制定平板显示器件领域标准,如LCD、PDP、OLED等显示器件的文字符号、名词术语、额定值和特性、测试方法、通用规范和有关的环境、机械、耐久性试验方法等。现已出版的标准共有14项,其中LCD 10项、PDP4四项;正在进行中的标准共有15项,其中LCD 4项、PDP 4项、OLED 5项,还有两项新提案。

2007年9月3—5日,2007年国际电工委员会平板显示器技术委员会(IEC/TC 110)年会在广州顺利召开,这是该委员会自2003年成立以来第一次在我国召开年会。包括IEC亚太区官员和专家、中国政府官员、企业界人士和专家共约100多人参会。又有一项我国提出的《OLED图像质量测试方法》国际标准提案为全会正式接纳。

IEC/TC110委员会主席Hideo Iwama说"中国平板显示产业发展态势良好,产业标准化和国际化步伐明显加快,在业界的国际影响日益广泛,IEC/TC110的专家团队中来自中国的已超过20%。"

4. 在面板厂商和整机厂商之间搭建一个平台

数字电视平板显示器三个标准的颁布,对规范平板数字电视市场起到了很大的促进作用,同时也带来了一定问题:整机厂商拿着适用于电视显示器的标准来对面板厂商提要求。由于作为电视机的显示器和显示器件(即面板或模块)有很大不同,无论是参数表征形式和定义还是测试方法和测试条件都有所区别,因此可以说这三个标准并不适用于显示面板/模块。目前急需将这三个标准中有关的参数指标分解到面板/模块上,在面板厂商和整机厂商之间搭建一个平台。这样做一方面能使得我国整机厂商能采购到合格的面板;另一方面能指导我国面板产业的发展。

平板显示技术标准工作组已着手开展这项工作,并于 2008 年 9 月份起草数字电视机用 LCD 和 PDP 面板技术规范的框架。同时,在标准的制定过程中与全国音频、视频及多媒体系统与设备标准化技术委员会的数字电视接收设备功能和性能标准工作组进行充分的协商。

LCD 用背光源目前主要以冷阴极管(CCFL)为主,它具有线型发光、光源均匀等优点,也有耗电量高、存在汞污染的缺点。动态 CCFL 的出现克服了耗电量高的缺点;而应用 LED 作为 LCD 背光源具有寿命长、短小轻薄、发光效率高、色再现率高、无干扰、不怕低温、无汞污染问题和性价比高等特点。因此 LED 在未来的 LCD 背光源领域中,是一种不可小视的新型背光源。但是 LCD 用背光模组产品检测技术和产品标准方面远远不能适应我国相应行业发展的要求。平板显示技术标准工作组目前已着手开展 LED 背光源和动态 CCFL 背光源的标准研究工作,并在 2008 年 9 月份起草了 LED 背光源技术规范和测试方法的框架。

5. 参与海峡两岸标准合作,共同参与国际竞争

两岸平面显示技术标准合作的研讨会已进行多次,海峡两岸达成共识。

(1) 扩大海峡两岸在平面显示技术标准合作之范围,从 LCD 到 PDP 和 OLED。

(2) 海峡两岸合作建立平板显示技术标准测试平台。

(3) 展开海峡两岸 TFT-LCD 术语对照标准和云波效应测试标准的讨论与制定。

(4) 探讨海峡两岸共享 TFT-LCD 云波效应测试标准知识产权之方式。

(5) 以中电标协和华聚基金会为窗口,加强两岸平面显示企业之交流互动,并研究海峡两岸共组产业。

7.4.3　新型显示器件行业发展趋势和现状分析

新型显示产业是电子信息产业的重要组成部分。截至目前,我国新型显示产业总投资已超过 1.3 万亿元,成为全球最大的显示面板生产基地。新型显示产业是电子信息领域的核心支柱产业之一,目前市场主流的显示技术是平板显示技术,而液晶显示技术是最主要的平板显示技术。

1. 新型显示器件行业发展趋势和现状分析

数据显示,2020 年我国新型显示器件行业市场规模约为 2 995 亿元,较 2019 年上涨了 5.12%。2020 年,国内新型显示器件的产量约为 1.57 亿平方米,新型显示器件较 2019 年上涨了 5.37%。行业供给能力逐渐增强。

新型显示产业是电子信息领域的核心支柱产业之一,目前市场主流的显示技术是平板显示技术。液晶显示技术作为最主要的平板显示技术,推动着平板显示技术不断革新和升级。新型显示作为智能交互的重要端口,已成为承载超高清视频、物联网和虚拟现实等新兴产业的重要支撑和基础,是全球各国及地区近年来竞相发展的战略性新兴产业。

2. 新型显示产业规模

新型显示作为智能交互的重要端口,已成为承载超高清视频、物联网和虚拟现实等新兴产业的重要支撑和基础,是全球各国及地区近年来竞相发展的战略性新兴产业。近年来,我国新型显示产业规模快速增加,TFT-LCD 产能全球第一,OLED 产业规模不断扩大,已经有多达十余条 G6 代 AM-OLED 生产线处于在建或者规划状态。与此同时,新型显示产业链上游材料设备环节也取得重大突破。我国正在成为全球新型显示产业的重要一极,目前已经初步形成了京津冀、长三角、东南沿海以及成渝鄂等地区为代表的新型显示产业格局。未来,随着韩国 TFT-LCD 产能的逐步退出,全球新型显示产能将加速向我国转移。

从总体来看,新型显示的主打方向还是手机、电视。智能手机市场竞争日益激烈,屏幕成为竞争焦点,差异化发展是各家手机企业竞相追逐的重点。折叠屏作为产业发展的下一个热点,将手机与平板电脑合二为一,不仅极大提升了智能终端的使用范围,同时也将成为引领产业转型的方向。电视应用是新型显示市场权重最高的应用之一,从现有格局看,高清化、低成本化是电视液晶、OLED、激光等大屏显示技术的发展方向。智慧城市、智能网联汽车以及虚拟现实等行业的兴起,使新型显示的应用范围呈现出多样化的发展格局。

新型显示器件目前流行的液晶显示器存在视角小、响应速度慢、不能在低温下使用的缺点。而且液晶体本身不能发光,依赖背光源或环境光才能显示图像。有机发光二极管技术在一定程度上克服了液晶显示器的不足。此外,这种新型显示器件的尺寸很小,厚度不足普通液晶显示器的三分之一。

新型显示器件行业作为国内新兴产业,其技术要求较高,产品的附加值较高,行业盈利能力较强。2020 年,我国新型显示器件行业的净利率约为 12.17%,新型显示器件和大多数行业相比,处于上游水平,如图 7-6 所示。

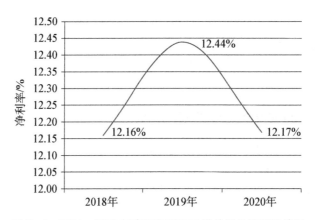

图 7-6　2018～2020 年我国新型显示器件行业净利率情况

2020 年,我国新型显示器件行业速动比率约为 1.05。近几年,整个行业的速动比率呈现下降的趋势,主要是由于整个行业发展较迅速,应收账款等占据较大的比例。

据研究,人类获取的信息中 83% 来自视觉,屏在人们的生活中扮演着越来越重要的角色。在政产学研用各方努力下,我国新型显示产业规模位居全球第一,营收在全球占比超过四成,呈现持续向好的发展态势。伴随着产业规模扩大,显示产品新品、亮点频现,新技术加速发展,呈现出智能化、尖端化的发展趋势。

"十四五"科技部高新司将进一步支持新型显示领域的技术攻关,在国家重点研发计划中,分别在材料、信息、制造领域进行布局。未来五年,我国新型显示行业产值将继续维持高速增长,前景可期。全球大量新型显示产业上下游企业也开始加紧在华布局。

从总体来看,新型显示的主打方向还是手机、电视。智能手机市场竞争日益激烈,屏幕成为竞争焦点,差异化发展是各家手机企业竞相追逐的重点。折叠屏作为产业发展的下一个热点,将手机与平板电脑合二为一,不仅极大提升了智能终端的使用范围,同时也将成为引领产业转型的方向。电视应用是新型显示市场权重最高的应用之一,从现有格局看,高清化、低成本化是电视液晶、OLED、激光等大屏显示技术的发展方向。智慧城市、智能网联汽车以及虚拟现实等行业的兴起,使新型显示的应用范围呈现出多样化的发展格局。

思政视窗

中国企业正在成为领跑者

"对于全球新型显示产业而言,中国是世界的大市场,同时世界也是中国的市场。"中国工程院院士彭寿指出,"中国新型显示产业正在为全球产业链注入持续动能。"

从区域布局来看,中国新型显示产业已经形成环渤海区域、长三角区域、珠三角区域、中西部地区四大产业集聚区。其中,广东、安徽、四川三个地区产能规模最大,总体规模占比逾六成。

从产业规模来看,在区域集群协同发展之下,中国新型显示产业产能规模已成为全球第一。中国科学院院士欧阳钟灿透露,2017 年,中国平板显示产能达到 9 440 万平方米,成功超越韩国,位列全球平板显示出货量之首。中国新型显示产业市场规模快速增长,从 2012 年的 740 亿元增长至 2019 年的 3 725 亿元,年均增长率超过 20%。目前,中国平板显示产业总产能已经占据了全球产能的一半以上。

从竞争格局来看,全球新型显示行业格局正在重塑,2020 年这一变现尤为明显。由于中国企业竞争力明显提升,加之液晶面板需求阶段性下降导致供应过剩,失去市场支配地位的韩国"双雄",相继宣布退出液晶面板赛道。

在知名企业主动退出或被动淘汰的背景下,全球显示产业的寡头竞争格局开始逐渐明晰,中国企业正努力成为全球显示产业发展过程中的领跑者。2020 年京东方(约 0.65 亿平方米)、华星光电(约 0.35 亿平方米)、惠科(约 0.17 亿平方米)的面板产能面积将居世界前三位。值得一提的是,排在第四位的中电熊猫,目前的面板生产面积与惠科不相上下,随着京东方完成对中电熊猫的整合,京东方全球第一的产业地位难以撼动。

从资本投入角度来看,2020 年新型显示资本市场进一步活跃,产业链上下游的企业兼并重组速度正在加快,龙头企业的实力有望进一步增强。

今年,TCL 科技先后完成多项资产重组动作,相继以近百亿元增资和收购华星光电股权、20 亿元投资日本 JOLED、110 亿元收购中环集团 100% 股权,此外 TCL 科技还以 22.3 亿元收购三星模块厂 100% 股权、以 48.4 亿元收购苏州三星 8.5 代线 60% 的股权,并获得三星对武汉华星 48.4 亿元的增资。一系列的资金流转使 TCL 科技的股价持续上升,市值更是突破 1 100 亿元。

京东方加速完成对中电熊猫的收购,以自有资金和外部融资收购南京中电熊猫平板显示科技有限公司 80.83% 股权、成都中电熊猫显示科技有限公司 51% 股权,收购价格预计不低于 121 亿元。

去年至今,已有超过 10 家企业成功登陆 A 股市场,并且还有一批企业正在推进上市之中,这些资本投入也正在推动行业的快速发展。包括偏光片在内的新型显示产业配套体系逐渐成为资本市场的热点。今年 6 月,从服装公司起家的杉杉集团以约合人民币 54.4 亿元收购韩国 LG 化学旗下在中国和韩国的 LCD 偏光片业务及相关资产。不难发现,国内企业正努力补齐上游材料短板,提高市场占有率,通过与国内高世代面板企业紧密合作,促进技术水平提升,加强产业链协同。

随着显示面板产业集中度的提升,过去由市场波动和价格竞争导致的周期性价格大起大落的情形将得到改善,行业竞争格局将变得更加有序,这也有利于我国整个面板供应链持续提升竞争力。

思考与练习7

一、判断题

1. 颜色的三大特性为亮度、色调和饱和度。(   )
2. 平板显示器件通常是指显示器的厚度小于显示屏幕对角线尺寸1/3。(   )
3. LCD动态驱动的时候,偏置电压的设置有电阻分压和运算放大器分压电路。(   )
4. 液晶显示控制器与计算机的接口有直接访问方式和间接访问方式。(   )

二、选择题

1. 下列关于LCD广视角技术描述正确的是(   )。
   A. LCD广视角技术的机理是克服不同视角方向有效光程差相同的现象。
   B. 可以通过在液晶盒外进行光学补偿,即采用盒外贴补偿膜的方法增大视角。
   C. MVA屏未加电时,液晶分子长轴平行于屏幕。
   D. IPS技术的特点是它的电极都在上基板上。

2. LCD的灰度显示方法是(   )。
   A. 空间灰度调制   B. 时间灰度调制
   C. 电压幅值控制   D. 电流幅值控制

3. PLED的特点是(   )。
   A. 依靠半导体发光   B. 多采用蒸发技术镀膜
   C. 必须隔离水和氧气   D. 属于固态显示器件

4. 人的各种感觉器官从外界获取信息量最大的是(   )。
   A. 味觉   B. 听觉
   C. 视觉   D. 触觉

5. 在发光型显示器件中,功耗最小的是(   )。
   A. 等离子体显示器件(PDP)   B. 电致发光显示器件(ELD)
   C. 阴极射线管显示器件(CRT)   D. 场致发射显示器件(FED)

6. 在发光原理上最接近传统的CRT显示器件的是(   )。
   A. 等离子体显示器件(PDP)   B. 场致发射显示器件(FED)
   C. 液晶显示器件(LCD)   D. 电致发光显示器件(ELD)

三、综合题

1. 典型的OLED器件由哪几层功能层组成? 简述其发光机理。
2. 近年来,信息显示技术的发展趋势主要体现在哪几个方面?
3. 对比分析LCD、OLED和PDP三种显示器件的彩色化形成方式的异同点?
4. 从显示原理的本质上来看,显示技术利用了哪几种物理现象? 人们是怎样按照这几种现象对显示器件进行分类的? 每一种类型的显示器件的特点是什么?

模块 8　高性能集成电路

高性能集成电路是一种微型电子器件或部件。它采用一定的工艺,把一个电路中所需的晶体管、二极管、电阻、电容和电感等元件及布线互连一起,制作在一小块或几小块半导体晶片或介质基片上,然后封装在一个管壳内,成为具有所需电路功能的微型结构。其中所有元件在结构上组成一个整体,促使整个电路的体积大大缩小,且大大减少了引出线和焊接点的数目,使电子元件向着微小型化、低功耗和高可靠性方面迈进了一大步。

知识目标

(1) 了解高性能集成电路的概况。
(2) 了解高性能集成电路的技术基础及特点。
(3) 掌握高性能集成电路的设计方法。
(4) 了解高性能集成电路的应用及发展方向。

技能目标

(1) 能够完成高性能集成电路相关问题的解答。
(2) 能够使用原理知识进行逻辑推理。
(3) 能够完成自然语言处理。
(4) 熟练使用智能信息检索技术。

8.1　认识高性能集成电路

集成电路(integrated circuit,IC)的发明者为杰克·基尔比[基于锗(Ge)的集成电路]和罗伯特·诺伊思[基于硅(Si)的集成电路],当今半导体工业大多数应用的是基于硅的集成电路。

集成电路是 20 世纪 50 年代后期到 60 年代发展起来的一种新型半导体器件。它经过氧化、光刻、扩散、外延、蒸铝等半导体制造工艺,把构成具有一定功能的电路所需的半导体、电阻、电容等元件及它们之间的连接导线全部集成在一小块硅片上,然后焊接封装在一个管壳内的电子器件。其封装外壳有圆壳式、扁平式或双列直插式等多种形式。集成电路技术包括芯片制造技术与设计技术,主要体现在加工设备、加工工艺、封装测试、批量生产及设计创新的能力上。

8.1.1 集成电路基本概况

集成电路就是把一定数量的常用电子元件,如电阻、电容、晶体管等,以及这些元件之间的连线,通过半导体工艺集成在一起的具有特定功能的电路,如图 8-1 所示。

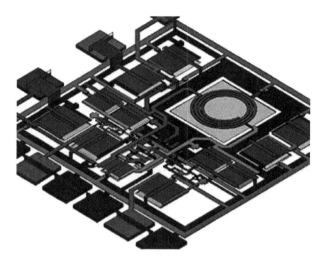

图 8-1 集成电路示意图

为什么会产生集成电路? 我们知道任何发明创造背后都是有驱动力的,而驱动力往往来源于问题。那么集成电路产生之前的问题是什么呢? 让我们看一下 1946 年在美国诞生的世界上第一台电子计算机,它是一个占地 150 平方米、重达 30 吨的庞然大物,里面的电路使用了 17 468 只电子管、7 200 只电阻、10 000 只电容、50 万条线,耗电量 150 千瓦。显然,占用面积大、无法移动是它最突出的问题。如果能把这些电子元件和连线集成在一小块载体上该有多好! 相信有很多人思考过这个问题,也提出过各种想法。典型的如英国雷达研究所的科学家达默,他在 1952 年的一次会议上提出:可以把电子线路中的分立元器件,集中制作在一块半导体晶片上,一小块晶片就是一个完整电路,电子线路的体积就可大大缩小,可靠性大幅提高,这就是初期集成电路的构想。1947 年在美国贝尔实验室制造出来了第一个晶体管,晶体管的发明使这种想法成为了可能,而在此之前要实现电流放大功能只能依靠体积大、耗电量大、结构脆弱的电子管。晶体管具有电子管的主要功能,并且克服了电子管的上述缺点,因此在晶体管发明后,很快就出现了基于半导体的集成电路的构想,并很快发明了集成电路。杰克·基尔比和罗伯特·诺伊斯在 1958~1959 年分别发明了锗集成电路和硅集成电路。

集成电路现在已经在各行各业中发挥着非常重要的作用,是现代信息社会的基石。集成电路的含义已远远超过了其刚诞生时的定义范围,但最核心的部分"集成"仍然没有改变,其衍生出来的各种学科,大都是围绕着"集成什么""如何集成""如何处理集成带来的利弊"这三个问题来开展的。对于"集成",想象一下我们住过的房子可能比较容易理解:很多人小时候都住过农村的房子,那时房屋的主体也许就是三两间平房,发挥着卧室的功能,门口的小院子摆上一副桌椅,就充当客厅,旁边还有个炊烟袅袅的小矮屋,那是厨房,而具有独特功能的厕所,需要有一定的隔离,有可能在房屋的背后,要走上十几米……后来,到了城市里,或者乡村城镇化,大家都住进了楼房或者套房,一套房里面有客厅、卧室、厨房、卫生间、阳台,也许只有几十平方米,却具有了原来占地几百平方米的农村房屋的各种功能,这就是集成。

当然,如今集成电路的集成度远非一套房所能比拟,或许用一幢摩登大楼可以更好地类比:地面上有商铺、办公、食堂、酒店式公寓,地下有几层是停车场,停车场下面还有地基,这好比是集成电路的布局,模拟电路和数字电路分开,处理小信号的敏感电路与翻转频繁的控制逻辑分开,电源单独放在一角。每层楼的房间布局不一样,走廊也不一样,有回字形的、工字形的、几字形的……这类似集成电路的器件设计,低噪声电路中可以用折叠形状或"叉指"结构的晶体管来减小结面积和栅电阻。各楼层之间有高速电梯可达,为了效率和功能隔离,还可能有多部电梯,每部电梯能到的楼层不同,这就像集成电路的布线,电源线、地线单独走线,负载大的线也单独走线,时钟与信号分开,每层之间垂直布线避免干扰,CPU 与存储之间的高速总线相当于电梯,各层之间的通孔相当于电梯间。

1. 集成电路的特点

集成电路,或称微电路(microcircuit)、微芯片(microchip)、芯片(chip),在电子学中是一种把电路(主要包括半导体装置、被动元件等)通过小型化的方式,并通常制造在半导体晶圆表面上。将电路制造在半导体晶圆表面上的集成电路又称薄膜(thin-film)集成电路,另有一种厚膜(thick-film)混成集成电路(hybrid ntegrated circuit)是由独立半导体设备和被动元件集成到衬底或线路板所构成的小型化电路。

集成电路具有体积小、重量轻、引出线和焊接点少、寿命长、可靠性高、性能好等优点,同时成本低,便于大规模生产。它不仅在民用电子设备,如收录机、电视机、计算机等方面得到广泛的应用,同时在军事、通信、遥控等方面也得到广泛的应用。用集成电路来装配电子设备,其装配密度比晶体管可提高几十倍至几千倍,设备的稳定工作时间也可大大提高。

2. 集成电路的分类

(1) 按功能结构分类。集成电路按其功能结构的不同,可以分为模拟集成电路、数字集成电路和数/模混合集成电路三大类。

模拟集成电路又称线性电路,用来产生、放大和处理各种模拟信号(指幅度随时间变化的信号。例如半导体收音机的音频信号、录放机的磁带信号等),其输入信号和输出信号成比例关系。而数字集成电路用来产生、放大和处理各种数字信号(指在时间上和幅度上离散取值的信号。例如 5G 手机、数码相机、电脑 CPU、数字电视等的逻辑控制和重放的音频信号和视频信号)。

(2) 按制作工艺分类。集成电路按制作工艺可分为半导体集成电路和膜集成电路。膜集成电路又分为厚膜集成电路和薄膜集成电路。

(3) 按集成度高低分类。集成电路按集成度高低的不同,可分为小规模集成电路(small scale integrated circuits,SSIC)、中规模集成电路(medium scale integrated circuits,MSIC)、大规模集成电路(large scale integrated circuits,LSIC)、超大规模集成电路(very large scale integrated circuits,VLSIC)、特大规模集成电路(ultra large scale integrated circuits,ULSIC)和巨大规模集成电路(giga scale integration circuits,GSIC)。

(4) 按导电类型不同分类。集成电路按导电类型可分为双极型集成电路和单极型集成电路,他们都是数字集成电路。双极型集成电路的制作工艺复杂,功耗较大,代表集成电路有TTL、ECL、HTL、LST-TL、STTL 等类型。单极型集成电路的制作工艺简单,功耗也较低,易于制成大规模集成电路,代表集成电路有 CMOS、NMOS、PMOS 等类型。

(5) 按用途分类。集成电路按用途可分为电视机用集成电路、音响用集成电路、影碟机用集成电路、录像机用集成电路、电脑(微机)用集成电路、电子琴用集成电路、通信用集成电路、照相机用集成电路、遥控用集成电路、语言用集成电路、报警器用集成电路及各种专用集成电路。

① 电视机用集成电路包括行、场扫描集成电路、中放集成电路、伴音集成电路、彩色解码集成电路、AV/TV 转换集成电路、开关电源集成电路、遥控集成电路、丽音解码集成电路、画中画处理集成电路、微处理器(CPU)集成电路、存储器集成电路等。

② 音响用集成电路包括 AM/FM 高中频电路、立体声解码电路、音频前置放大电路、音频运算放大集成电路、音频功率放大集成电路、环绕声处理集成电路、电平驱动集成电路、电子音量控制集成电路、延时混响集成电路、电子开关集成电路等。

③ 影碟机用集成电路有系统控制集成电路、视频编码集成电路、MPEG 解码集成电路、音频信号处理集成电路、音响效果集成电路、RF 信号处理集成电路、数字信号处理集成电路、伺服集成电路、电动机驱动集成电路等。

④ 录像机用集成电路有系统控制集成电路、伺服集成电路、驱动集成电路、音频处理集成电路、视频处理集成电路等。

⑤ 电脑(微机)用集成电路包括中央控制单元(CPU)、内存储器、外存储器、I/O 控制电路等。

⑥ 通信用集成电路。

⑦ 专用集成电路。

(6) 按应用领域分类。集成电路按应用领域可分为标准通用集成电路和专用集成电路。

(7) 按外形分类。集成电路按外形可分为圆形、扁平形和双列直插形。

8.1.2 集成电路检测常识

检测前要了解集成电路及其相关电路的工作原理。检查和修理集成电路前首先要熟悉所用集成电路的功能、内部电路、主要电气参数、各引脚的作用以及引脚的正常电压、波形与外围元件组成电路的工作原理。

电压测量或用示波器探头测试波形时,避免造成引脚间短路,最好在与引脚直接连通的外围印刷电路上进行测量。任何瞬间的短路都容易损坏集成电路,尤其在测试扁平型封装的 CMOS 集成电路时更要加倍小心。

在无隔离变压器的情况下,严禁用已接地的测试设备去接触底板带电的电视、音响、录像等设备,严禁用外壳已接地的仪器设备直接测试无电源隔离变压器的电视、音响、录像等设备。虽然一般的收录机都有电源变压器,当接触到较特殊的尤其是输出功率较大或不明电源性质的电视或音响设备时,首先要弄清该机底盘是否带电,否则极易与底板带电的电视、音响等设备造成电源短路,波及集成电路,造成故障的进一步扩大。要注意电烙铁的绝缘性能,不允许使用带电烙铁焊接,要确认烙铁不带电,最好把烙铁的外壳接地,对 MOS 电路更应小心,采用6～8V 的低压电烙铁更安全。要保证焊接质量,焊接时确实焊牢,焊锡的堆积、气孔容易造成虚焊。焊接时间一般不超过 3 秒钟,烙铁的功率应使用内热式 25W 左右。已焊接好的集成电路要仔细查看,最好用欧姆表测量各引脚间是否短路,确认无焊锡粘连现象后,再接通电源。不要轻易断定集成电路的损坏,不要轻易判断集成电路已损坏,因为集成电路绝大多数为直接耦合,一旦某一电路不正常,可能会导致多处电压变化,而这些变化不一定是集成电路损坏引起的。另外在有些情况下测得各引脚电压与正常值相符或接近时,也不一定都能说明集成电路就是好的,因为有些软故障不会引起直流电压的变化。测试仪表内阻要大,测量集成电路引脚直流电压时,应选用表头内阻大于 20 kΩ/V 的万用表,否则对某些引脚电压会有较大的测量误差。要注意功率集成电路的散热,功率集成电路应散热良好,不允许不带散热器而处于大功率的状态下工作。引线要合理,如需要加接外围元件代替集成电路内部已损坏部分,应选用小型元器件,且接线要合理,以免造成不必要的寄生耦合,尤其是要处理好音频功放集成电路和前置放大电路之间的接地端。

1. 封装形式介绍

(1) 集成电路球形触点阵列(ball grid array,BGA),表面贴装型封装之一。在印刷基板的背面按阵列方式制作出球形凸点用以代替引脚,在印刷基板的正面装配 LSI 芯片,然后用模压树脂或灌封方法进行密封。也称为凸点阵列载体(pad array carrier,PAC)。引脚可超过 200,是多引脚 LSI 用的一种封装。封装本体也可做得比 QFP(四侧引脚扁平封装)小。例如,引脚中心距为 1.5 mm 的 360 引脚 BGA 仅为 31 mm 见方;而引脚中心距为 0.5 mm 的 304 引脚 QFP 为 40 mm 见方。而且 BGA 不用担心 QFP 那样的引脚变形问题。

(2) 带缓冲垫的四侧引脚扁平封装(quad flat package with bumper,BQFP)。这是 QFP 封装之一,在封装本体的四个角设置突起(缓冲垫)以防止在运送过程中引脚发生弯曲变形。美国半导体厂家主要在微处理器和 ASIC 等电路中采用此封装。引脚中心距 0.635 mm,引脚数从 84 到 196 左右。

(3) C(ceramic)表示陶瓷封装的记号。例如,CDIP 表示的是陶瓷 DIP。是在实际中经常使用的记号。

(4) Cerdip 用玻璃密封的陶瓷双列直插式封装,用于 ECL RAM,DSP(数字信号处理器)等电路。带有玻璃窗口的 Cerdip 用于紫外线擦除型 EPROM 以及内部带有 EPROM 的微机电路等。引脚中心距 2.54 mm,引脚数从 8 到 42。在日本,此封装表示为 DIP-G(G 即玻璃密封)。

(5) Cerquad 表面贴装型封装之一,即用下密封的陶瓷 QFP,用于封装 DSP 等逻辑 LSI 电路。带有窗口的 Cerquad 用于封装 EPROM 电路,散热性比塑料 QFP 好,在自然空冷条件下可容许 1.5~2 W 的功率,但封装成本比塑料 QFP 高 3~5 倍。引脚中心距有 1.27 mm、0.8 mm、0.65 mm、0.5 mm、0.4 mm 等多种规格,引脚数从 32 到 368。

带引脚的陶瓷芯片载体,表面贴装型封装之一,引脚从封装的四个侧面引出,呈丁字形。带有窗口的用于封装紫外线擦除型 EPROM 以及带有 EPROM 的微机电路等。此封装也称为 QFJ、QFJ-G。

(6) 板上芯片(chip on board,COB)封装,是裸芯片贴装技术之一,半导体芯片交接贴装在印刷线路板上,芯片与基板的电气连接用引线缝合方法实现,并用树脂覆盖以确保可靠性。虽然 COB 是最简单的裸芯片贴装技术,但它的封装密度远不如 TAB 和倒片焊技术。

(7) 双侧引脚扁平封装(dual flat package,DFP),是 SOP 的别称。以前曾有此称法,80 年代后期已基本不用。

(8) DIC(dual in-line ceramic package),陶瓷 DIP(含玻璃密封)的别称。

(9) DIL(dual in-line),DIP 的别称(见 DIP)。欧洲半导体厂家多用此名称。

(10) 双列直插式封装(dual in-line package,DIP),是插装型封装之一,引脚从封装两侧引出,封装材料有塑料和陶瓷两种。DIP 是最普及的插装型封装,应用范围包括标准逻辑 IC、存贮器 LSI、微机电路等。引脚中心距 2.54 mm,引脚数从 6 到 64。封装宽度通常为

15.2 mm。有的把宽度为 7.52 mm 和 10.16 mm 的封装分别称为 skinny DIP 和 slim DIP(窄体型 DIP)。但多数情况下并不加区分,只简单地统称为 DIP。另外,用低熔点玻璃密封的陶瓷 DIP 也称为 cerdip。

(11) 双侧引脚小外形封装(dual small out-lint,DSO),是 SOP 的别称(见 SOP)。部分半导体厂家采用此名称。

(12) 集成电路双侧引脚带载封装(dual tape carrier package,DICP),是 TCP(带载封装)之一。引脚制作在绝缘带上并从封装两侧引出。由于利用的是 TAB(自动带载焊接)技术,封装外形非常薄,常用于液晶显示驱动 LSI,但多数为定制品。另外,0.5 mm 厚的存储器 LSI 薄形封装正处于开发阶段。在日本,按照 EIAJ(日本电子机械工业会)标准规定,将 DICP 命名为 DTP。

(13) DIP(dual tape carrier package)同上。日本电子机械工业会标准对 DTCP 的命名见 DTCP。

(14) 扁平封装(flat package,FP),是表面贴装型封装之一。QFP 或 SOP 的别称。部分半导体厂家采用此名称。

(15) flip-chip 倒焊芯片。裸芯片封装技术之一,在 LSI 芯片的电极区制作好金属凸点,然后把金属凸点与印刷基板上的电极区进行压焊连接。封装的占有面积基本上与芯片尺寸相同,是所有封装技术中体积最小、最薄的一种。但如果基板的热膨胀系数与 LSI 芯片不同,就会在接合处产生反应,从而影响连接的可靠性。因此必须用树脂来加固 LSI 芯片,并使用热膨胀系数基本相同的基板材料。

(16) FQFP(fine pitch quad flat package)小引脚中心距 QFP。通常指引脚中心距小于 0.65 mm 的 QFP(见 QFP)。部分半导体厂家采用此名称。

(17) CPAC(globe top pad array carrier)是美国 Motorola 公司对 BGA 的别称(见 BGA)。

(18) 带保护环的四侧引脚扁平封装(quad fiat package with guard ring,CQFP)。塑料 QFP 之一,引脚用树脂保护环掩蔽,以防止弯曲变形。在把 LSI 组装在印刷基板上之前,从保护环处切断引脚并使其成为海鸥翼状(L 形状)。这种封装在美国 Motorola 公司已批量生产。引脚中心距 0.5 mm,引脚数最多为 208 左右。

(19) H-表示带散热器的标记(with heat sink)。例如,HSOP 表示带散热器的 SOP。

(20) pin grid array(surface mount type)表面贴装型 PGA。通常 PGA 为插装型封装,引脚长约 3.4 mm。表面贴装型 PGA 在封装的底面有陈列状的引脚,其长度从 1.5 mm 到 2.0 mm。贴装采用与印刷基板碰焊的方法,因而也称为碰焊 PGA。因为引脚中心距只有 1.27 mm,比插装型 PGA 小一半,所以封装本体可制作得不怎么大,而引脚数比插装型多(250～528),是大规模逻辑 LSI 用的封装。封装的基材有多层陶瓷基板和玻璃环氧树脂印刷基数。以多层陶瓷基材制作封装已经实用化。

(21) J 形引脚芯片载体(J-leaded chip carrier,JLCC),指带窗口 CLCC 和带窗口的陶瓷 QFJ 的别称(见 CLCC 和 QFJ)。部分半导体厂家采用的名称。

(22) 无引脚芯片载体(leadless chip carrier,LCC),指陶瓷基板的四个侧面只有电极接触而无引脚的表面贴装型封装。是高速和高频 IC 用封装,也称为陶瓷 QFN 或 QFN-C(见 QFN)。

(23) 触点陈列封装(land grid array,LGA),即在底面制作有阵列状态坦电极触点的封装。装配时插入插座即可。现已实用的有 227 触点(1.27 mm 中心距)和 447 触点(2.54 mm

中心距)的陶瓷 LGA,应用于高速逻辑 LSI 电路。LGA 与 QFP 相比,能够以比较小的封装容纳更多的输入输出引脚。另外,由于引线的阻抗小,对于高速 LSI 是很适用的。但由于插座制作复杂,成本高,90 年代基本上不怎么使用。预计今后对其需求会有所增加。

(24) 芯片上引线(lead on chip, LOC)封装。LSI 封装技术之一,引线框架的前端处于芯片上方的一种结构,芯片的中心附近制作有凸焊点,用引线缝合进行电气连接。与原来把引线框架布置在芯片侧面附近的结构相比,在相同大小的封装中容纳的芯片达 1 mm 左右宽度。

(25) LQFP(low profile quad flat package)薄型 QFP 指封装本体厚度为 1.4 mm 的 QFP,是日本电子机械工业会根据制定的新 QFP 外形规格所用的名称。

(26) L-QUAD 是陶瓷 QFP 之一。封装基板用氮化铝,基导热率比氧化铝高 7~8 倍,具有较好的散热性。封装的框架用氧化铝,芯片用灌封法密封,从而抑制了成本。是为逻辑 LSI 开发的一种封装,在自然空冷条件下可容许 W3 的功率。现已开发出了 208 引脚(0.5 mm 中心距)和 160 引脚(0.65 mm 中心距)的 LSI 逻辑用封装,并于 1993 年 10 月开始投入批量生产。

(27) 多芯片组件(multi-chip module,MCM)。将多块半导体裸芯片组装在一块布线基板上的一种封装。根据基板材料可分为 MCM-L、MCM-C 和 MCM-D 三大类。MCM-L 是使用通常的玻璃环氧树脂多层印刷基板的组件。布线密度不高,成本较低。MCM-C 是用厚膜技术形成多层布线,以陶瓷(氧化铝或玻璃陶瓷)作为基板的组件,与使用多层陶瓷基板的厚膜混合 IC 类似,两者无明显差别,布线密度高于 MCM-L。MCM-D 是用薄膜技术形成多层布线,以陶瓷(氧化铝或氮化铝)或 Si、Al 作为基板的组件,布线密度在三种组件中是最高的,但成本也高。

(28) 小形扁平封装(mini flat package,MFP)。塑料 SOP 或 SSOP 的别称(见 SOP 和 SSOP)。部分半导体厂家采用的名称。

(29) MQFP(metric quad flat package)按照 JEDEC(美国联合电子设备委员会)标准对 QFP 进行的一种分类。指引脚中心距为 0.65 mm、本体厚度为 3.8~2.0 mm 的标准 QFP(见 QFP)。

(30) MQUAD(metal quad)是美国 Olin 公司开发的一种 QFP 封装。基板与封盖均采用铝材,用黏合剂密封。在自然空冷条件下可容许 2.5~2.8 W 的功率。日本新光电气工业公司于 1993 年获得特许开始生产。

(31) MSP(mini square package)QFI 的别称(见 QFI),在开发初期多称为 MSP。QFI 是日本电子机械工业会规定的名称。

(32) P-表示塑料封装的记号。如 PDIP 表示塑料 DIP。

(33) 凸点陈列载体(pad array carrier,PAC),BGA 的别称(见 BGA)。

(34) 印刷电路板无引线封装(printed circuit board leadless package,PCLP)。日本富士通公司对塑料 QFN(塑料 LCC)采用的名称(见 QFN)。引脚中心距有 0.55 mm 和 0.4 mm 两种规格。

(35) 塑料扁平封装(plastic flat package,PFPF)。塑料 QFP 的别称(见 QFP)。部分 LSI 厂家采用的名称。

(36) 陈列引脚封装(pin grid array,PGA)。插装型封装之一,其底面的垂直引脚呈陈列状排列。封装基材基本上都采用多层陶瓷基板。在未专门表示出材料名称的情况下,多数为陶瓷 PGA,用于高速大规模逻辑 LSI 电路,成本较高。引脚中心距通常为 2.54 mm,引脚数从

64 到 447 左右。为降低成本,封装基材可用玻璃环氧树脂印刷基板代替,也有 64~256 引脚的塑料 PGA。另外,还有一种引脚中心距为 1.27 mm 的短引脚表面贴装型 PGA(碰焊 PGA)。

(37) piggy back 驮载封装。指配有插座的陶瓷封装,形状与 DIP、QFP、QFN 相似。在开发带有微机的设备时用于评价程序确认操作。例如,将 EPROM 插入插座进行调试。这种封装基本上都是定制品,市场上不怎么流通。

(38) 带引线的塑料芯片载体(plastic leaded chip carrier, PLCC),表面贴装型封装之一。引脚从封装的四个侧面引出,呈丁字形,是塑料制品。美国德克萨斯仪器公司首先在 64k 位 DRAM 和 256kDRAM 中采用,90 年代已经普及用于逻辑 LSI、DLD 或程逻辑器件电路。引脚中心距 1.27 mm,引脚数从 18 到 84。J 形引脚不易变形,比 QFP 容易操作,但焊接后的外观检查较为困难。PLCC 与 LCC(也称 QFN)相似。以前两者的区别仅在于前者用塑料,后者用陶瓷。但现在已经出现用陶瓷制作的 J 形引脚封装和用塑料制作的无引脚封装(标记为塑料 LCC、PCLP、P-LCC 等),已经无法分辨。为此,日本电子机械工业会于 1988 年决定,把从四侧引出 J 形引脚的封装称为 QFJ,把在四侧带有电极凸点的封装称为 QFN(见 QFJ 和 QFN)。

(39) P-LCC(plastic teadless chip carrier)有时候是塑料 QFJ 的别称,有时候是 QFN(塑料 LCC)的别称(见 QFJ 和 QFN)。部分 LSI 厂家用 PLCC 表示带引线封装,用 P-LCC 表示无引线封装,以示区别。

(40) 四侧引脚厚体扁平封装(quad flat high package, QFH)。塑料 QFP 的一种,为了防止封装本体断裂,QFP 本体制作得较厚(见 QFP)。部分半导体厂家采用的名称。

(41) QFI(quad flat I-leaded packgac)四侧 I 形引脚扁平封装。表面贴装型封装之一。引脚从封装四个侧面引出,向下呈 I 字,也称为 MSP(见 MSP)。贴装与印刷基板进行碰焊连接。由于引脚无突出部分,贴装占有面积小于 QFP。日立制作所为视频模拟 IC 开发并使用了这种封装。此外,日本的 Motorola 公司的 PLL IC 也采用了此种封装。引脚中心距 1.27 mm,引脚数从 18 于 68。

(42) 四侧 J 形引脚扁平封装(quad flat J-leaded package, QFJ),表面贴装封装之一。引脚从封装四个侧面引出,向下呈 J 字形,是日本电子机械工业会规定的名称。引脚中心距 1.27 mm。材料有塑料和陶瓷两种。塑料 QFJ 多数情况称为 PLCC(见 PLCC),用于微机、门陈列、DRAM、ASSP、OTP 等电路。引脚数从 18 至 84。陶瓷 QFJ 也称为 CLCC、JLCC(见 CLCC)。带窗口的封装用于紫外线擦除型 EPROM 以及带有 EPROM 的微机芯片电路。引脚数从 32 至 84。

(43) 四侧无引脚扁平封装(quad flat non-leaded package, QFN),表面贴装型封装之一。90 年代后期多称为 LCC。QFN 是日本电子机械工业会规定的名称。封装四侧配置有电极触点,由于无引脚,贴装占有面积比 QFP 小,高度比 QFP 低。但是,当印刷基板与封装之间产生应力时,在电极接触处就不能得到缓解。因此电极触点难于作到 QFP 的引脚那样多,一般从 14 到 100。材料有陶瓷和塑料两种。当有 LCC 标记时基本上都是陶瓷 QFN。电极触点中心距 1.27 mm。塑料 QFN 是以玻璃环氧树脂印刷基板基材的一种低成本封装。电极触点中心距除 1.27 mm 外,还有 0.65 mm 和 0.5 mm 两种。这种封装也称为塑料 LCC、PCLC、P-LCC 等。

(44) 四侧引脚扁平封装(quad flat package, QFP),是表面贴装型封装之一,引脚从四个侧面引出呈海鸥翼型。基材有陶瓷、金属和塑料三种。从数量上看,塑料封装占绝大部分。当没有特别标示出材料时,多数情况为塑料 QFP。塑料 QFP 是最普及的多引脚 LSI 封装。不仅用于微处理器、门陈列等数字逻辑 LSI 电路,而且也用于 VTR 信号处理、音响信号处理等模拟 LSI 电路。引脚中心距有 1.0 mm、0.8 mm、0.65 mm、0.5 mm、0.4 mm、0.3 mm 等多种规格。0.65 mm 中心距规格中最多引脚数为 304。日本将引脚中心距小于 0.65 mm 的 QFP 称为 QFP(FP)。但 2000 年后日本电子机械工业会对 QFP 的外形规格进行了重新评价。在引脚中心距上不加区别,而是根据封装本体厚度分为 QFP(2.0 mm～3.6 mm 厚)、LQFP(1.4 mm 厚)和 TQFP(1.0 mm 厚)三种。另外,有的 LSI 厂家把引脚中心距为 0.5 mm 的 QFP 专门称为收缩型 QFP 或 SQFP、VQFP。但有的厂家把引脚中心距为 0.65 mm 及 0.4 mm 的 QFP 也称为 SQFP,致使名称稍有一些混乱。QFP 的缺点是:当引脚中心距小于 0.65 mm 时,引脚容易弯曲。为了防止引脚变形,现已出现了几种改进的 QFP 品种。如封装的四个角带有树脂缓冲垫的 BQFP(见 BQFP);带树脂保护环覆盖引脚前端的 GQFP(见 GQFP);在封装本体里设置测试凸点、放在防止引脚变形的专用夹具里就可进行测试的 TPQFP(见 TPQFP)。在逻辑 LSI 方面,不少开发品和高可靠品都封装在多层陶瓷 QFP 里。引脚中心距最小为 0.4 mm、引脚数最多为 348 的产品也已问世。此外,也有用玻璃密封的陶瓷 QFP(见 Gerqa d)。

　　(45) FP(QFP fine pitch)小中心距 QFP。日本电子机械工业会标准所规定的名称。指引脚中心距为 0.55 mm、0.4 mm、0.3 mm 等小于 0.65 mm 的 QFP(见 QFP)。

　　(46) QIC(quad in-line ceramic package)是陶瓷 QFP 的别称。部分半导体厂家采用的名称(见 QFP、Cerquad)。

　　(47) QIP(quad in-line plastic package)是塑料 QFP 的别称。部分半导体厂家采用的名称(见 QFP)。

　　(48) 四侧引脚带载封装(quad tape carrier package,QTCP),是 TCP 封装之一,在绝缘带上形成引脚并从封装四个侧面引出。是利用 TAB 技术的薄型封装(见 TAB、TCP)。

　　(49) 四侧引脚带载封装(quad tape carrier package,QTP)。日本电子机械工业会于 1993 年 4 月对 QTCP 所制定的外形规格所用的名称(见 TCP)。

　　(50) QUIL(quad in-line)是 QUIP 的别称(见 QUIP)。

　　(51) 四列引脚直插式封装(quad in-line package,QUIP)。引脚从封装的两个侧面引出,每隔一根交错向下弯曲成四列。引脚中心距 1.27 mm,当插入印刷基板时,插入中心距就变成 2.5 mm。因此可用于标准印刷线路板。是比标准 DIP 更小的一种封装。日本电气公司在台式计算机、家电产品等的微机芯片中采用了这种封装。材料有陶瓷和塑料两种。引脚数为 64。

　　(52) SDIP(shrink dual in-line package)是收缩型 DIP。插装型封装之一,形状与 DIP 相同,但引脚中心距(1.778 mm)小于 DIP 引脚中心距(2.54 mm),因而得此称呼。引脚数从 14 到 90。也有称为 SH-DIP 的。材料有陶瓷和塑料两种。

　　(53) SH-DIP(shrink dual in-line package)同 SDIP。部分半导体厂家采用的名称。

　　(54) SIL(single in-line)是 SIP 的别称(见 SIP)。欧洲半导体厂家多采用 SIL 这个名称。

　　(55) 单列存贮器组件(single in-line memory module,SIMM)。只在印刷基板的一个侧面附近配有电极的存贮器组件。通常指插入插座的组件。标准 SIMM 有中心距为 2.54 mm 的 30 电极和中心距为 1.27 mm 的 72 电极两种规格。在印刷基板的单面或双面装有用 SOJ 封装的 1 兆位及 4 兆位 DRAM 的 SIMM 已经在个人计算机、工作站等设备中获得广泛应用,至少有 30%～40% 的 DRAM 都装配在 SIMM 里。

(56) 单列直插式封装(single in-line package，SIP)。引脚从封装的一个侧面引出，排列成一条直线。当装配到印刷基板上时封装呈侧立状。引脚中心距通常为 2.54 mm，引脚数从 2 至 23，多数为定制产品。封装的形状各异。也有的把形状与 ZIP 相同的封装称为 SIP。

(57) SK-DIP(skinny dual in-line package)是 DIP 的一种。指宽度为 7.62 mm、引脚中心距为 2.54 mm 的窄体 DIP。通常统称为 DIP(见 DIP)。

(58) SL-DIP(slim dual in-line package)是 DIP 的一种。指宽度为 10.16 mm，引脚中心距为 2.54 mm 的窄体 DIP。通常统称为 DIP。

(59) 表面贴装器件(surface mount devices，SMD)。有的半导体厂家偶尔把 SOP 归为 SMD(见 SOP)，SOP 的别称。世界上很多半导体厂家都采用此别称。(见 SOP)。

(60) I 形引脚小外型封装(small out-line I-leaded package，SOI)，表面贴装型封装之一。引脚从封装双侧引出向下呈 I 字形，中心距 1.27 mm。贴装占有面积小于 SOP。日立公司在模拟 IC(电机驱动用 IC)中采用了此封装。引脚数 26。

(61) SOIC(small out-line integrated circuit)是 SOP 的别称(见 SOP)。国外有许多半导体厂家采用此名称。

(62) J 形引脚小外型封装(small out-line J-Leaded Package，SOJ)，是表面贴装型封装之一。引脚从封装两侧引出向下呈 J 字形，故此得名。通常为塑料制品，多数用于 DRAM 和 SRAM 等存储器 LSI 电路，但绝大部分是 DRAM。用 SOJ 封装的 DRAM 器件很多都装配在 SIMM 上。引脚中心距 1.27 mm，引脚数从 20 至 40(见 SIMM)。

(63) SQL(small out-line L-leaded package)按照 JEDEC(美国联合电子设备工程委员会)标准对 SOP 所采用的名称(见 SOP)。

(64) SONF(small out-line non-fin)是无散热片的 SOP。与通常的 SOP 相同。为了在功率 IC 封装中表示无散热片的区别，有意增添了 NF(non-fin)标记。部分半导体厂家采用的名称(见 SOP)。

(65) 小外形封装(small out-line package，SOP)，是表面贴装型封装之一，引脚从封装两侧引出呈海鸥翼状(L 字形)。材料有塑料和陶瓷两种。另外也叫 SOL 和 DFP。SOP 除了用于存储器 LSI 外，也广泛用于规模不大的 ASSP 等电路。在输入输出端子不超过 10～40 的领域，SOP 是普及最广的表面贴装封装。引脚中心距 1.27 mm，引脚数从 8～44。另外，引脚中心距小于 1.27 mm 的 SOP 也称为 SSOP；装配高度不到 1.27 mm 的 SOP 也称为 TSOP(见 SSOP、TSOP)。还有一种带有散热片的 SOP。

(66) SOW(small outline package(wide-jype))宽体 SOP。部分半导体厂家采用的名称。

2. 制造工艺

从 20 世纪 30 年代开始，化学元素中的半导体被研究者，如贝尔实验室的 William Shockley 认为是固态真空管的最可能的原料。从氧化铜到锗，再到硅，原料在 1940 年到 1950 年被系统地研究。今天，尽管元素周期表的一些 Ⅲ—Ⅴ 价化合物如砷化镓应用于特殊用途，如：发光二极管、激光、太阳能电池和最高速集成电路，单晶硅成为集成电路主流的基层。

半导体 IC 制程包括以下步骤，并重复使用：黄光(微影)、蚀刻、薄膜、扩散、CMP。

使用单晶硅晶圆或 Ⅲ—Ⅴ 族，如砷化镓用作基层，然后使用微影、扩散、CMP 等技术制成 MOSFET 或 BJT 等组件，再利用微影、薄膜、和 CMP 技术制成导线，如此便完成芯片制作。因产品性能需求及成本考量，导线可分为铝制程和铜制程。

IC 由很多重叠的层组成,每层由图像技术定义,通常用不同的颜色表示。一些层标明在哪里不同的掺杂剂扩散进基层(成为扩散层);一些定义哪里额外的离子灌输(灌输层);一些定义导体(多晶硅或金属层);一些定义传导层之间的连接(过孔或接触层)。所有的组件由这些层的特定组合构成。

在一个自排列(CMOS)过程中,所有门层(多晶硅或金属)穿过扩散层的地方形成晶体管。电阻结构的长宽比,结合表面电阻系数,决定电阻。电容结构由于尺寸限制,在 IC 上只能产生很小的电容。更为少见的电感结构,可以制作芯片载电感或由回旋器模拟。因为 CMOS 设备只引导电流在逻辑门之间转换,CMOS 设备比双级组件消耗的电流少很多。

随机存取存储器(random access memory)是最常见类型的集成电路,密度最高的设备是存储器,即使是微处理器上也有存储器。尽管结构非常复杂——几十年来芯片宽度一直减少,但集成电路的层依然比宽度薄很多。组件层的制作非常像照相过程,可见光谱中的光波不能用来曝光组件层,因为他们太大了。高频光子(通常是紫外线)被用来创造每层的图案,因为每个特征都非常小,对于一个正在调试制造过程的过程工程师来说,电子显微镜是必要工具。

在使用自动测试设备(automatic test equipment,ATE)包装前,每个设备都要进行测试。测试过程称为晶圆测试或晶圆探通。晶圆被切割成矩形块,每个被称为“die”。每个好的 die 被焊在“pads”上的铝线或金线,连接到封装内,pads 通常在 die 的边上。封装之后,设备在晶圆探通中使用的相同或相似的 ATE 上进行终检。测试成本可以达到低成本产品的制造成本的 25%,但是对于低产出,大型或高成本的设备,可以忽略不计。

3. 发展趋势

当前以移动互联网、三网融合、物联网、云计算、智能电网、新能源汽车为代表的战略性新兴产业快速发展,将成为继计算机、网络通信、消费电子之后,推动集成电路产业发展的新动力。2022 年,国内集成电路市场规模达到 12 036 亿元。

我国集成电路产业发展的生态环境亟待优化,设计、制造、封装测试以及专用设备、仪器、材料等产业链上下游协同性不足,芯片、软件、整机、系统、应用等各环节互动不紧密。中国将积极探索集成电路产业链上下游虚拟一体化模式,充分发挥市场机制作用,强化产业链上下游的合作与协同,共建价值链。培育和完善生态环境,加强集成电路产品设计与软件、整机、系统及服务的有机连接,实现各环节企业的群体跃升,增强电子信息大产业链的整体竞争优势。

🔖 思政视窗

国家大力发展高性能集成电路

集成电路(integrated circuit)是一种微型电子器件或部件,是典型的知识密集型、技术密集型、资本密集和人才密集型的高科技产业。经过 30 多年的发展,我国集成电路产业已初步形成了设计、芯片制造和封测三业并举、较为协调的发展格局,产业链基本形成。

2020 年,全球半导体市场在居家办公学习、远程会议等需求驱动下呈现逆势增长。根据 WSTS 数据,2020 年全球半导体市场销售额为 4 390 亿美元,同比增长了 6.5%。美国半导体协会(SIA)数据显示,2021 年 1~9 月,全球半导体市场销售额 3 979 亿美元,同比增长 24.6%。

由于中国疫情控制较好,中国集成电路产业继续保持快速增长态势。中国半导体行业协会数据显示,2020 年中国集成电路产业销售额为 8848 亿元,同比增长 17%。其中,设计业销售额为 3778.4 亿元,同比增长 23.3%;制造业销售额为 2560.1 亿元,同比增长 19.1%;封装测试业销售额 2509.5 亿元,同比增长 6.8%。2021 年 1~9 月,中国集成电路产业销售额为 6858.6 亿元,同比增长 16.1%,其中设计业同比增长 18.1%,销售额 3111 亿元;制造业同比增长 21.5%,销售额为 1898.1 亿元;封装测试业同比增长 8.1%,销售额 1849.5 亿元。

根据海关统计,2020 年中国进口集成电路 5435 亿块,同比增长 22.1%,进口金额 3500.4 亿美元,同比增长 14.6%。2020 年中国集成电路出口 2598 亿块,同比增长 18.8%,出口金额 1166 亿美元,同比增长 14.8%。2021 年 1~9 月,中国进口集成电路 4784.2 亿块,同比增长 23.7%;进口金额 3126.1 亿美元,同比增长 23.7%。出口集成电路 2329.8 亿块,同比增长 28.4%;出口金额 1086.2 亿美元,同比增长 33.1%。

2021 年 3 月 29 日,财政部、海关总署、税务总局发布《关于支持集成电路产业和软件产业发展进口税收政策的通知》(以下简称《通知》),明确了对五类情形免征进口关税,将于 2020 年 7 月 27 日至 2030 年 12 月 31 日实施,意味着《通知》涉及到的商品将享受免征进口关税 10 年的利好。2021 年 4 月 22 日,工信部、国家发改委、财政部和国家税务局发布公告,明确了《国务院关于印发新时期促进集成电路产业和软件产业高质量发展若干政策的通知》(国发〔2020〕8 号)第二条中所称国家鼓励的集成电路设计、装备、材料、封装、测试企业条件,公告自 2020 年 1 月 1 日起实施。自获利年度起,第一年至第二年免征企业所得税,第三年至第五年按照 25% 的法定税率减半征收企业所得税。2022 年 1 月 12 日,国务院发布了《"十四五"数字经济发展规划》,指出要加快推动数字产业化,增强关键技术创新能力,提升核心产业竞争力。其中,增强关键技术创新能力方面提到,要瞄准传感器、量子信息、网络通信、集成电路、关键软件、大数据、人工智能、区块链、新材料等战略性前瞻性领域。

8.2 高性能集成电路的技术基础(电路与系统)

高性能集成电路巨大的技术优势体现在两方面:成本与性能。芯片通过光刻技术被整体印制成独立单元,加上采用极少材料的封装技术,使成本得以大幅降低;微小的体积以及元件的紧密排布使信息切换速度极快,并且产生更少的能耗,其工作性能亦十分卓越。

8.2.1 集成电路:从发明到应用

集成电路(IC)是指经过特种电路设计,利用半导体加工工艺,集成于一小块半导体(如硅、锗等)晶片上的一组微型电子电路。传统的分立电路多以导线连接独立的电路元件而构成。而集成电路相对于此,在体积上,单片集成电路可比同样功能的分立电路小数倍;结构上,IC 非常紧凑,可使多达数十亿的晶体管等元件存在于一个人类指甲大小的面积上。半导体优越的技术性能、半导体设备制造技术的飞速发展、集成电路高效率的大规模生产以及采用结构单元的电路设计方式,使标准化集成电路迅速取代了运用分立元件的传统电路设计。

图 8-2 左侧是典型的前置放大器分立电路,电路板面积 12880 平方毫米,晶体管数量 62 颗;图 8-2 右侧英特尔酷睿 i7 中央处理器,核心面积 159.8 平方毫米,晶体管数量约 14.8 亿颗。

图 8-2　分立电路和集成电路产品

如今集成电路已被广泛应用于所有电子设备,并推动了电子时代的到来,传媒、教育、娱乐、医疗、军工、通信等各领域的发展均离不开性能卓越的集成电路设备。同时 IC 低成本、高性能的特质,使得计算机、移动电话以及其他家用电子电器变为当今社会生活中不可或缺的组成部分。

集成电路的发明与发展

1947 年底第一个晶体管问世,相对于真空管,同为主动元件,晶体管具有体积小、能耗低、性能优越的特点,并且克服了真空管易碎的缺点,使其很快就成为了新兴产业。在实际运用中,由于晶体管需要逐一单个生产,由其构成的分立电路十分复杂且体积庞大,造成了大量使用上的不便,于是 1952 年英国人 Dummer 就提出集成电路的想法,取得突破的是德州仪器的 Kilby 在 1958 年研制出世界上第一块基于锗晶体的 IC,但 Kilby 使用极细的金属丝作为连接线,这种情况下难以大规模生产 IC。1959 年初,仙童公司的 Noyce 用光刻技术在硅基质上制作金属铝连线,使得整个 IC 都可以用平面工艺制作,在此基础上使得工业大规模生产 IC 成为可能,两人也因此被认为是集成电路的共同发明者。

根据集成电路技术所实现的具体功能,集成电路主要可以分为模拟集成电路、数字集成电路和数/模混合集成电路三大类。

模拟集成电路又称线性电路,用来产生、放大和处理各种模拟信号,幅度随时间变化,其输入信号和输出信号成比例关系,应用于各类模拟信号处理单元、放大器、滤波器、调制解调器等。

数字集成电路则处理各种数字信号,在时间上和幅度上离散取值,应用领域十分广泛,如计算机 CPU、内存、各类电器的微控制器等。

数/模混合集成电路在同一个电路系统中通过信号转换,结合了模电以及数电单元以实现复杂的技术控制功能,基于该技术的 SoC(系统级芯片)现已成为 IC 领域最具潜力的发展方向之一。

图 8-3 中,左图是模拟电路代表产品——运用模拟信号传输技术的无线电通信雷达站,中图是数字电路代表产品——实现超高速数字运算功能的国产超级计算机,右图是数/模混合电路代表产品——SoC(系统级芯片)。

由于数字集成电路具有数字运算、逻辑处理的功用,该技术被广泛应用于现代集成电路芯片制造领域。其中,CMOS 数字集成电路现已成为构建特种运算、逻辑、控制电路的主流技术。

从时间角度来看,在技术发展的早期,简单的集成电路受技术规模的局限,单个芯片往往只能承载数个晶体管。过低的电路集成度同时意味着芯片设计过程十分简单、制造产量极低。伴随着科技的进步,数十亿的晶体管得以被塞于一块芯片之上。良好的电路设计要求和周密的线路规划,使得新型的电路设计方法同样实现了飞速的发展。

图 8-3 模拟、数字、数/模混合电路代表产品

8.2.2 集成电路产业化过程

IC 产业化初期主要用于航天和军事,美国阿波罗 11 号登月成功和两次海湾战争是 IC 应用于航天和军事最成功的案例,1980 年 IBM 研制出第一代商用化 PC,IC 在民用电子领域的发展逐渐加速,其发展过程主要经历了三次重要的变革,每次变革主要是因为单一公司的资本支出或技术无法支撑 IC 产业进一步发展,在此过程中,行业内公司的经营模式变得多样化,新厂商的进入也导致整个行业发生结构性变化。

第一次变革——电脑元件的标准化。1960 年至 1970 年,系统厂商包办了所有的设计和制造,随着电脑的功能要求越来越多,整个设计过程耗时较长,使得部分系统厂商产品推出时便已落伍,因此,有许多厂商开始将使用的硬件标准化,1970 年左右,微处理器、存储器和其他小型 IC 元件逐渐标准化,也由此开始区分系统公司与专业集成电路制造公司。

第二次变革——ASIC(特殊应用集成电路)技术的诞生。虽然有部分集成电路标准化,但在整个电脑系统中仍有不少独立 IC,过多的 IC 使得运行效率不如预期,ASIC 技术应运而生,同时系统工程师可以直接利用逻辑门元件资料库设计 IC,不必了解晶体管线路设计的细节部分,设计观念上的改变使得专职设计的 Fabless 公司出现,专业晶圆代工厂 Foundry 的出现填补了 Fabless 公司需要的产能。

第三次变革——IP(集成电路设计知识产权模块)的兴起。由于半导体制程的持续收缩,使得单一晶片上的集成度提高,如此一来,只用 ASIC 技术,很难适时推出产品,此时 IP 概念兴起,将具有某种特定功能的电路固定化,当 IC 设计需要用到这项功能时,可以直接使用这部分电路,随之而来的是专业的 IP 与设计服务公司的出现。

IC 多采用单片单晶硅作为半导体基质,并在该基质上构建各种复杂电路。单晶硅材料可由常见的富含二氧化硅的砂石经过提炼获得,同时,硅元素仅次于氧元素,是地壳中第二丰富的元素,构成地壳总质量的 26.4%。由价格低廉的沙子到性能卓越的芯片,集成电路"点石成金"的生产流程可分为设计、制造、封测(封装和测试)三个步骤。

经过提纯得到的多晶硅经过高温熔融,通过拉晶工艺制成纯度高达 99.999 999 9% 以上的高纯单晶硅晶柱。切割晶柱并通过抛光、研磨等工艺,得到薄而光滑的晶圆后进行检测。按照设计好的电路,对晶圆进行显影、掺杂、蚀刻等复杂的加工处理,分成小格,将集成电路"印"在晶圆上。经过晶圆测试后,从晶圆上切割出质量合格的晶块后进行封装。封装测试通过后,得到可以使用的集成电路芯片。

整个 IC 生产技术的提高体现在这三个领域各自的进化,设计端由早期工程师手工设计进化至如今引入了 EDA(电子设计自动化)技术;制造端体现在晶圆尺寸的增加和集成度的提高;封测端则由芯片层级拓展至系统层级。

8.2.3 集成电路设计、制造与封测

1. 设计部分

初期的集成电路设计是由工程师们手工绘制版图,电路设计都是从器件的物理版图设计入手,随着计算机软件技术的进步,工程师可以设计出集成度更高的电路图,同时设计方法也发生了改变,Top-Down(自顶向下)设计方法逐渐取代 Bottom-Up(自底向上)成为主流设计方法。Top-Down 设计是一开始就进行规格制定,类似于建筑设计时需要确定几个房间和每个房间的用途,以及需要遵守的规则;然后是借助 HDL(硬体描述语言)、EDA 等工具生成电路图,如图 8-4 所示。

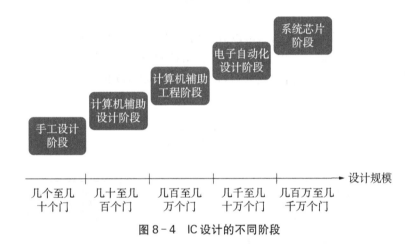

图 8-4 IC 设计的不同阶段

IC 设计最初作为大公司的一个部分,1984 年 Xilinx 的成立正式开启无工厂代工模式(Fabless),发展至今也仅仅只有 30 多年的时间,2015 年 IC 设计产业的市场规模达 842 亿美元,总部设于美国的 IC 设计公司囊括了全球 IC 设计产业营收入的 62%,中国台湾 IC 设计公司占比为 18%,排名第二,中国(不含台湾)与欧洲 IC 设计公司势力此消彼长。中国(不含台湾)IC 设计产业近年来急起直追,目前全球市场占比已达 10%,排行第三;欧洲 IC 设计产业则受到当地第二大与第三大 IC 设计公司 CSR、Lantiq 分别被高通(Qualcomm)、英特尔(Intel)收购影响,导致欧洲 IC 设计公司的全球占比下滑到 2%。

目前市场上从事 IC 设计的公司数量众多,仅仅中国(不含台湾)2015 年设计企业总数就达到了 736 家,不同种类 IC 设计所用到的软件和需要遵守的规则差别较大,较早进入这个市场的公司先发优势明显,主要包括:丰富的设计经验、参与标准的制定和专利等。本部分主要从市场的角度介绍目前各个领域的 IC 设计情况。

IC 产品依其功能分类,主要可分为存储器 IC、微元件 IC、逻辑 IC、模拟 IC,各个领域可再进行细分,如图 8-5 所示。

1) 存储器 IC

存储器 IC 是指利用电能方式存储信息的半导体介质设备,其存储与读取过程体现为电子的存储或释放,广泛应用于内存、U 盘、消费电子、智能终端、固态存储硬盘等领域,存储芯片

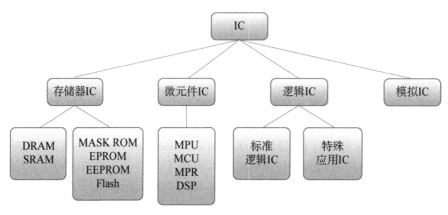

图 8-5 IC产品分类图

根据断电后所存储的数据是否会丢失,可以分为易失性存储器(Volatile Memory)和非易失性存储器(Non-Volatile Memory),其中 DRAM 与 NAND Flash 分别为这两类存储器的代表。尽管存储芯片种类众多,但从产值构成来看,DRAM 与 NAND Flash 已经成为存储芯片产业的主要构成部分,分类如图 8-6 所示。

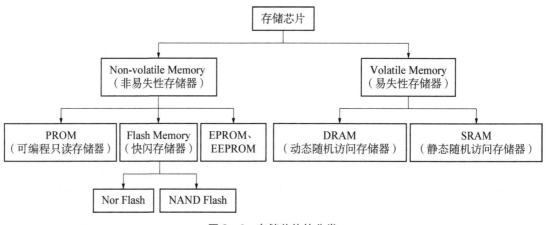

图 8-6 存储芯片的分类

存储芯片一直由 IDM 厂商主导,而且相对于制造工艺,IC 设计在存储芯片领域起到的作用并不明显。

2) 模拟 IC 和逻辑 IC

模拟 IC 是处理连续性的光、声音、速度、温度等自然模拟信号,模拟 IC 按技术类型来分,有只处理模拟信号的线性 IC 和同时处理模拟与数字信号的混合 IC。模拟 IC 按应用来分可分为标准型模拟 IC 和特殊应用型模拟 IC。标准型模拟 IC 包括放大器、信号界面、数据转换、比较器等产品。特殊应用型模拟 IC 主要应用在通信、汽车、电脑周边和消费类电子领域。

逻辑 IC 可分为标准逻辑 IC 及特殊应用 IC(ASIC),标准逻辑 IC 提供基本逻辑运算,并大量制造,而 ASIC 是为单一客户及特殊应用而量身定做的 IC,具有定制化、差异化及少量多样的特性,主要应用于产业变动快、产品差异化高及整合度需求大的市场。

3）微元件 IC

微元件 IC 包括微处理器（MPU）、微控制器（MCU）、数字信号处理器（DSP）及微周边设备（MPR）。MPU 是微元件 IC 中的最重要的产品，主要用于个人电脑、工作站和服务器，CPU 是其中的一种，目前 Intel 公司为 MPU 产业龙头。MCU 又称单片微型计算机或者单片机，是把中央处理器的频率与规格适当缩减，并将内存、计数器、USB、A/D 转换、UART、PLC、DMA 等周边接口，甚至 LCD 驱动电路都整合在单一芯片上，形成芯片级的计算机，为不同的应用场合做不同组合控制。诸如手机、PC 外围、遥控器，至汽车电子、工业上的步进马达、机器手臂的控制等，都可见到 MCU 的身影。

DSP 芯片指能够实现数字信号处理技术的芯片，近年来，数字信号处理器芯片已经广泛用于自动控制、图像处理、通信技术、网络设备、仪器仪表和家电等领域；DSP 为数字信号处理提供了高效而可靠的硬件基础。MPR 则是支持 MPU 及 MCU 的周边逻辑电路元件。

2. 制造部分

集成电路制造过程可分为晶圆制造和晶圆加工两部分。前者指运用二氧化硅原料逐步制得单晶硅晶圆的过程；后者则指在制备的晶圆材料上构建完整的集成电路芯片。

1）晶圆制造

由于芯片极高的电路集成度，其电路对于半导体基质（晶圆）的材料纯度要求十分严苛。由各种元素混杂的硅石到硅纯度达 99.999 999 9%（称为 9 N）的硅单晶晶圆的制造流程，因此可以被认为是硅材料不断提纯的过程。

（1）"冶金级硅"制备：从二氧化硅到"金属硅"。由硅石等富含二氧化硅（SiO_2）的矿物资源通过提纯得到高纯度二氧化硅。充足的高纯度二氧化硅原料与富含碳原子（C）的煤炭、木炭等反应物被臵于电炉中，在 1 900℃ 的高温下，二氧化硅与碳发生氧化还原反应：$SiO_2 + 2\,C \rightarrow Si + 2\,CO$，初步制得硅（Si）材料。

由于此过程类似通过氧化还原反应冶炼铁、铜等金属的冶金过程，故此过程制备的硅材料被称为"冶金级硅"，又称"金属硅"。"高纯"金属硅材料的硅含量可达 98%，但这仍不能达到制成集成电路芯片的纯度要求。

（2）西门子制程：从金属硅到多晶硅。冶金级硅的产量占全球硅元素产品产量的 20%，该产品被大量运用于铝硅合金铸造业与化工产业。其中，仅有 5%～10% 的冶金级硅被用于再次提纯，进而制成高纯度"电子级硅"电子级硅产量不到全球硅产品产量的 1%～2%。

为进一步提纯硅材料，产业多先转化冶金级硅材料为含硅元素的挥发性液体，如三氯硅烷（$HSiCl_3$）、四氯化硅（$SiCl_4$），或直接转化为气体硅烷（SiH_4）。之后，在密闭反应室中臵入表面温度达 1150℃ 的高纯硅芯，通入三氯硅烷气体。通过化学分解作用，高纯度硅材料得以直接"生长"于硅芯表面，由此提高硅材料纯度。

该制程被称为化学气相沉积法（CVD），用以制备高纯多晶硅。该技术于 1954 年由德国西门子公司申请专利，故又称"西门子制程"。此后的改良西门子法大大降低了制造能耗，并可使制备的多晶硅材料纯度达到 99.999 9%（6 N）。

其他制程，如流化床反应器技术（FBR）、升级冶金硅技术（UMG-Si）等，亦被应用于高纯多晶硅生产，但改良西门子法仍占据总产量达 88%。

（3）柴可拉斯基制程（"拉晶工艺"）：从多晶硅到单晶硅。6 N 纯度的多晶硅材料仍不能应用于微电子领域。并且电学性质方面，多晶硅的导电性已无法达到芯片级技术要求。为有效控制半导体材料的量子力学特性，硅材料的纯度仍需进一步提高。通过反复提纯的过程，最终用于集成电路生产的硅材料纯度需达到 99.999 999 9%（9 N）水平。

由高纯多晶硅提纯高纯单晶硅，主流的制备工艺为柴可拉斯基制程，柴可拉斯基制程指制备半导体（如硅、锗、砷化镓）、金属、盐类、合成宝石等的单晶的晶体生长过程。

上一步骤制备的高纯多晶硅，在 1 425℃ 的高温下熔融于坩埚容器中。可加入掺杂剂原子，如硼（B）、磷（P）原子对半导体进行掺杂，以制成具有不同电子特性的 p 型或 n 型半导体。将转动的高纯单晶硅晶棒没入熔融的多晶硅中，缓慢地转动并同时向上拉出晶棒。同时，盛放熔融物的坩埚向晶棒转动的反向转动。通过精确控制温度变化、拉晶速率、旋转速度，得以从熔融物中提取出标准化的大型圆柱体单晶晶柱，晶柱可高达两米，重约数百千克。

硅晶柱直径决定了切割出晶圆的直径，更大的晶圆意味着单块晶圆上得以印刻更多的集成电路晶片，生产效率可以得到极大提升。现阶段，晶圆制造厂主要生产直径为 200 mm 和 300 mm 的晶圆。到 2018 年，450 mm 直径的晶圆预计可以实现量产。另外，为保证单晶硅材料纯度，晶柱生长的过程通常于惰性气体（如氩气 Ar）环境下在惰性反应容器（如石英坩埚）中进行。

在国内，此工艺常被形象地称为制备高纯单晶硅的"拉晶工艺"，此法制备的高纯单晶硅硅锭纯度可达 99.999 999 9%（9 N），具有优良的半导体量子力学特性，可以被用于集成电路制造领域，该材料因此被称为"电子级硅"。另外，在工业生产中悬浮区熔法等技术也被用于多晶硅至单晶硅的提纯过程。其缺点是制备的晶柱直径往往小于拉晶法的制成直径。

（4）最后一步：从晶柱到晶圆。制备了高纯单晶硅晶柱后，需经过晶柱裁切与检测、外径研磨、切片、圆边、研磨、蚀刻、去疵、抛光、清洗、检验、包装步骤进行处理。最终制成可供晶圆加工厂家使用的合格半导体晶圆。极度平滑的硅晶圆厚度一般在 0.2～0.75 mm 之间，直接作为制造集成电路芯片的材料，由晶圆代工厂进行晶圆加工阶段的处理。

晶圆加工技术是指在晶圆上制造用于电气电子设备中的集成电路的过程。该技术是一个多步骤、反复处理的过程。在实施过程中多次重复运用掺杂、沉积、光刻等工艺，最终实现将高集成度的复杂电路"印制"在半导体基质上的目的。整个晶圆加工过程一般历时六至八周，需要在高度专业化的晶圆加工厂中进行。

晶圆加工过程与晶圆制造不同，晶圆加工领域的工厂各自遵循本公司特有的生产流程。同时，先进的加工技术逐年推陈出新，使得生产流程不断地发生着改变。但是多样化的制程工艺无外乎从属于以下四个范畴：沉积、清除、成像塑造、电学性质改变。

沉积是指制程中涉及生长、涂覆或将其他材料转移至晶圆上的步骤。沉积技术包括物理气相沉积（PVD）、化学气相沉积（CVD）、电化学沉积（ECD）、分子束外延（MBE）、相对先进的原子层沉积（ALD）以及其他技术。

清除是指从晶圆上清除材料的技术。例如蚀刻工艺（湿蚀刻或干蚀刻）与化学机械研磨技术（CMP）。

成像塑造或改变沉积的材料，一般称为光刻技术。例如，常见的光刻工艺先将晶圆表面覆盖一层化学物质——光刻胶，之后光刻机聚焦、校准并移动印有电路图的光罩，将晶圆上的选中部分曝光于短波光线下。被曝光的区域此后被显影剂溶液洗去。在蚀刻或其他制程之后，剩余的光刻胶由等离子体灰化法清除。

电学性质改变指掺杂半导体，形成源极与漏极的步骤。该技术过去由扩散炉技术实现，现在多运用离子植入技术。掺杂过程之后晶圆接受炉内退火或更先进的快速热退火（RTA）处理，退火过程激活了植入的掺杂剂。电学性质改变目前也包括通过紫外线制程降低 low-k 绝缘体材料介电常数的技术。

　　高端集成电路设计复杂,所需制程步骤繁多,多层金属连接层技术用以实现大量元件间的有效连接。当代芯片加工多数经历 300 多道制程步骤,可包含 11 层的金属导线层。

　　加工好的晶圆在晶圆测试后,将进入芯片封装厂商,进行最后的封装测试。

　　"印刻"于晶圆上的半导体元件需以金属导体连接以实现特定的电路功能。以上各种技术工艺按制程的先后顺序,可划分为前段制程(FEOL)与后段制程(BEOL)。以集成于芯片上的元件的相互连接为分水岭:FEOL 指沉积金属导电层以前,在半导体基质上形成独立元件(如三极管、电容、电阻、独立的 CMOS)的前半段制程;BEOL 指金属层沉积后,创建金属导线,连接元件,并构成使各导线绝缘的介电层的后半段制程。

3. 封装部分

　　集成电路封装是半导体设备制造过程中的最后一个环节。在该环节中,微小的半导体材料模块会被铸于一个保护壳内,以防止物理损坏或化学腐蚀。集成电路芯片将通过封装"外壳"与外部电路板相连。

　　封装过程后,通过封装测试的集成电路设备,将作为成品最终投入的下游设备的应用中去。

1) 封装技术的发展演变

　　追随摩尔定律,芯片集成度日益提高,单体集成电路需要日益增多的引脚与外部设备连接,以实现更复杂的逻辑控制功能;同时,随着科技进步,各类电子设备向着小型化、智能化发展,电路系统的微缩要求集成电路芯片的体量不断减小。所以在保证性能的前提下,"多引脚、小体量"的芯片封装始终是集成电路封装技术的发展方向。随着封装技术的发展,集成电路封装模式不断推陈出新。目前,各种封装技术均用于不同的市场领域。这里按照各种工艺出现的先后顺序介绍市场上主流的一些封装技术。

　　最早的集成电路封装于扁平的陶瓷管体内,由于其可靠性与较小的体量,在军事领域被应用多年。随后陶瓷管体的封装模式很快发展为塑料管体的 DIP(双列直插式封装),如图 8-7 所示。

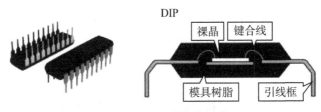

图 8-7　双列直插式封装

　　在 20 世纪 80 年代,VLSI 规模集成电路的引脚数量超过了 DIP 封装的技术限制。PGA(插针网格阵列)封装及 LCC(无引线芯片载体)封装投入生产,用以突破 DIP 封装的限制。

　　表面黏着式封装出现于 20 世纪 80 年代早期,并于 20 世纪 80 年代末期兴盛。用于小外形集成电路的鸥翼型封装与 J-引脚封装采用优化的引脚间距,使得运用该技术的封装比等效的 DIP 封装占用面积少 30%~50%,厚度薄 70%,如图 8-8 所示。

下阶段,封装技术迎来了巨大的技术创新——表面阵列封装。该技术在封装管体的表面铺设连接节点,因此得以提供比此前封装技术更多的外部连接(此前的封装方式只在管体周围引出接点)。其中 BGA(球栅阵列)封装成为广泛应用的封装技术之一。

图8-8　鸥翼型封装(左)和J-引脚封装(右)　　　　图8-9　球栅阵列封装

BGA 封装技术在 20 世纪 70 年代便已经存在。20 世纪 90 年代,该技术演进至 FCBGA (倒装芯片球栅阵列)封装,如图 8-9 所示。FCBGA 封装允许存在多于任何封装技术的针脚数量。在 FCBGA 管壳内,晶片被正面朝下倒装并通过类似于印刷电路板的基体与管体球栅建立连接。因此 FCBGA 可以允许成阵列的输入输出信号分散连接至整个晶片表面,而非限制于芯片四周。

8.3　高性能集成电路的设计方法

时代的进步和发展离不开电子产品的不断进步,微电子技术对于各行各业的发展起到了极大的推进作用。集成电路是一种重要的微型电子器件,在数码产品、互联网、交通等领域都有广泛的应用。本部分介绍集成电路的发展背景和研究方向,并基于此初步探讨集成电路的设计方法。

8.3.1　高性能集成电路设计概述

集成电路设计,亦可称之为超大规模集成电路设计,是指以集成电路、超大规模集成电路为目标的设计流程。集成电路设计涉及对电子器件(例如晶体管、电阻器、电容器等)、器件间互连线模型的建立。所有的器件和互连线都需安置在一块半导体衬底材料之上,这些组件通过半导体器件制造工艺(例如光刻等)安置在单一的硅衬底上,从而形成电路。

1. 基础介绍

集成电路设计最常使用的衬底材料是硅。设计人员使用技术手段将硅衬底上各个器件之间相互电隔离,以控制整个芯片上各个器件之间的导电性能。PN 结、金属氧化物半导体场效应管等组成了集成电路器件的基础结构,而由后者构成的互补式金属氧化物半导体则凭借其低静态功耗、高集成度的优点成为数字集成电路中逻辑门的基础构造。设计人员需要考虑晶体管、互连线的能量耗散,这一点与以往由分立电子器件构建电路不同,因为集成电路的所有器件都集成在一块硅片上。金属互连线的电迁移及静电放电对微芯片上的器件通常有害,因此也是集成电路设计需要关注的问题。

随着集成电路的规模不断增大,其集成度已经达到深亚微米级(特征尺寸在 130 纳米以下),单个芯片集成的晶体管已经接近十亿个。由于其极为复杂,集成电路设计常常需要利用计算机辅助的设计方法和技术手段。集成电路设计的研究范围涵盖了数字集成电路中数字逻辑的优化、网表实现,寄存器传输级硬件描述语言代码的书写,逻辑功能的验证、仿真和时序分析,电路在硬件中连线的分布,模拟集成电路中运算放大器、电子滤波器等器件在芯片中的安置和混合信号的处理。相关的研究还包括硬件设计的电子设计自动化(EDA)、计算机辅助设计(CAD)方法学等,是电机工程学和计算机工程的一个子集。

对于数字集成电路来说,设计人员更多的是站在高级抽象层面,即寄存器传输级甚至更高的系统级(有人也称之为行为级),使用硬件描述语言或高级建模语言来描述电路的逻辑、时序功能,而逻辑综合可以自动将寄存器传输级的硬件描述语言转换为逻辑门级的网表。对于简单的电路,设计人员也可以用硬件描述语言直接描述逻辑门和触发器之间的连接情况。网表经过进一步的功能验证、布局、布线,可以产生用于工业制造的 GDSII 文件,工厂根据该文件就可以在晶圆上制造电路。模拟集成电路设计涉及更加复杂的信号环境,对工程师的经验有更高的要求,并且其设计的自动化程度远不及数字集成电路。

逐步完成功能设计之后,设计规则会指明哪些设计符合制造要求,而哪些设计不符合,而这个规则本身也十分复杂。集成电路设计流程需要匹配数百条这样的规则。在一定的设计约束下,集成电路物理版图的布局、布线对于获得理想速度、信号完整性、减少芯片面积来说至关重要。半导体器件制造的不可预测性使得集成电路设计的难度进一步提高。在集成电路设计领域,由于市场竞争的压力,电子设计自动化等相关计算机辅助设计工具得到了广泛的应用,工程师可以在计算机软件的辅助下进行寄存器传输级设计、功能验证、静态时序分析、物理设计等。

集成电路设计通常是以“模块”作为设计的单位的。例如,对于多位全加器来说,其次级模块是一位的加法器,而加法器又是由下一级的与门、非门模块构成,与、非门最终可以分解为更低抽象级的 CMOS 器件。

从抽象级别来说,数字集成电路设计可以是自顶向下的,即先定义了系统最高逻辑层次的功能模块,根据顶层模块的需求来定义子模块,然后逐层继续分解;也可以是自底向上的,即先分别设计最具体的各个模块,然后如同搭积木一般用这些最底层模块来实现上层模块,最终达到最高层次。在许多设计中,自顶向下、自底向上的设计方法学是混合使用的,系统级设计人员对整体体系结构进行规划,并对子模块进行划分,而底层的电路设计人员逐层向上设计、优化单独的模块。最后,两个方向的设计人员在中间某一抽象层次会合,完成整体设计。

2. 硬件实现

对于不同的设计要求,工程师可以使用半定制设计途径,例如采用可编程逻辑器件(现场可编程逻辑门阵列等)或基于标准单元库的专用集成电路来实现硬件电路;也可以使用全定制设计,控制晶体管版图到系统结构的全部细节。

1) 全定制设计

这种设计方式要求设计人员利用版图编辑器来完成版图设计、参数提取、单元表征,然后利用这些设计的单元来完成电路的构建。通常,全定制设计是为了最大化优化电路性能。如果标准单元库中缺少某种所需的单元,也需要采取全定制设计的方法完成所需的单元设计。不过,这种设计方式通常需要较长的时间。

2) 半定制设计

与全定制设计相对的设计方式为半定制设计。简而言之,半定制集成电路设计是基于预先设计好的某些逻辑单元。例如,设计人员可以在标准组件库(通常可以从第三方购买)的基础上设计专用集成电路,从中选取所需的逻辑单元(例如各种基本逻辑门、触发器等)来搭建所需的电路。他们也可以使用可编程逻辑器件来完成设计,这类器件的几乎所有物理结构都被固定在芯片之中,仅剩下某些连线可以由用户编程决定其连接方式。与这些预先设计好的逻辑单元有关的性能参数通常也由其供应商提供,以方便设计人员进行时序、功耗分析。在半定制的现场可编程逻辑门阵列(FPGA)上进行设计的优点是开发周期短、成本低。

3)可编程逻辑器件

可编程逻辑器件通常由半导体厂家提供商品芯片,这些芯片可以通过 JTAG 等方式和计算机连接,因此设计人员可以用电子设计自动化工具来完成设计,然后将利用设计代码来对逻辑芯片编程。可编程逻辑阵列芯片在出厂前就提前定义了逻辑门构成的阵列,而逻辑门之间的连接线路则可以通过编程来控制连接与断开。随着技术的发展,对连接线的编程可以通过 EPROM(利用较高压电编程、紫外线照射擦除)、EEPROM(利用电信号来多次编程和擦除)、SRAM、闪存等方式实现。现场可编程逻辑门阵列是一种特殊的可编程逻辑器件,它的物理基础是可配置逻辑单元,由查找表、可编程多路选择器、寄存器等组成。查找表可以用来实现逻辑函数,如三个输入端的查找表可以实现所有三变量的逻辑函数。

4)专用集成电路

针对特殊应用设计的专用集成电路(ASIC)的优点是面积、功耗、时序可以得到最大程度地优化。专用集成电路只能在整个集成电路设计完成之后才能开始制造,而且需要专业的半导体工厂参与。专用集成电路可以是基于标准单元库,也可以是全定制设计。在后一种途径中,设计人员对于晶圆上组件的位置和连接有更多的控制权,而不像可编程逻辑器件途径,只能选择使用其中部分硬件资源,造成部分资源被浪费。专用集成电路的面积、功耗、时序特性通常可以得到更好的优化。然而,专用集成电路的设计会更加复杂,并且需要专门的工艺制造部门(或者外包给晶圆代工厂)才能将 GDSII 文件制造成电路。一旦专用集成电路芯片制造完成,就不能像可编程逻辑器件那样对电路的逻辑功能进行重新配置。对于单个产品,在专用集成电路上实现集成电路的经济、时间成本都比可编程逻辑器件高,因此在早期的设计与调试过程中,常用可编程逻辑器件,尤其是现场可编程逻辑门阵列;如果所设计的集成电路将要在后期大量投产,那么批量生产专用集成电路将会更经济。

3. 设计流程

集成电路设计可大致分为数字集成电路设计和模拟集成电路设计两大类。不过,实际的集成电路还有可能是混合信号集成电路,因此大多电路的设计同时用到这两种流程。

1)模拟集成电路设计

集成电路设计的一个大分支是模拟集成电路设计,这一分支通常关注电源集成电路、射频集成电路等。由于现实世界的信号是模拟的,所以在电子产品中,模-数、数-模相互转换的集成电路也有着广泛的应用。模拟集成电路包括运算放大器、线性整流器、锁相环、振荡电路、有源滤波器等。相较数字集成电路设计,模拟集成电路设计与半导体器件的物理性质有更大的关联,例如其增益、电路匹配、功率耗散以及阻抗等。模拟信号的放大和滤波要求电路对信号具备一定的保真度,因此模拟集成电路比数字集成电路使用了更多的大面积器件,集成度亦相对较低。

在微处理器和计算机辅助设计方法出现前,模拟集成电路完全采用人工设计的方法。由于人工处理复杂问题的能力有限,因此当时的模拟集成电路通常是较为基本的电路,运算放大器集成电路就是一个典型的例子。在当时的情况下,这样的集成电路可能会涉及十几个晶体管以及它们之间的互连线。为了使模拟集成电路的设计达到工业生产的级别,工程师需要采取多次迭代的方法以测试并排除故障。重复利用已经完成或验证的设计,可以进一步构成更加复杂的集成电路。20 世纪 70 年代之后,计算机的价格逐渐下降,越来越多的工程师可以利用其进行辅助设计,例如,他们使用编好的计算机程序进行仿真,便可获得比之前人工计算设计更高的精确度。SPICE 是第一款针对模拟集成电路仿真的软件(事实上,数字集成电路中标准单元本身的设计,也需要用到 SPICE 来进行参数测试),其字面意思是“以集成电路为重点的仿真程序(simulation program with integrated circuit emphasis)”,基于计算机辅助设计的电路仿真工具能够适应更加复杂的现代集成电路,特别是专用集成电路。使用计算机进行仿真,还可以在硬件制造之前就发现项目设计中的一些错误,从而减少因为反复测试、排除故障造成的大量成本。此外,计算机往往能够完成一些极端复杂、烦琐的人类无法胜任的任务,使得诸如蒙地卡罗方法等成为可能。实际硬件电路会遇到与理想情况不一致的偏差,例如温度偏差、器件中半导体掺杂浓度偏差,计算机仿真工具同样可以进行模拟和处理。总之,计算机化的电路设计和仿真能够使电路设计性能更佳,而且其可制造性可得到更大地保障。尽管如此,相对于数字集成电路,模拟集成电路的设计对工程师的经验、权衡矛盾等方面的能力要求更严格。

2) 数字集成电路设计

粗略地说,数字集成电路设计可以分为以下基本步骤:系统定义、寄存器传输级设计、物理设计。而根据逻辑的抽象级别,设计又分为系统行为级、寄存器传输级、逻辑门级。设计人员需要合理地书写功能代码、设置综合工具、验证逻辑时序性能、规划物理设计策略等。在设计过程中的特定时间点,还需要多次进行逻辑功能、时序约束、设计规则等方面的检查、调试,以确保设计的最终成果合乎最初的设计收敛目标。

3) 系统定义

系统定义是进行集成电路设计的最初规划,在此阶段设计人员需要考虑系统的宏观功能。设计人员可能会使用一些高抽象级建模语言和工具来完成硬件的描述,例如 C 语言、C++、SystemC、SystemVerilog 等事务级建模语言,以及 Simulink 和 MATLAB 等工具对信号进行建模。尽管主流是以寄存器传输级设计为中心,但已有一些正处于发展阶段的直接从系统级描述向低抽象级描述(如逻辑门级结构描述)转化的高级综合(或称行为级综合)、高级验证工具。系统定义阶段,设计人员还需对芯片预期的工艺、功耗、时钟频率频率、工作温度等性能指标进行规划。

4) 寄存器传输级设计

集成电路设计通常在寄存器传输级上进行,利用硬件描述语言来描述数字集成电路的信号储存,以及信号在寄存器、存储器、组合逻辑装置和总线等逻辑单元之间传输的情况。在设计寄存器传输级代码时,设计人员会将系统定义转换为寄存器传输级的描述。设计人员在这一抽象层次最常使用的两种硬件描述语言是 Verilog 和 VHDL,分别于 1995 年和 1987 年由电气电子工程师学会(IEEE)标准化。由于硬件描述语言的使用,设计人员可以把更多的精力放在功能的实现上,这比以往直接设计逻辑门级连线的方法学具有更高的效率。

5) 设计验证

设计人员完成寄存器传输级设计之后,利用测试平台、断言等方式来进行功能验证,检验项目设计是否与之前的功能定义相符,如果有误,则需要检测之前设计文件中存在的漏洞。现代超大规模集成电路的整个设计过程中,验证所需的时间和精力越来越多,甚至都超过了寄存器传输级设计本身,人们专门针对验证开发了新的工具和语言。

例如,要实现简单的加法器或者更加复杂的算术逻辑单元,或利用触发器实现有限状态机,设计人员可能会编写不同规模的硬件描述语言代码。功能验证是项复杂的任务,验证人员需要为待测设计创建一个虚拟的外部环境,为待测设计提供输入信号,这种人为添加的信号常用"激励"这个术语来表示,然后观察待测设计输出端口的功能是否合乎设计规范。

当所设计的电路并非简单的几个输入端口、输出端口时,验证需要尽可能地考虑所有的输入情况,因此对于激励信号的定义会变得更加复杂。有时工程师会使用某些脚本语言(如Perl、Tcl)来编写验证程序,借助计算机程序的高速处理能力来实现更大的测试覆盖率。现代的硬件验证语言可以提供一些专门针对验证的特性,例如带有约束的随机化变量、覆盖等等。作为硬件设计和验证统一语言,SystemVerilog 以 Verilog 为基础发展而来的,因此它同时具备了设计的特性和测试平台的特性,并引入了面向对象程序设计的思想,促使测试平台的编写更加接近软件测试。诸如通用验证方法学的标准化验证平台开发框架也得到了主流电子设计自动化软件厂商的支持。针对高级综合,关于高级验证的电子设计自动化工具也处于研究之中。

6) 逻辑综合

工程师设计的硬件描述语言代码一般是寄存器传输级的,在进行物理设计之前,需要使用逻辑综合工具将寄存器传输级代码转换到针对特定工艺的逻辑门级网表,并完成逻辑化简。

和人工进行逻辑优化需要借助卡诺图等类似,电子设计自动化工具完成逻辑综合也需要特定的算法(如奎因-麦克拉斯基算法等)来化简设计人员定义的逻辑函数。输入到自动综合工具中的文件包括寄存器传输级硬件描述语言代码、工艺库(可以由第三方晶圆代工服务机构提供)、设计约束文件三大类,这些文件在不同的电子设计自动化工具包系统中的格式可能不尽相同。逻辑综合工具会产生一个优化后的门级网表,但是这个网表仍然是基于硬件描述语言的,这个网表在半导体芯片中的走线将在物理设计中完成。

选择不同器件(如专用集成电路、现场可编程门阵列等)对应的工艺库来进行逻辑综合,或者在综合时设置了不同的约束策略,将产生不同的综合结果。寄存器传输级代码对于设计项目的逻辑划分、语言结构风格等因素会影响综合后网表的效率。大多数成熟的综合工具是基于寄存器传输级描述的,而基于系统级描述的高级综合工具还处在发展阶段。

7) 形式等效性检查

为了比较门级网表和寄存器传输级的等效性,可以通过生成诸如不二可满足性、二元决策图等途径来完成形式等效性检查(形式验证)。实际上,等效性检查还可以检查两个寄存器传输级设计之间,或者两个门级网表之间的逻辑等效性。

8) 时序分析

现代集成电路的时钟频率已经达到了兆赫兹级别,大量模块内、模块之间的时序关系极其复杂,因此除了需要验证电路的逻辑功能,还需要进行时序分析,即对信号在传输路径上的延迟进行检查,判断其是否匹配时序收敛要求。时序分析所需的逻辑门标准延迟格式信息可以由标准单元库(或从用户自己设计的单元从提取的时序信息)提供。随着电路特征尺寸不断减小,互连线延迟在实际的总延时中所占的比例愈加显著,因此在物理设计完成之后,考虑互连线的延迟,才能够精准地进行时序分析。

9) 物理设计

逻辑综合完成之后,通过引入器件制造公司提供的工艺信息,将进入布图规划、布局、布线阶段,工程人员需要根据延迟、功耗、面积等方面的约束信息,合理设置物理设计工具的参数,不断调试,以获取最佳的配置,从而决定组件在晶圆上的物理位置。如果是全定制设计,工程师还需要精心绘制单元的集成电路版图,调整晶体管尺寸,从而降低功耗和延时。

随着现代集成电路的特征尺寸不断下降,超大规模集成电路已经进入深亚微米级阶段,互连线延迟对电路性能的影响已经达到甚至超过逻辑门。这时,需要考虑的因素包括线网的电容效应和线网电感效应,芯片内部电源线上大电流在线网电阻上造成的电压降也会影响集成电路的稳定性。为了解决这些问题,同时缓解时钟偏移、时钟树寄生参数的负面影响,合理的布局布线和逻辑设计、功能验证等过程同等重要。随着移动设备的发展,低功耗设计在集成电路设计中的地位愈加显著。在物理设计阶段,设计可以转化成几何图形的表示方法,工业界有若干标准化的文件格式(如 GDSII)予以规范。

值得注意的是,电路实现的功能在之前的寄存器传输级设计中就已经确定。在物理设计阶段,工程师不仅不能让之前设计好的逻辑、时序功能在该阶段的设计中被损坏,还要进一步优化芯片,确保其按照正确运行时的延迟时间、功耗、面积等方面的性能。在物理设计产生了初步版图文件之后,工程师需要再次对集成电路进行功能、时序、设计规则、信号完整性等方面的验证,以确保物理设计产生正确的硬件版图文件。

4. 可测试性设计与设计的重用

随着超大规模集成电路的复杂程度不断提高,电路制造后测试所需的时间和经济成本也不断增加。以往,人们将绝大多数精力放在设计本身,并不考虑之后的测试,因为那时的测试相对更为简单。近年来,测试本身也逐渐成为一个庞大的课题。

比如,从电路外部控制某些内部信号,使得它们呈现特定的逻辑值比较容易,而某些内部信号由于依赖大量其它内部信号,从外部很难直接改变它们的数值。此外,很多时候内部信号的改变不能在主输出端观测,有时主输出端的信号输出看似正确,其实内部状态是错误的,仅观测主输出端的输出不足以判断电路是否正常工作。以上两类问题,即可控制性和可观测性,是可测试性的两大组成部分。

人们逐渐发现,电路在设计时添加一些特殊的结构(例如扫描链和内建自测试),能够大大方便之后的电路测试。这样的设计被即为可测试性设计,它们使电路更加复杂,但是却能凭借更简捷的测试降低整个项目的成本。

随着超大规模集成电路的集成度不断提高,市场竞争压力的不断增加,集成电路设计逐渐引入了可重用设计方法学。可重用设计方法学的主要意义在于提供 IP 核(知识产权核)的供应商,可以将一些已经预先完成的设计以商品的形式提供给设计方,后者可以将 IP 核作为一个完整的模块在自己的设计项目中使用。在实现类似功能时,各个公司由此就不需反复设计类似模块。这样做虽会提高商业成本,但亦显著降低了设计的复杂程度,从而缩短公司在设计大型电路所需的周期,从而提高市场竞争力。IP 核供应商提供的产品可能是已验证的硬件描述语言代码,为了保护供应商的知识产权,这些代码很多时候是加密的。IP 核本身也是作为集成电路进行设计,但为了在不同设计项目中能够得到应用,会重点强化其可移植性,因此它的设计代码规范更加严格。有的芯片公司专门从事 IP 核的开发和销售,ARM 就是一个典型的例子,这些公司通过知识产权的授权营利。

8.3.2　集成电路的设计方法

集成电路的设计流程主要有:设计规划和架构划分阶段、逻辑设计阶段、物理设计阶段、封装测试阶段,具体设计方法介绍如下。

1. 设计规划和架构划分

由于现在数码产品更新换代迅速,市场需求千变万化,在设计之初,就要对市场进行大量调研,并要有前瞻性的思考。此外,要将设计需求与实际产品设计的可行性与成本进行综合考量,由此初步确定产品开发蓝图。在系统设计阶段可以使用 SPW、Tanner EDA Tools 等软件完成系统的描述、外部接口的预设、功能的定义、工作量的估计等各方面工作,再通过构建抽象的算法仿真模型,根据功能和性能的要求,选择和设计算法,然后通过仿真进行验证和评估。当验证通过后,集成电路的设计架构就被搭建起来了,接着就可以进入下一步的逻辑设计。

2. 逻辑设计

逻辑设计简言之就是写代码,编写硬件描述语言(HDL)代码,通过仿真手段验证代码,这里的验证指的是功能级验证,不涉及时间的信息。集成电路设计的关键一步就是用一些专业工具,如 ISE 等把代码映射到库原件实现的门电路,也就是门级的网表。当然,门级网表也要验证,如果出现错误要从以上各个步骤寻找出错的原因。

3. 物理设计

在上一阶段得到网表之后,就可以着手各种元器件的布局以及导线的连接,连接后再次进行仿真模拟,然后就可以开始插入时钟树,进行形式验证。当这些步骤通过后,集成电路的大致版图就规划好了。

4. 封装测试

将合格的晶圆按照设计好的版图进行加工组装成芯片的过程就叫做集成电路的封装。江苏的新潮科技和华达微电子是我国目前规模产值比较大的封装测试企业。此外,综合多家市场调研机构的数据,2016 年全球集成电路封装测试产业的市场规模为 509.7 亿美元,具有很大的发展前景。

8.3.3 集成电路设计流程及工具

集成电路的设计流程可分为两个部分,分别为前端设计(也称逻辑设计)和后端设计(也称物理设计),这两个部分并没有统一严格的界限,凡涉及到与工艺有关的设计可称为后端设计。

1. 前端设计的主要流程

(1) 规格制定。芯片规格,也就像功能列表一样,是客户向芯片设计公司(称为 Fabless,无晶圆设计公司)提出的设计要求,包括芯片需要达到的具体功能和性能方面的要求。

(2) 详细设计。Fabless 根据客户提出的规格要求,拿出设计解决方案和具体实现架构,划分模块功能。

(3) HDL 编码。使用硬件描述语言(VHDL,Verilog HDL,业界公司一般都是使用后者)将模块功能以代码来描述实现,也就是将实际的硬件电路功能通过 HDL 语言描述出来,形成 RTL(寄存器传输级)代码。

(4) 仿真验证。仿真验证就是检验编码设计的正确性,检验的标准就是第一步制定的规格。看设计是否精确地满足了规格中的所有要求。规格是设计正确与否的黄金标准,一切违反或不符合规格要求的,就需要重新修改设计和编码。设计和仿真验证是反复迭代的过程,直到验证结果显示完全符合规格标准为止。仿真验证工具有 Mentor 公司的 Modelsim,Synopsys 的 VCS,还有 Cadence 的 NC-Verilog 均可以对 RTL 级的代码进行设计验证,该部分个人一般使用 Modelsim。该部分称为前仿真,接下来逻辑部分综合之后再一次进行的仿真可称为后仿真。

（5）逻辑综合——Design Compiler。仿真验证通过后进行逻辑综合。逻辑综合的结果就是把设计实现的 HDL 代码翻译成门级网表 netlist。综合需要设定约束条件，就是预期综合出来的电路在面积、时序等目标参数上达到的标准。逻辑综合需要基于特定的综合库，不同的库中门电路基本标准单元(standard cell)的面积、时序参数是不一样的。所以，选用的综合库不一样，综合出来的电路在时序和面积上是有差异的。一般来说，综合完成后需要再次做仿真验证（这个也称为后仿真，之前的称为前仿真），逻辑综合工具选择 Synopsys 的 Design Compiler，仿真工具选择前述的三种仿真工具均可。

（6）静态时序分析(STA)。STA 属于验证范畴，它主要是在时序上对电路进行验证，检查电路是否存在建立时间(setup time)和保持时间(hold time)的违例(violation)。这个是数字电路基础知识，一个寄存器出现这两个时序违例时，是无法正确采样数据和输出数据的，因此以寄存器为基础的数字芯片功能肯定会出现问题。STA 工具有 Synopsys 的 Prime Time。

（7）形式验证。形式验证也是验证范畴，它是从功能上对综合后的网表进行验证。常用的就是等价性检查方法，以功能验证后的 HDL 设计为参考，对比综合后的网表功能，看他们是否在功能上存在等价性。这样做是为了保证在逻辑综合过程中没有改变之前 HDL 描述的电路功能。形式验证工具有 Synopsys 的 Formality。以上主要阐述了前端设计的流程，从设计程度上来讲，前端设计的结果就是得到了芯片的门级网表电路。

2. 后端设计流程

（1）可测性分析(DFT)。芯片内部往往都自带测试电路，DFT 的目的是在设计时就考虑将来的测试。DFT 的常见方法就是在设计中插入扫描链，将非扫描单元（如寄存器）变为扫描单元。关于 DFT，有些书上有详细介绍，对照图片就好理解一点。DFT 工具有 Synopsys 的 DFT Compiler。

（2）布局规划(Floor Plan)。布局规划就是放置芯片的宏单元模块，在总体上确定各种功能电路的摆放位置，如 IP 模块、RAM、I/O 引脚等等。布局规划能直接影响芯片最终的面积。工具为 Synopsys 的 Astro。

（3）时钟树综合(CTS)。简单点说就是时钟的布线。由于时钟信号在数字芯片的全局指挥作用，它的分布应该是对称式地连到各个寄存器单元，从而使时钟从同一个时钟源到达各个寄存器时，时钟延迟差异最小。这也是为什么时钟信号需要单独布线的原因。CTS 工具有 Synopsys 的 Physical Compiler。

（4）布线(Place & Route)，这里的布线就是普通信号布线，包括各种标准单元（基本逻辑门电路）之间的走线。比如我们平常听到 90 nm 工艺，实际上就是这里金属布线可以达到的最小宽度，从微观上看就是 MOS 管的沟道长度。工具有 Synopsys 的 Astro。

（5）寄生参数提取。由于导线本身存在的电阻，相邻导线之间的互感，耦合电容在芯片内部会产生信号噪声、串扰和反射。这些效应会产生信号完整性问题，导致信号电压波动和变化，如果严重就会导致信号失真错误。提取寄生参数进行再次分析验证，分析信号完整性问题是非常重要的。工具有 Synopsys 的 Star-RCXT。

（6）版图物理验证。对完成布线的物理版图进行功能和时序上的验证，验证项目很多，如 LVS(layout vs schematic)验证，简单说，就是版图与逻辑综合后的门级电路图的对比验证；DRC(design rule checking)：设计规则检查，检查连线间距，连线宽度等是否满足工艺要求；ERC(electrical rule checking)：电气规则检查，检查短路和开路等电气规则违例等等。工具为

Synopsys 的 Hercules。实际的后端流程还包括电路功耗分析,以及随着制造工艺不断进步产生的 DFM(可制造性设计)问题,在此不再赘述。物理版图验证完成也就意味着整个芯片设计阶段完成,下面就是芯片制造了。物理版图以 GDSII 的文件格式交给芯片代工厂(称为 Foundry),在晶圆硅片上做出实际的电路,再进行封装和测试,就得到了我们看到的芯片。

思政视窗

集成电路设计的核心技术除了光刻机,EDA 软件也急需国产化。美国再次出手针对华为,全球企业只要使用了美国芯片制造设备,必须获得美国政府的许可,才能向华为及其附属公司提供芯片,意图全面封锁华为芯片。

此次美国针对的是华为供应链,包括了晶圆代工在内的芯片制造环节,这意味着台积电等华为的晶圆厂,将不能为其提供芯片代工。

华为虽然在芯片设计领域迅速实现赶超,但在芯片制造设备、材料、EDA 软件等领域,仍受制于国外。

此次美国主要针对的就是华为芯片产业链中最薄弱的制造和 EDA 领域。

今天要说的 EDA 软件,在芯片产业链的重要性,不亚于制造设备中的光刻机,EDA 软件的国产化已刻不容缓。EDA 软件,即电子设计自动化,软件是在电子 CAD 技术基础上发展起来的计算机辅助设计软件系统,为工作平台融合了应用电子技术、计算机技术、信息处理及智能化技术的最新成果,进行电子产品的自动设计。EDA 主要用于完成超大规模集成电路(VLSI)芯片的功能设计、综合、验证、物理设计(包括布局、布线、版图、设计规则检查等)等流程的设计。

利用 EDA 工具,电子设计师可以从概念、算法、协议等开始设计电子系统,将电子产品从电路设计、性能分析到设计出 IC 版图或 PCB 版图的整个过程在计算机上自动处理完成。

EDA 软件主要应用于半导体制造领域的晶圆厂,例如台积电、中芯国际等;半导体设计领域,使用 EDA 模拟软件在计算机上完成设计以评估生产情况。

EDA 与半导体材料、设备共同构成集成电路的三大基础,完整的芯片包含上亿甚至数十亿以上的晶体管,设计过程中需要持续地模拟和验证,缺少 EDA 的帮助,几乎无法完成设计工作。

因此 EDA 软件是集成电路设计上游最核心的环节,也是最高端的产业,和光刻机一样,是被“卡脖子”的环节。

目前 EDA 软件市场主要由美国的 Cadence、Synopsys 和西门子旗下 Mentor Graphics 三家公司垄断,短期内较难实现替代。

在芯片设计领域,我国还没有全流程自主可控的高端 EDA 软件产品。国产 EDA 的技术距离国外差距较大,尤其是在高端芯片设计领域,无法满足市场需求。

2019 年,Synopsys、Cadence、Mentor 美国三大厂商便根据美国政府要求终止了与华为的合作。

华为已获得当时版本 EDA 工具的永久授权,这些软件领先芯片实际制造工艺两三年,因此短期内 EDA 禁令对华为的芯片设计不会有太大影响。

但是由于不能更新升级,无法获得新版本的 EDA 工具极可能卡住华为芯片技术继续向前迭代发展,因此在接下来两年,EDA 软件在高端芯片设计上亟需实现国产化。

北京华大九天软件有限公司(华大九天)是国内第一家提供 EDA 软件的厂商,为紫光展锐、中兴、龙芯、兆芯、飞腾、中芯国际、华虹半导体等几乎所有的国产半导体厂商提供芯片设计软件。

不过华大九天的高端芯片产品依旧不足,这是因为国内的芯片制造水平低,比如中芯国际才开始量产 14 nm,而台积电早就是 7 nm 了,并且拥有 5 nm 产能。

华为在设计领域,目前已掌握核心自主知识产权,具备国际一流水平。但在制造领域,仍依赖于台积电代工。能设计出芯片,但制造不出来,是国内芯片行业比较尴尬的局面。

虽然华为有个"备胎"中芯国际,但是也仅能把 14 nm 的芯片制造订单转移给中芯,在 5 nm 和 7 nm 芯片制造上,华为仍然依赖台积电,如果台积电不给华为代工,对华为影响较大。

为什么美国不针对腾讯、阿里,因为他们的架构主要在应用层,而华为首次在基础层危险到美国,中国企业只有在核心技术上实现突破,才能避免被人"卡脖子"。

美国针对华为,其实就是在针对中国,没有华为,还会有其他公司,这是中国在实现崛起和伟大复兴道路上必须承受的阵痛。

8.4 高性能集成电路的应用及发展方向

随着人类社会的不断发展与进步,各种各样的高新技术应运而生,集成电路作为上世纪 60 年代的新技术而诞生,并至今造福人类,而且得到了很好的发展。在当今的信息时代,信息技术已经渗透到了国民经济的各个领域,人们在日常生活中无处不感受到信息技术所带来的方便与快捷。信息技术的基础是微电子技术,而集成电路(IC)正是微电子技术的核心,是整个信息产业和信息社会的根本基础。集成电路在现代生活中拥有不可或缺的地位,它已经与我们的日常生活紧紧相连了。

8.4.1 高性能集成电路技术的应用

1. 在信息技术领域中的应用

信息是人类社会最重要的战略资源之一。人类在认识世界、改造世界的一切有意义的活动中都离不开对信息资源的开发、加工和利用。信息技术(information technology,IT),是主要用于管理和处理信息所采用的各种技术的总称。它主要是应用计算机科学和通信技术来设计、开发、安装和运用信息系统及应用软件。在当今这个飞速发展的信息化时代,信息技术作为管理和处理信息的各种技术,是人类文明不断向前发展的重要技术手段之一。当然,作为信息技术硬件支持的计算机是必不可少的,而计算机中最重要的技术莫过于集成电路技术,于是,集成电路技术成为了信息技术领域中的关键技术。由于它是整个信息技术领域中最根本的技术支持,它直接决定着信息技术领域的发展。如果集成电路技术能够为计算机提供一个很好的集成电路中央处理器,那么计算机的处理速度就会很可观,对信息的管理和处理速度就会大大提升。计算机对信息的管理和处理效率得到提高,使得信息技术的发展较少受到硬件问题的限制,将会发展得更好,在将来更好地为全人类服务。

由此可见,集成电路技术在信息技术领域中的应用是信息技术领域的最关键环节,对集成电路技术的进一步开发与研究不仅使该项技术得到革新,而且也使信息技术领域的发展得到很好地促进。

2. 在通信上的应用

集成电路在通信中应用广泛,诸如通信卫星、手机、雷达等,我国自主研发的"北斗"导航系统就是其中典型一例。

"北斗"导航系统是我国具有自主知识产权的卫星定位系统,与美国 GPS、俄罗斯格罗纳斯、欧盟伽利略系统并称为全球 4 大卫星导航系统。它的研究成功地打破了卫星定位导航应用市场由国外 GPS 垄断的局面。我国已成功发射了第二代北斗导航试验卫星,未来将形成由 5 颗静止轨道卫星和 30 颗非静止轨道卫星组成的网络,我国自主卫星定位导航正在由试验向应用快速发展。

将替代"北斗"导航系统内国外芯片的"领航一号",还可广泛应用于海陆空交通运输、有线和无线通信、地质勘探、资源调查、森林防火、医疗急救、海上搜救、精密测量、目标监控等领域。

近年来,随着高新技术的迅猛发展,雷达技术有了较大的发展空间,雷达与反雷达的相对平衡状态不断被打破。有源相控阵是近年来正在迅速发展的雷达新技术,它将成为提高雷达在恶劣电磁环境下对付快速、机动及隐身目标的一项关键技术。有源相控阵雷达是集现代相控阵理论、超大规模集成电路、高速计算机、先进固态器件及光电子技术为一体的高新技术产物。

相比之下,毫米波雷达具有导引精度高、抗干扰能力强、多普勒分辨率高、等离子体穿透能力强等特点;因此其广泛的用于末制导、引信、工业、医疗等方面。无论是军用还是民用,都对毫米波雷达技术有广泛的需求,远程毫米波雷达在发展航天事业上有广泛的应用前景,是解决对远距离、多批、高速飞行的空间目标精细观测和精确制导的关键手段。可以预料各种战术、战略应用的毫米波雷达将逐渐增多。

3. 在医疗领域的应用

随着人类社会的不断发展和科学技术的不断进步,人们对医疗健康方面的要求也越来越高,以高新技术为基础的医疗设备和医疗产品逐渐发展起来,依托高新领域电子技术的各种治疗和监护手段也越来越先进,其中集成电路技术被广泛应用于各种医疗设备和医疗产品中,这使得医疗产品突破了传统观念的约束和限制,更好地发挥了医疗设备及医疗产品的作用,人们的健康水平因此得以提高。随着人们生活水平的不断提高,在医疗健康领域的关注热点正逐渐从最基本的疾病治疗产业向保健产业转变。同时世界人口的老龄化也对医疗护理产品提出了更高的要求,庞大的老龄化、慢性患者等群体的现状使得疾病产业和保健产业都必须发展新的技术和产品。其中,以集成电路为基础的医疗电子产品发展迅速,因为这一类的医疗电子产品往往是便携式医疗产品,并且由于集成电路器件的小型化、集成化、网络化、数字化和智能化,人们携带和使用都非常方便,也适合个人或者家庭使用,能够普及广大群众。比如说,电子助听器、电子血压计、便携血糖仪等便携式设备已经很普遍了,同时,核磁共振仪、计算机断层扫描仪、超声诊断仪和 X 光机等都是各个基层医疗机构的必备医疗设备。

由此可见,集成电路技术在医疗电子领域的应用颇为广泛,大致可以分为四类:医学影像、医疗仪器、消费型医疗设备和诊断、患者监护与治疗设备。第一类包括超声波、计算机化的 X 射线断层扫描(即 CT)、核磁共振成像(即 MRI)、X 射线等;第二类主要包括实验室配套电子设备、透析仪、分析仪器、外科手术设备、牙科设备等;第三类则偏重于患者使用的终端设备,包括数字体温计、血糖计、血压计等;第四类则是协助医生判断的相应设备,包括心电图、脑电图、血氧计、血压计、温度计、呼吸计、除颤器等。当然,这四种类型都是以集成电路技术为核心的医疗电子设备,它们基本上涵盖了医疗电子领域的各种应用,其中后面两种类型的应用更需要通过先进的集成电路技术来实现医疗电子设备的小型化、智能化、低功耗和高分辨率等目标。

4. 在其他领域中的应用

集成电路技术在日常生活中的其他各个领域都有广泛应用。比如说在汽车上,微控制器、功率半导体器件、电源管理器件、LED 驱动器和 CCFL 驱动器等汽车集成电路器件的应用使得汽车能够处于最佳工作状态;再比如说在热能动力工程领域中的应用,最简单的莫过于温控计,当然,火电厂中的信息管理系统是离不开集成电路技术的。

提到集成电路,在我们生活中与集成电路有关的产品随处可见。手机、电视、数码相机、摄像机等都与我们的生活关系越来越近。随着技术的进步和社会的发展,手机以其独特的传播功能,日益成为人们获取信息、学习知识、交流思想的重要工具,成为文化传播的重要平台。目前,我国已有手机用户超过 10 亿户,形成以手机为载体的网站、报纸、出版物等新的文化。手机功能和款式也在不断更新,以适应现代人们生活的要求。各种各样的手机接连问世,从小灵通到具有摄像功能的高新手机,手机行业正在不断冲击人们的思维和眼界。在科学技术与信息同步变革的社会发展过程中,电视传播对整个社会的支配影响作用十分明显。由于电视是一种变化多端的实践、技巧和技术,家庭本身也变成了一种家庭技术的复杂网络。正如电通过电视、电脑、电信技术与外部重新建立新的联系一样,电视重组了家庭的时间、空间、家庭闲暇和家庭角色。因此,电视传播逐步地融入了大众生活,使人们生活方式和价值观均发生了深刻的变化。伴随着现代社会节奏的加快,外界娱乐费用的增长,电视传播的普及,已经为人们待在家中提供了充足的理由和条件,足不出户却可以感受社会交谈带来的人际交际感觉。

8.4.2　集成电路技术的现状与发展方向

1. 国内外技术现状及发展方向

目前,以集成电路为核心的电子信息产业超过了以汽车、石油、钢铁为代表的传统工业成为第一大产业,成为改造和拉动传统产业迈向数字时代的强大引擎和雄厚基石。根据世界半导体贸易统计组织(WSTS)统计,2020 年至 2022 年,全球集成电路市场销售规模分别为 3 612.26 亿美元、4 630.02 亿美元和 4 799.88 亿美元,保持增长态势。其中 2021 年在半导体市场需求旺盛的引领下,全球半导体市场高速增长,同比增长 28.18%。2022 年下半年起销售趋缓,但全年销售额仍温和增长,同比增长 3.67%。根据 SEMI(国际半导体产业协会)预测,2023 年全球集成电路销售额预计将下滑 8%~10%,但长期来看,全球及中国集成电路产业仍将持续增长。近年来蓬勃发展的新能源车、5G、自动驾驶、数据中心、工业自动化、人工智能、物联网、可穿戴设备等新兴产业将形成强大的未来需求。未来几年通信、消费电子、数据中心等领域成长率减缓,而车用和工业用领域成长较快。近年来,凭借着巨大的市场需求、较低的生产成本以及经济的稳定发展和有利的政策环境等众多优势条件,我国集成电路产业实现了快速发展。根据中国半导体行业协会的数据,2020 年及 2021 年,我国集成电路产业规模持续增长。2021 年在国内宏观经济运行良好的驱动下,中国集成电路产业销售额首次突破万亿元。在行业保持较高增速的同时,随着产业并购发展及与国际领先集成电路企业的持续合作,国内集成电路产业在芯片设计、制造等方面取得了显著进步,国内集成电路企业整体实力持续提升。根据国家统计局发布的 2022 年国民经济和社会发展统计公报,我国 2022 年全年集成电路产量 3 241.9 亿块,比上年下降 9.8%;全年集成电路出口 2 734 亿个,比上年下降 12%,金额为 10 254 亿元,比上年增长 3.5%,在我国主要商品出口中金额排名第三;集成电路进口 5 384 亿个,比上年下降 15.3%,金额为 27 663 亿元,比上年下降 0.9%,在我国主要商品进口中金额排名第一。国内集成电路产业的发展过程中,集成电路设计、芯片制造和封装测试三业的格局也正不断优化,其中集成电路设计业表现尤为突出。总体来看,集成电路设计业所占比重呈逐年上升的趋势。2021 年,我国集成电路设计业销售规模达到 4 519 亿元,所占比重达

43.21%。我国集成电路设计业已经超过芯片制造及封装测试业，成为我国集成电路行业链条中最为重要的环节。作为当今世界经济竞争的焦点，拥有自主版权的集成电路已日益成为经济发展的命脉、社会进步的基础、国际竞争的筹码和国家安全的保障。

集成电路的集成度和产品性能每18个月增加一倍。集成电路最重要的生产过程包括：开发EDA（电子设计自动化）工具，利用EDA进行集成电路设计，根据设计结果在硅圆片上加工芯片（主要流程为薄膜制造、曝光和刻蚀），对加工完毕的芯片进行测试，对芯片进行封装，最后经应用开发将其装备到整机系统上与最终消费者见面。

1）设计工具与设计方法

随着集成电路复杂程度的不断提高，单个芯片容纳器件的数量急剧增加，其设计工具也由最初的手工绘制转为计算机辅助设计（CAD），相应的设计工具根据市场需求迅速发展，出现了专门的EDA工具供应商。目前，EDA主要市场份额为美国的Cadence、Synopsys和Mentor等少数企业所垄断。中国华大集成电路设计中心是国内唯一一家EDA开发和产品供应商。

由于整机系统不断向轻、薄、小的方向发展，集成电路结构也由简单功能转向具备更多和更为复杂的功能，如彩电由5片机到3片机直到现在的单片机，手机用集成电路也经历了由多片到单片的变化。目前，SoC作为系统级集成电路，能在单一硅芯片上实现信号采集、转换、存储、处理和I/O等功能，将数字电路、存储器、MPU、MCU、DSP等集成在一块芯片上实现一个完整系统的功能。它的制造主要涉及深亚微米技术、特殊电路的工艺兼容技术、设计方法的研究、嵌入式IP核设计技术、测试策略和可测性技术、软硬件协同设计技术和安全保密技术。SoC以IP复用为基础，把已有优化的子系统甚至系统级模块纳入到新的系统设计之中，实现了集成电路设计能力的第4次飞跃。

2）制造工艺与相关设备

集成电路加工制造是一项与专用设备密切相关的技术，俗称"一代设备，一代工艺，一代产品"。在集成电路制造技术中，最关键的是薄膜生成技术和光刻技术。光刻技术的主要设备是曝光机和刻蚀机，目前在130 nm的节点是以193 nmDUV（deep ultraviolet lithography）或是以光学延展的248 nmDUV为主要技术，而在100 nm的节点上则有多种选择：157 nm DIJV、光学延展的193 nm DLV和NGL。在70 nm的节点则使用光学延展的157 nm DIJV技术或者选择NGL技术。到了35 nm的节点范围以下，将是NGL所主宰的时代，需要在EUV和EPL之间做出选择。此外，作为新一代的光刻技术，X射线和离子投影光刻技术也在研究之中。

3）测试

由于系统芯片（SoC）的测试成本几乎占芯片成本的一半，因此未来集成电路测试面临的最大挑战是如何降低测试成本。结构测试和内置自测试可大大缩短测试开发时间和降低测试费用。另一种降低测试成本的测试方式是采用基于故障的测试。在广泛采用将不同的IP核集成在一起的情况下，还需解决时钟异步测试问题。另一个要解决的问题是提高模拟电路的测试速度。

4）封装

电子产品向便携式、小型化、网络化和多媒体化方向发展的市场需求，对电路组装技术提出了苛刻要求，集成电路封装技术正在朝以下方向发展：

（1）裸芯片技术。主要有COB（chip on board）技术和倒装片（flip chip）技术两种形式。

（2）微组装技术。是在高密度多层互连基板上，采用微焊接和封装工艺组装各种微型化片式元器件和半导体集成电路芯片,形成高密度、高速度、高可靠的三维立体机构的高级微电子组件的技术,其代表产品为多芯片组件(MCM)。

(3) 圆片级封装。其主要特征是器件的外引出端和包封体是在已经过前工序的硅圆片上完成,然后将这类圆片直接切割分离成单个独立器件。

(4) 无焊内建层(bumpless build-up layer, BBUL)技术。该技术能使 CPU 内集成的晶体管数量达到 10 亿个,并且在高达 20 GHz 的主频下运行,从而使 CPU 达到每秒 1 亿次的运算速度。此外,BBUL 封装技术还能在同一封装中支持多个处理器,因此服务器的处理器可以在一个封装中有 2 个内核,从而比独立封装的双处理器获得更高的运算速度。此外,BBUL 封装技术还能降低 CPU 的电源消耗,进而可减少高频产生的热量。

(5) 材料。集成电路的最初材料是锗,而后为硅,一些特种集成电路(如光电器件)也采用三五族(如砷化镓)或二六族元素(如硫化镉、磷化铟)构成的化合物半导体。由于硅在电学、物理和经济方面具有不可替代的优越性,故目前硅仍占据集成电路材料的主流地位。鉴于在同样芯片面积的情况下,硅圆片直径越大,其经济性能就越优越,因此硅单晶材料的直径经历了 1 英寸、2 英寸、3 英寸、5 英寸、6 英寸、8 英寸的历史进程,目前,国内外加工厂多采用 8 英寸和 12 英寸硅片生产,16 英寸和 18 英寸的硅单晶及其设备正在开发之中,预计 2016 年左右 18 英寸硅片将投入生产。此外,为了适应高频、高速、高带宽的微波集成电路的需求,SoI(silicon-on-insulator)材料、化合物半导体材料和锗硅等材料的研发也有不同程度的进展。

(6) 应用。应用是集成电路产业链中不可或缺的重要环节,是集成电路最终进入消费者手中的必经之途。除众所周知的计算机、通信、网络、消费类产品的应用外,集成电路正在不断开拓新的应用领域,如微机电系统、微光机电系统、生物芯片(如 DNA 芯片)、超导等,这些创新的应用领域正在形成新的产业增长点。

(7) 基础研究。基础研究的主要内容是开发新原理器件,包括共振隧穿器件(RTD)、单电子晶体管(SET)、量子电子器件、分子电子器件、自旋电子器件等。技术的发展使微电子在 21 世纪进入了纳米领域,而纳电子学将为集成电路带来一场新的革命。

2. 发展重点和关键技术

由于集成电路产品是所有技术的最终载体,是一切研究成果的最终体现,是检验技术转化为生产力的最终标志,产品是纲,技术是目,必须以两个核心产品为龙头,带动两组产品群的开发。利用 CPIJ 技术开发与之相关的 MPU(微处理器)、MCU(微控制器)、DSP(数字信号处理器)等系列产品;利用 3C 芯片组的技术开发与之相关的 DVD、HDTV、数码相机、数码音响等专用集成电路系列产品。因此,未来一段时期,我国应研究开发以下关键技术。

1) 亚 100 纳米可重构 SoC 创新开发平台与设计工具研究

当前,集成电路加工已进入亚 100 纳米阶段,与其对应的设计工具尚无成熟产品推向市场,而我国 EDA 工具产品虽与世界先进水平存有较大差距,但也具备了 20 多年的技术储备和经验积累,开发亚 100 纳米可重构 SoC 创新开发平台与设计工具是实现我国集成电路产业跨越式发展的重要机遇。

该项目主要内容包括:基于亚 100 纳米工艺的集成电路设计方法学研究与设计工具开发、可重构 SoC 创新开发平台技术与 IP 测评技术研究、数模混合与射频电路设计技术研究与设计工具开发等。

2) SoC 设计平台与 SIP 重用技术

基于平台的 SoC 设计技术和硅知识产权(SIP)的重用技术是 SoC 产品开发的核心技术,

是未来世界集成电路技术的制高点。

项目主要内容包括：嵌入式 CPU、DSP、存储器、可编程器件及内部总线的 SoC 设计平台，集成电路 IP 的标准、接口、评测、交易及管理技术，嵌入式 CPU 主频达 1 GHz，并有相应的协处理器，在信息安全、音视频处理上有 10～12 种平台，集成电路 IP 数量达 100 种以上等。

3) 新兴及热门集成电路产品开发

项目主要内容包括：64 位通用 CPU 以及相关产品群、3C 多功能融合的移动终端芯片组开发(802.11 协议)、网络通信产品开发、数字信息产品开发、平面显示器配套集成电路开发等。

4) 10 纳米 10^{12} 赫兹 CMOS 研究

项目的研究对象为特征宽度为 10 nm 的 CMOS 器件，主要内容有：SOI (silicon on insulator)技术、双栅介质结构(double gate structure)技术、应变硅衬底(strained si)技术、高介电常数栅介质技术(high-K)、金属电极技术(metal gate)、超浅结形成技术(ultra shallow junction)、低介电常数介质材料(low-K)的选择、制备及集成、铜互联技术的完善、CMP 技术、清洗技术等。

5) 12 英寸 90/65 纳米微型生产线

项目主要内容有：等离子体氮化栅 SiON 薄膜(等效膜厚 1.5 nm 的形成工艺)；HfO_2、ZrO_2 等新型高介电常数(high-K)栅介质的制备方法、high-K/Si 界面质量控制、high-K 栅介质的稳定性和可靠性，探索金属栅新结构的制备工艺，获得适用于 65 nm CMOS 制造的新型栅叠层(gate stack)结构技术；超浅结形成技术、Co-Ni 系自对准金属硅化物接触互连技术结合 Si/SiGe 选择外延技术，探索提升源漏新结构的制备方法、形成超低接触电阻率金半接触体系，获得适用于纳米 CMOS 制造的新型超浅结和自对准金属硅化物技术；多晶 SiGe 电极的形成方位，获得低耗尽多晶栅电极、低阻抗的栅电极形成技术；研究铜/低介电常数介质(Cu/low-K)制备方法、low-K 的稳定性及可加工性、Cu/low-K 界面可靠性和质量控制，获得适用于纳米 CMOS 器件的后端互连技术等。

6) 高密度集成电路封装的工业化技术

项目主要内容包括：系统集成封装技术、50 微米以下的超薄背面减薄技术、圆片级封装技术、无铅化产品技术等。

7) SoC 关键测试技术研究

项目主要内容包括：通过 5～10 年时间在国内建立若干个支持千万门级、1 GHz、1024 Pin 的 SoC 设计验证平台和生产测试平台；SoC 设计—测试自动链接技术研究；DFT 的测试实现和相关工具开发；高频、高精度测试适配器自主设计技术 g 测试程序设计方法及建库技术；关键测试技术研究；SoC 产业化测试关键技术研究等。

8) 直径 450 mm 硅单晶及抛光片制备技术

根据国际半导体发展指南预测，直径 450 mm 硅单晶及抛光片将有可能在 2016 年左右投入应用，成为 300 mm 之后大规模应用的硅片。届时 DRAM 的线宽将达到 22 nm，对硅抛光片的质量将达到前所未有的高度，比如，硅片的局部平整度要 ≤22 nm，每片大于 11 nm 的表面颗粒 ≤95 个，晶体缺陷(氧化层错)密度 ≤0.2 个/cm^2。这些都将对现有硅片加工技术提出挑战，需要研发大量的创新性技术，从而将带动整个精细加工技术的发展和进步，而 450 mm 硅片的开发和应用将带动整个微电子领域的跨越式发展。以每个 DRAM 芯片预计面积 238 mm^2 记，每片硅片上将可以生产 500 个以上的芯片，这将大大提高生产效率，其应用范围将十分广泛。

9) 应变硅材料制备技术

应变硅的电子和空穴迁移率明显高于普通的无应变硅材料,其中以电子迁移率提高尤为明显。以 $Si_{0.8}Ge_{0.2}$ 层上的应变硅为例,其电子迁移率可以提高 50% 以上,这大大提高了 NMOS 器件的性能,对高速高频器件来说有至关重要的作用。对现有的许多集成电路生产线而言,如果采用应变硅材料,则可以在基本不增加投资的情况下使生产的 IC 性能明显改善,还可以大大延长花费巨额投资建成的 IC 生产线的使用年限。

目前有希望在未来几年内获得应用的应变硅材料是采用应变 $Si/SiGe/SiO_2$(SOI)结构:在无应变的 SiGe 层上的 Si 层因二者间品格参数的差异而形成应变硅,下面的 SiO_2 可以起到电学隔离作用,这是浅结(全耗尽)器件所必须的。

10) 60 纳米节点刻蚀设备(介质刻蚀机)

要求各向异性刻蚀,刻出符合 CD 偏差要求的线条;刻蚀剖面(etch profile)接近 900;大面积片子上要保持均匀他密集线条与孤立线条要求刻蚀速率的一致,即要求小的微负载效应;在栅刻蚀中避免将栅刻穿,要求不同材料的刻蚀速率要大,即选择比较大;为了保持各向异性刻蚀的剖面,刻蚀过程中要形成侧壁钝化,并要考虑刻蚀后的清除;要提高刻蚀成品率必须设法降低缺陷密度和缺陷尺寸;要解决所谓天线效应造成的 Plasma 电荷积累损伤;对刻蚀残留物要解决自清洗问题,以提高二次清洗间平均间隔时间(MTBC)和缩短清洗和恢复平均时间(MTTCR)以提高开机时间需要解决新一代光刻胶带来的线条边缘粗糙度问题等一系列新问题。而对于大生产设备而言,还要解决生产率、重复性、成品率、耐久性、可靠性、安全环保和较大的工艺窗口等诸多问题。

11) 60 纳米节点曝光设备(F2 准分子激光曝光机)

F2 准分子激光曝光机将从 70 nm 介入,可达到 50 nm,因此它涵盖了 60 nm 技术节点,与下一代曝光(NGL)比,最为重要的是可在大气下工作,而 NGL 都要在真空中进行。据 SEMATECH 比较,157 成本比 EUV 低,而产量比它们高,157 是光学曝光技术平台的延伸,更能为用户接受,157 的研发可借用很多 193 机的部件,157 机的成本约 2 000 万美元/台。157 nm 的设备根据 SVGL 设计共 18 个部件,其中需要 6 个新部件,它们是曝光光源、光束传输系统、照明光学系统、剂量/曝光量控制、投影光学和环境控制系统。从材料上讲,用 CaF_2 材料制作的分束器立方体的单晶和制造是十分关键的问题,SVGL 已发展出了 15 寸 CaF_2 大单晶键。此外窄带宽激光器、折反射光学系统等关键技术问题均有待突破。

8.4.3　我国集成电路产业规模及未来发展趋势预测

在我国,集成电路产业作为信息产业的基础和核心组成部分,成为关系国民经济和社会发展全局的基础性、先导性和战略性产业,在宏观政策扶持和市场需求提升的双轮驱动下快速发展。近年来,中国电子工业持续高速增长,集成电路产业进入快速发展期。未来新兴技术将成为集成电路产业的核心产品,而核心技术及人才资源成为集成电路产业的可持续发展力,集成电路一片欣欣向荣。

从宏观政策角度分析,政府先后出台了一系列规范和促进集成电路行业发展的法律法规和产业政策,同时通过设立产业投资基金、鼓励产业资本投资等多种形式为行业发展提供资本助力。如 2020 年 1 月份,商务部等 8 部门印发《关于推动服务外包加快转型升级的指导意见》指出,将企业开展云计算、基础软件、集成电路设计、区块链等信息技术研发和应用纳入国家科技计划支持范围。

从市场需求角度分析,消费电子、高速发展的计算机和网络通信等工业市场、智能物联行业应用成为国内集成电路行业下游的主要应用领域,智能手机、平板电脑、智能盒子等消费电子的升级换代,将持续保持对芯片的旺盛需求;传统产业的转型升级,大型、复杂化、自动化、智能化工业设备的开发应用,将加速对芯片需求的提升;智慧商显、智能零售、汽车电子、智能安防、人工智能等应用场景的持续拓展,进一步丰富了芯片的应用领域。

集成电路产业新热点和未来核心产品的热点很多,也很集中,包括云计算、物联网、大数据、工业互联网、5G;战略指引包括智能制造、互联网+、大数据;人工智能和 AI 技术令机器人、无人机、新能源汽车/智能网联汽车、无人驾驶等也成为集成电路的发展要地。

尽管国内半导体市场广阔、发展迅速,但在集成电路进口额"节节高升"的背后,是半导体对外依赖程度高、自给率低下的"残酷"现实。中国半导体产业经过多年的发展,却还是存在产业结构与需求之间失配、核心集成电路的国产芯片占有率低的现象。

此外,集成电路制造业能力不足,缺少核心技术,也是横亘在半导体产业发展前的一大问题。即使是国内最先进的代工厂——中芯国际,也仍比台积电落后至少两代制程。

8.4.4　集成电路芯片在新兴应用领域的发展趋势

从 2010 年开始,在硅麦克风、惯性传感器等的带动下,MEMS 市场开始进入快速成长期。目前汽车电子和消费电子是最主要的应用领域。可穿戴设备在 2015—2020 年出现两位数的增长。物联网作为通信行业的新兴应用,在万物互联的大趋势下,市场规模将进一步扩大。工业机器人产业加速发展,已成为十分可期的爆发式增长的战略性新兴产业。近年来,国内外对虚拟现实的投资非常火热。资本市场敏锐地捕捉到人工智能的商业化前景,我国人工智能领域投融资热度快速升温,集成电路芯片在下列新兴应用领域方面有很大的发展趋势:

1. 传感器(MEMS)市场

MEMS 是在半导体制造技术基础上发展起来的新兴领域,是微电路和微机械按功能要求在芯片上的集成,基于光刻、腐蚀等半导体技术,融入超精密机械加工,并结合材料、力学、化学、光学等,使一个毫米或微米级别的 MEMS 系统具备精确而完整的电气、机械、化学、光学等特性。MEMS 器件主要包括传感器、执行器、微能源等,传感器较为成熟,执行器和微能源多处于起步阶段。

MEMS 当前主要应用在消费电子、汽车等领域。随着产品的不断成熟,航空航天、医学和工业领域的应用也会逐渐普及。

1) 全球 MEMS 市场

从 2010 年开始,在硅麦克风、惯性传感器等的带动下,MEMS 市场开始进入快速成长期,从下游应用来看,目前汽车电子和消费电子是最主要的应用领域。

2010—2015 年,汽车电子的年均复合增长率(CAGR)为 6.8%,高于消费电子的 5.1%。由于消费电子领域的基础创新较快,消费电子领域 2015—2020 年的 CAGR 为 10.9%。2015—2020 年汽车、工业、医疗的 CAGR 分别 4.3%、7.7%、11.8%。

从全球来看,MEMS 当前市场规模约为 120 亿美元,2020 年达到近 200 亿美元,年均复合增长率达到 11.6%,远超传统半导体行业个位数的增速。

2) 我国 MEMS 市场

近年来硬件创新市场逐渐转移国内,中国市场对于 MEMS 传感器的需求增速远高于全球

MEMS 市场,约为 13.9%,增速远高于全球 MEMS 市场增速,2020 年总市场规模达近 60 亿美元。中国 MEMS 行业从下游应用来看,汽车电子和消费电子同样是主要的增长动力,2010—2015 年汽车电子和消费电子领域的 CAGR 分别为 12.4% 和 10.6%。由于中国消费电子和汽车电子的产业链国产化进程加快,预测消费电子的年均复合增长率将达到 17.2%,汽车电子达 10.3%。

中国传感器产业目前已经形成从技术研发、设计、生产到应用的完整产业体系,部分细分领域已跻身世界领先水平,中国敏感元器件及传感器产业以 20.9% 的年均复合增长率实现了高速发展。但就总体水平而言,国产传感器产品仍以中低端为主,技术水平相对落后。中低档产品基本可以"自给自足",但中高端传感器进口占比达 80%,数字化、智能化、微型化产品较欠缺。

2. 可穿戴设备市场

智能可穿戴终端是指可直接穿在身上或整合到衣服、配件中,且可以通过软件支持和云端进行数据交互的设备。当前可穿戴终端多以手机辅助设备出现,其中以智能手环、智能手表和智能眼镜最为常见。

1) 全球可穿戴设备市场

随着移动通信、图像技术、人工智能等技术的不断发展及创新融合,在全球应用和体验式消费的驱动下,可穿戴设备迅速发展,已成为全球增长最快的高科技市场之一。据统计,全球可穿戴设备出货量从 2014 年的 0.29 亿部增长至 2021 年的 5.34 亿部,预计到 2024 年将达到 6.37 亿部。智能手表是具有信息处理能力,符合手表基本技术要求的手表。除指示时间之外,还应具有提醒、导航、校准、监测、交互等其中一种或者多种功能;显示方式包括指针、数字、图像等。目前,可穿戴设备以智能手表和基本手表组成的手表品类的复合年增长率最高,全球智能手表市场出货量从 2016 年的 0.21 亿块迅速增长至 2021 年的 1.28 亿块,年复合增速为 43.55%。智能耳机在传统耳机内置智能化系统、以蓝牙技术为传输方式,搭载应用程序连接于智能手机等移动终端,能实现外扩多种应用功能。搭载蓝牙技术,进行无线传输数据,拥有接听电话、遥控拍照等功能,随着时代的发展,智能耳机的智能运动追踪,检测心率、GPS 导航等功能不断扩展,市场规模不断扩大。数据显示,2021 年全球智能耳机市场出货量约为 5 亿副,较 2020 年增加 0.7 亿副,同比增长 16.3%。

2) 我国可穿戴设备市场

得益于政策环境、经济环境及社会环境的支持,中国可穿戴设备行业在过去几年内显示出蓬勃生机。伴随社会经济的发展与居民可支配收入的提高,居民的购买力逐渐增强,良好的经济环境推动了中国可穿戴设备的普及。2021 年中国可穿戴设备市场出货量约为 1.4 亿部,同比增长 27.3%。在我国可穿戴设备细分市场中,2021 年,耳戴设备市场出货量保持在较高水平,约为 7898 万台;手表市场出货量为 3956 万台,其中,成人手表 2013 万台,儿童手表 1943 万台;手环市场出货量为 1910 万台。

3. 工业机器人

当前,新一轮科技革命和产业变革加速演进,新一代信息技术、生物技术、新能源、新材料等与机器人技术深度融合,机器人产业迎来升级换代、跨越发展的窗口期。在政策和市场需求的推动下,我国工业机器人出货量持续增长,2021 年,全国工业机器人实现出货量 26.82 万台,占全球出货量的 51.88%,位居全球第一。根据《"十四五"机器人产业发展规划》,未来几年我国工业机器人行业仍将保持高速发展态势,至 2025 年,机器人产业营业收入年均增速超过 20%。形成一批具有国际竞争力的领军企业及一大批创新能力强、成长性好的专精特新"小巨人"企业,建成 3~5 个有国际影响力的产业集群。

4. VR/AR

VR 是一种运用计算机仿真系统生成多源信息融合的交互式三维动态实景及动作仿真,使用户产生身临其境体验的技术。该技术通过调动用户的视觉、听觉、触觉和嗅觉等感官,让用户沉浸于计算机生成的虚拟环境中,创造一种全新的人机交互形式。与虚拟现实紧密联系的增强现实(augmented reality,AR)是一种将屏幕中的虚拟影像通过光电技术处理将之与现实世界融合并与用户互动的技术。VR 设备对于数据处理、数据传输和图像显示的要求远高于目前的电子计算机,而 AR 除了需要创建具有真实感、沉浸感的虚拟影像,还要与现实影像无缝衔接,所需要的运算量比 VR 又高出了一个档次。

虚拟现实的概念虽然早在 20 世纪 60 年代就被提出来,但是由于电子和光学技术存在较大瓶颈,始终未能有体验良好的产品出现。近几年,随着芯片技术及显示技术的突破,VR 产业迎来了一轮爆发。特别是在 2016 年美国消费电子展上,虚拟现实产品成为展会的绝对主角。

Super Data 2017 年 3 月发布的报告显示,2016 年全球 VR 总产值超 18 亿美元,其中 PC 端占据 7.18 亿美元,移动端占据 6.87 亿美元,主机端占据 4.11 亿美元。

2016 年 VR 头盔全球出货量为 630 万台,其中三星 Gear VR 出货量高达 451 万,市占率超 71%,是市场中最畅销的 VR 头盔。其他竞争对手包括 PS VR、HTC Vive、Oculus Rift,2016 年出货量总和仅为 142 万台。PS VR 销量紧跟在 Gear VR 之后,2016 年共出货 75 万台。HTC Vive 2016 年出货量为 42 万台,Oculus Rift 则为 25 万台。2017 年全球 VR 硬件营收预计将达到 36 亿美元,同比增长 142%。预计 2017 年 VR 头戴设备的出货量将增长到 500 多万台。中国市场增长更加迅猛,全年同比增长将达到 441.2%。

IDC 于 2017 年 3 月发布的评估报告显示,未来 4 年增强现实(AR)的市场规模将会是虚拟现实(VR)的两倍。2021 年 AR 和 VR 设备的总发货量超过 9 940 万台。

尽管当前虚拟现实(VR)设备在收入方面占据市场主导地位,但 IDC 认为未来增强现实(AR)将迎来迅速发展。2016 年 AR 设备的总营收为 2.09 亿美元,2021 年突破 487 亿美元。而 VR 设备 2016 年的总营收为 21 亿美元,2021 年增长到 186 亿美元。因为 AR 设备平均比 VR 设备贵 1 000 美元,所以导致 AR 在最初不会有太多的消费者。

2016 年我国虚拟现实市场总规模为 68.2 亿元,尚处于市场培育期。伴随着 Oculus Rift、HTC Vive、索尼 PS VR 等多款产品的上市,2017 年会迎来 VR 快速发展期。基于整体市场、产品成熟度及关键技术等指标的估判,赛迪顾问对虚拟现实发展预测倾向乐观,2020 年市场进入相对成熟期,规模将达到 918.2 亿元,年均复合增长率达 125.3%。

5. 人工智能

人工智能(artificial intelligence,AI)是研究、开发用于模拟、延伸和扩展人的智能的理论、方法、技术及应用系统的一门新的技术科学,该领域的研究包括机器人、语言识别、图像识别、自然语言处理和专家系统等。李世石大战 AlphaGo,人工智能快速进入大众视野。

资本市场敏锐地捕捉到人工智能的商业化前景,我国人工智能领域投融资热度快速升温。我国人工智能行业的投融资金额、次数及参与机构数量等均迅速增长,年均复合增长率超过 50%,当前人工智能行业的投资额已达到 2012 年的 23 倍,充分表明资本市场对于人工智能发展前景的认可。

　　我国人工智能市场空间广阔,发展速度远超全球。2020 年全球 AI 市场规模达到 1 190 亿元,年均复合增长率约为 19.7%。同期,中国人工智能增速将达 91 亿元,年均复合增长率超 50%,远超全球增速。

　　从资本市场投融资数据可知,国内企业多从应用层布局人工智能。目前我国获得人工智能投资的企业中约有 71% 为应用类企业、26% 为技术类企业,基础资源类企业仅占 3%,其中软件服务类企业占据所有获投企业的 83%。另外,与国际上重点投资机器学习不同,技术类企业的投融资超半数聚焦于机器视觉领域,投资机器学习的仅占 9%,且多为巨头型企业。

　　中国集成电路产业在《国家集成电路产业发展推进纲要》的指引和国家集成电路产业投资基金的支持下,持续快速挺进,在全球引起较大的反响。在新兴应用领域,中国集成电路产业与先进地区之间还有一定的差距。在产业的大环境尚不够完善的条件下,中国集成电路产业的崛起之路难免会遇到一些坎坷。

思考与练习 8

一、判断题

1. 逻辑电路属于可恢复逻辑电路,它能使偏离理想电平的信号经过 n 级电路逐渐收敛到理想工作点,即最终达到合格的逻辑电平。(　　　)

2. 电路单元包括准单元、宏单元和 IP 等。(　　　)

二、选择题

1. RTL 电路的主要问题是(　　　)。
   A. 速度慢　　　　　　　　　　　　B. 噪声容限低
   C. 功耗低　　　　　　　　　　　　D. 电路的关门电平高

2. 从瞬态特征看,下列哪种反相器的性能最差(　　　)。
   A. 耗尽型负载　　　　　　　　　　B. 电阻负载
   C. 非饱和增强负载　　　　　　　　D. 饱和增强负载

3. 下列哪项不是 BTCMOS 电路相对于 CMOS 电路拥有的优点(　　　)。
   A. 结构简单,所用器件少　　　　　B. 没有静态功耗
   C. 噪声容限低　　　　　　　　　　D. 输入阻抗高

4. 减少动态功耗最有效的措施是(　　　)。
   A. 降低电源电压　　　B. 减少负载电容　　　C. 减少寄生电容

三、综合题

1. 解释 MOS 晶体管的短沟道效应。

2. 简述我国集成电路产业未来发展趋势预测。

3. 简述高性能集成电路的一般设计流程。

模块 9 信息安全技术

信息安全是一门涉及计算机科学、网络技术、通信技术、密码技术、应用数学、信息论等多门学科的综合性学科。以计算机为负载主体的互联网技术得以突破时空限制而普及全球，并由此开创了一个以电子信息交流为标志的信息化时代。

知识目标

（1）了解信息安全的定义。
（2）了解信息安全的发展背景和方向。
（3）熟悉物联网的信息安全问题和技术对策。

能力目标

（1）掌握信息安全相关技术。
（2）具备基本的信息安全维护及处理能力。

9.1 认识信息安全

9.1.1 信息安全简介

随着信息技术和网络技术的飞速发展，以及我国信息化进程的不断推进，各种信息化系统已经成为国家的关键基础设施，它们支持着网络通信、电子商务、电子政务、电子金融、电子税务、网络教育以及公安、医疗、社会福利保障等方面的应用。相对于传统系统而言，数字化网络的特点使得这些信息系统的运作方式，在信息采集、信息数据储存、数据交换、数据处理、信息传送上都有着根本的区别。无论是在计算机上的储存、处理和应用，还是在通信网络上交换、传输，信息都可能被非法授权访问而导致泄密，被篡改破坏而导致不完整，被冒充替换而不被承认，更可能因为阻塞拦截而无法存取，这些都是信息安全上的致命弱点。

众所周知，信息系统由网络、主机系统和应用等要素组成，其中每个要素都存在着各种可被攻击的漏洞。例如，网络线路有被窃听的危险；网络连接设备、操作系统和应用系统所依赖的各种软件在系统设计、协议设计、系统实现以及配置等各个环节都存在着安全弱点和漏洞，有被利用和攻击的风险。纵观网络世界，每天都有新的安全漏洞在网络上被公布，每天都有系统受到攻击和入侵，每天都有关于利用计算机进行犯罪的报道，每天都有人出于好奇或其他目的加入网络黑客的行列。面对一个日益复杂的信息安全环境,我们需要更加动态地、全面地认识信息安全并采取相应的保障措施。

　　信息安全是一个关系国家安全和主权、社会稳定、民族文化继承和发扬的重要问题,其重要性随着全球信息化步伐的加快变得越来越重要。在社会经济领域中,它对国家经济持续稳定发展起着决定性作用;在国防和军事领域,网络安全问题关系到国家安全和主权完整。在技术领域中,网络安全包括实体安全、硬件和软件本身的安全、运行安全,用来保证计算机能在良好的环境里持续工作。信息安全工作保障信息不会被非法阅读、修改和泄露。

9.1.2　信息安全的定义

　　“信息安全”这一概念的出现远远早于计算机的诞生,但随着计算机的出现,尤其是网络出现以后,信息安全变得更加复杂,更加“隐形”了。现代信息安全有别于传统意义上的信息介质安全,是专指电子信息的安全,要定义什么是信息安全,首先要从“信息”和“安全”两个基本概念入手,示意图如图 9-1 所示。

图 9-1　信息安全示意图

　　1948 年,“信息学之父”香农在发表的《通信的数学理论》中对信息给出了科学的定义:“信息就是用来消除不确定性的东西”,并利用平均信息量(熵)对信息及其行为进行了定性和定量的描述。从直观角度认识信息,我国信息领域专家钟义信认为,信息是指事物运动状态及其变化方式。因此,理解信息不能脱离它所依赖的环境和条件,例如 10 是一个具体的数字,可以认为其是数据,没有实际意义;把它应用于电信领域时,则表示一条信息——北京的电话区号;把它应用于邮政领域时,它代表着另一条信息——北京的地区号,因此信息与特定的主题、事物相关联,有着一定的含义。

　　安全(security)在字典中的定义是为防范间谍活动或蓄意破坏、犯罪、攻击而采取的措施,将安全的一般含义限定在网络与信息系统范畴。国际标准化组织(ISO)定义的信息安全是:“在技术上和管理上为数据处理系统建立的安全保护,保护计算机硬件、软件和数据不因偶然和恶意的原因而遭到破坏、更改和泄露”。欧盟在《信息技术安全评估标准》中将信息安全定义为:“在既定的密级条件下,网络与信息系统抵御意外事件或恶意行为的能力。这些事件和行为将体现危机所存储或传输的数据以及经由这些网络和系统所提供的服务的可用性、真实性、完整性和机密性"。我国信息安全专家沈昌祥院士将信息安全定义为:"保护信息和信息系统不被未经授权的访问、使用、泄露、修改和破坏,为信息和信息系统提供保密性、完整性、可用性、可控性和不可否认性"。

但是安全并没有统一的定义,这里是指将信息面临的威胁降到(机构可以接受的)最低限度。同样,信息安全(information security)也没有公认和统一的定义。国内外对于信息安全的定义都比较含糊和笼统,但都强调的一点是:离开信息体系和具体的信息系统来谈论信息安全是没有意义的。总之,信息安全是一个动态变化的概念,随着信息技术的发展而具有新的内涵。一般来说,信息安全是以保护信息财产、防止偶然的或未经授权者对信息的恶意泄露、修改和破坏为目的,通过各种计算机、网络和密码等技术,保证在各种系统和网络中存储、传输和交换信息的保密性、完整性、可用性、不可否认性和可控性。

因此人们通常从两个角度来对信息安全进行定义。

(1) 从具体的信息技术系统的角度来定义。信息安全是指信息在产生、传输、处理和储存过程中不被泄露或破坏,确保信息的可用性、保密性、完整性和不可否认性,并保证信息系统的可靠性和可控性。

(2) 从某一个特定信息体系(如金融信息系统、政务信息系统、商务信息系统等)的角度来定义。信息安全主要是指网络系统的硬件、软件及其系统中的数据受到保护,不因偶然的或者恶意的原因而遭到破坏、更改、泄露,系统连续可靠地运行,网络服务不中断。

从学科和技术的角度来说,信息安全是一门综合性学科。它研究、发展的范围很广,包括信息人员的安全性、信息管理的安全性、信息设施的安全性、信息本身的保密性、信息传输的完整性、信息的不可否认性、信息的可控性、信息的可用性等。确保信息系统按照预期运行且不做任何多余的事情,系统所提供的信息机密性可以得到适度的保护,系统、数据和软件的完整性得到维护和统一,以防任何可能影响任务完成的非计划的任务中断。综合起来说,就是要保障电子信息的"有效性"。

随着计算机应用范围的逐渐扩大以及信息内涵的不断丰富,信息安全涉及的领域和内涵也越来越广。信息安全不仅是保证信息的机密性、完整性、可用性、可控性和可靠性,并且从主机的安全发展到网络体系结构的安全,从单一层次的安全发展到多层次的立体安全。目前,涉及的领域还包括黑客的攻防、网络安全管理、网络安全评估、网络犯罪取证等方面。因此在不会产生歧义时,常将计算机网络信息系统安全简称为网络信息安全。一切影响计算机网络安全的因素和保障计算机网络安全的措施都是计算机网络安全的研究内容。

9.1.3 信息安全的内容

信息安全的内容包括实体安全与运行安全两方面的含义,实体安全是保护设备设施以及其他硬件设施免遭地震、水灾、火灾、有害气体和其他环境事故以及人为因素破坏的措施和过程。运行安全是指为保障系统功能的安全实现,提供一套安全措施来保护信息处理过程的安全。信息安全的内容可以分为计算机系统安全、数据库安全、网络安全、病毒防护安全、访问控制安全、加密安全六个方面。

(1) 计算机系统安全是指计算机系统的硬件和软件资源能够得到有效的控制,保证其资源能够正常使用,避免各种运行错误与硬件损坏,为进一步的系统构建工作提供一个可靠安全的平台。

(2) 数据库安全是为了对数据库系统所管理的数据和资源提供有效的安全保护。一般采用多种安全机制与操作系统相结合，实现数据库的安全保护。

（3）网络安全是指对访问网络资源或使用网络服务的安全保护，为网络的使用提供一套安全管理机制，例如跟踪并记录网络的使用、监测系统状态的变化、对各种网络安全事故进行定位、提供某种程度的对紧急事件或安全事故的故障排除能力。

（4）病毒防护安全是指对计算机病毒的防护能力，包括单机系统和网络系统资源的防护，这种安全主要依赖病毒防护产品来保证，病毒防护产品通过建立系统保护机制，达到预防、检测和消除病毒的目的。

图 9-2 加密安全示意图

（5）访问控制安全是指保证系统的外部用户或内部用户对系统资源的访问以及对敏感信息的访问方式符合事先制定的安全策略，主要包括出入控制和存取控制。出入控制主要是阻止非授权用户进入系统；存取控制主要是对授权用户进行安全性检查，以实现存取权限的控制。

（6）加密安全是为了保证数据的保密性和完整性，通过特定算法完成明文与密文的转换。例如，数字签名是为了确保数据不被篡改，虚拟专用网是为了实现数据在传输过程中的保密性和完整性而在双方之间建立唯一的安全通道，示意图如图 9-2 所示。

9.1.4 信息安全的分类

（1）物理安全（physical security）：保护计算机设备、设施（含网络）以及其他媒体免遭地震、水灾、火灾、有害气体和其他环境事故（如电磁污染等）破坏的过程。特别是避免由于电磁泄漏产生信息泄露，从而干扰他人或受他人干扰。物理安全包括环境安全、设备安全和媒体安全三个方面。

（2）运行安全（operation security）：为保障系统功能的安全实现，提供一套安全措施（如风险分析、审计跟踪、备份与恢复、应急等）来保护信息处理过程的安全。它侧重于保证系统正常运行，避免因为系统的崩溃和损坏而对系统存贮、处理和传输的信息造成破坏和损失。运行安全包括风险分析、审计跟踪、备份与恢复、应急四个方面。

（3）信息安全（information security）：防止信息财产被故意的或偶然的非授权泄露、更改、破坏或使信息被非法的系统辨识、控制，即确保信息的完整性、保密性、可用性和可控性。避免攻击者利用系统的安全漏洞进行窃听、冒充、诈骗等有损于合法用户的行为。其本质是保护用户的利益和隐私。

9.1.5 信息安全的特征

无论入侵者使用何种方法和手段,最终目的都是要破坏信息的安全属性。信息安全在技术层次上的含义就是要杜绝入侵者对信息安全属性的攻击,使信息的所有者能放心地使用信息,国际标准化组织将信息安全归纳为保密性、完整性、可用性和可控性四个特征。

(1)保密性。保密性是指保证信息只让合法用户访问,信息不泄露给非授权的个人和实体,信息的保密性可以具有不同的保密程度或层次,所有人员都可以访问的信息为公开信息,需要限制访问的信息一般为敏感信息,敏感信息又可以根据信息的重要性及保密要求分为不同的密级。例如,国家根据秘密泄露对国家经济、安全利益产生的影响,将国家秘密分为"秘密""机密"和"绝密"3个等级。

(2)完整性。完整性是指保障信息及其处理方法的准确性、完全性,它一方面是指信息在利用、传输、存储等过程中不被篡改、丢失、缺损等,另一方面是指信息处理方法的正确性,不正当的操作有可能造成重要信息的丢失。

(3)可用性。可用性是指有权使用信息的人在需要的时候可以立即获取,例如,有线电视线路被中断就是对信息可用性的破坏。

(4)可控性。可控性是指对信息的传播及内容具有控制能力。实现信息安全需要一套合适的控制机制,如策略、惯例、程序、组织结构或软件功能,这些都是用来保证信息的安全目标能够最终实现的机制。例如,美国制定和倡导的"密钥托管"、"密钥恢复"措施就是实现信息安全可控性的有效方法。

不同类型的信息在保密性、完整性、可用性及可控性等方面的侧重点会有所不同,如专利技术、军事情报、市场营销计划的保密性尤其重要,而对于工业自动控制系统,控制信息的完整性相对其保密性则重要得多。确保信息的完整性、保密性、可用性和可控性是信息安全的最终目标。

思政视窗

七个关键词读懂网信事业发展战略

信息化为中华民族带来了千载难逢的机遇。"网信事业代表着新的生产力和新的发展方向。"

党的十八大以来,以习近平同志为核心的党中央高度重视网信事业发展,不断加强网信工作统筹协调和顶层设计,加强网络内容建设和管理,发挥信息化驱动引领作用,推动我国网信事业发展取得历史性成就,探索出一条具有中国特色的互联网发展之路。

1. 网络强国

网络安全和信息化是事关国家安全和国家发展,事关广大人民群众工作生活的重大战略问题,要从国际国内大势出发,总体布局,统筹各方,创新发展,努力把我国建设成为网络强国。

——2014年2月27日,习近平总书记在中央网络安全和信息化领导小组第一次会议上的讲话

2. 核心技术

互联网核心技术是我们最大的"命门",核心技术受制于人是我们最大的隐患。一个互联

网企业即便规模再大,市值再高,如果核心元器件严重依赖外国,供应链的"命门"掌握在别人手里,那就好比在别人的墙基上砌房子,再大再漂亮也可能经不起风雨,甚至会不堪一击。

——2016 年 4 月 19 日,习近平总书记在网络安全和信息化工作座谈会上的讲话

3. 网络安全

安全是发展的前提,发展是安全的保障,安全和发展要同步推进。要树立正确的网络安全观,加快构建关键信息基础设施安全保障体系,全天候全方位感知网络安全态势,增强网络安全防御能力和威慑能力。网络安全为人民,网络安全靠人民,维护网络安全是全社会共同责任,需要政府、企业、社会组织、广大网民共同参与,共筑网络安全防线。

——2016 年 4 月 19 日,习近平总书记在网络安全和信息化工作座谈会上的讲话

4. 网信人才

互联网主要是年轻人的事业,要不拘一格降人才。要解放思想,慧眼识才,爱才借才。培养网信人才,要下大功夫,下大本钱,请优秀的老师,编优秀的教材,招优秀的学生,建一流的网络空间安全学院。互联网领域的人才,不少是怪才、奇才,他们往往不走一般套路,有很多奇思妙想。对待特殊人才要有特殊政策,不要求全责备,不要论资排辈,不要都用一把尺子衡量。

——2016 年 4 月 19 日,习近平总书记在网络安全和信息化工作座谈会上的讲话

5. 同心圆

要发挥网络传播互动、体验、分享的优势,听民意、惠民生、解民忧,凝聚社会共识。网上网下要同心聚力、齐抓共管,形成共同防范社会风险、共同构筑同心圆的良好局面。

——2016 年 10 月 9 日,习近平总书记在十八届中央政治局第三十六次集体学习时的讲话

6. 以人民为中心

网信事业发展必须贯彻以人民为中心的发展思想,把增进人民福祉作为信息化发展的出发点和落脚点,让人民群众在信息化发展中有更多获得感、幸福感、安全感。

——2018 年 4 月 20 日,习近平总书记在全国网络安全和信息化工作会议上的讲话

7. 数字经济

要发展数字经济,加快推动数字产业化,依靠信息技术创新驱动,不断催生新产业新业态新模式,用新动能推动新发展。要推动产业数字化,利用互联网新技术新应用对传统产业进行全方位、全角度、全链条的改造,提高全要素生产率,释放数字对经济发展的放大、叠加、倍增作用。

——2018 年 4 月 20 日,习近平总书记在全国网络安全和信息化工作会议上的讲话

9.2 信息安全技术发展及其体系结构

9.2.1 网络信息安全技术发展趋势

在信息交换中,"安全"是相对的,而"不安全"是绝对的。随着社会的发展和技术的进步,信息安全标准不断提升,因此信息安全问题永远是一个全新的问题。"发展"和"变化"是信息安全最主要的特征,只有紧紧抓住这个特征才能正确地处理和对待信息安全问题,以新的防御技术来阻止新的攻击方法。

信息安全技术的发展呈现如下趋势。

（1）安全越来越重要。信息安全系统的保障能力是 21 世纪综合国力、经济竞争实力和民族生存能力的重要组成部分。因此，必须努力构建一个建立在自主研究开发基础之上的技术先进、管理高效、安全可靠的国家信息安全体系，以有效地保障国家的安全、社会的稳定和经济的发展。

（2）安全标准在不断变化。应根据技术的发展和社会发展的需要不断更新信息安全标准。科学合理的安全标准是保障信息安全的第一步，因此需要无限追求在设计制作信息系统时就具备保护信息安全的体系结构，这是长期追求的目标。

（3）信息安全概念在不断扩展。安全手段须随时更新，人类对信息安全的追求是一个漫长的深化过程。随着社会信息化步伐的加快，信息安全至少需要对"政、防、测、控、管、评"等方面的基础理论和实施技术的研究。

（4）信息安全是一个复杂的巨大系统。信息安全是现代信息系统发展应用带来的问题，它的解决也需要现代高新技术的支撑，传统意义的方法是不能解决问题的，所以信息安全新技术总是在不断地涌现。信息安全领域将进一步发展密码技术、防火墙技术、虚拟专用网络技术、病毒与反病毒技术、数据库安全技术、操作系统安全技术、物理安全与保密技术。

9.2.2 信息安全的技术体系结构

信息网络是在互联网基础上发展而成的一个开放性系统互联的结果，也就是多个独立的系统通过网络进行连接，最终又可以成为一个新的独立系统来为其他系统或用户提供服务。这样的开放性系统类似于国际标准化组织(ISO)为了解决不同系统的互连而提出的开放系统互连(open system interconnect，OSI)模型，一般简称为 OSI 参考模型。OSI 参考模型的安全体系结构认为一个安全的信息系统结构应该包括五种安全服务，即身份认证服务、访问控制服务、数据完整性服务、数据机密性服务和抗拒绝服务。

八类安全技术和支持上述安全服务的普遍安全技术。这八类安全技术是公证、路由控制、业务流填充、数据交换、数据完整性、访问控制、数字签名和数据加密。

三种安全管理方法，即系统安全管理、安全服务管理和安全机制管理。

将安全技术与 OSI 七层结构对应起来，使用 IATF《信息保障技术框架》的分层方法可以得出信息安全技术体系结构。

根据这个结构图，我国《计算机信息系统安全等级保护通用技术要求》(GA/T390—2002)将信息系统安全技术要求划分为物理安全技术要求、应用系统技术要求、操作系统技术要求、网络技术要求和数据库管理技术要求五个方面。

物理安全是相对于物理破坏而言的，也就是信息系统所有应用硬件物理方面的破损或毁坏。物理设备处于整个模型的最底层，它是整个模型得以顺利运行的物质基础，所以物理安全是整个信息网络安全运行的前提。物理安全一旦遭到破坏，系统将会变得不可用或不可信，在物理层上面的其他上层安全保护技术也将形同虚设。

系统安全是相对于各种软件系统而言的。可以说，最基本、最重要的软件系统就是操作系统，它能够管理各种硬件资源，为用户提供读写信息，使用外部设备和连接网络的基本功能。系统是一个很广泛的概念，任何对象都可以称为系统。通常我们说的系统都是特指操作系统和数据库系统，目的是方便谈论和研究。

信息网络必然需要网络环境的支持。按照 OSI 七层模型对网络的划分要求，网络分为物理层、链路层、网络层、传输层、会话层、表示层和应用层。OSI 模型对网络安全的技术要求是：为数据处理系统建立和采用的技术以及管理的安全提供保护，保护计算机软、硬件和数据不会因为偶然或恶意的原因而遭到破坏、泄露和更改。由此可以将网络安全技术定义为保护信息网络依存的网络环境的安全保障技术，通过这些技术的部署和实施，确保网络中数据传输和交换不会受到外界因素的影响而出现增加、篡改、丢失或泄露等现象。

检测和响应上层协议和命令，为模型安全运行提供基础性支持，这是对系统基础性辅助设施的基本要求。通常所说的检测、响应技术如加密、PKI 技术就是其中比较重要的支持技术。这些基础性安全技术并不是独立地归属于某一个层次，而是整个模型中各层次都会用到并依赖的技术。

思政视窗

2022 年网络安全最大热点：安全网格

1. 安全网格的四个主要优点

(1) 提供了一个基础支持层，使不同的安全服务能够协同工作以创建动态安全环境。

(2) 提供更一致的安全态势，以支持可组合企业提高敏捷性。随着组织投资新技术以实现数字化，安全网格提供了一个灵活且可扩展的安全基础，为混合和多云环境中的资产提供附加安全性。

(3) 通过集成安全工具与检测和预测分析之间的协作方法创建更好的防御态势。结果是增强了对违规和攻击的响应能力。

(4) 通过这种模式交付的网络安全技术需要更少的时间来部署和维护，同时最大限度地减少无法支持未来需求的安全死胡同的可能性。这使网络安全团队可以腾出时间从事更多增值活动。

简单来说，安全网格为基于身份的安全提供了一种可编排的通用集成框架和方法，进而提供可扩展可互操作的新型安全服务，通过这种通用框架可确保安全服务覆盖任意地点的所有资产以及不同的 IT 系统。

2. 安全网格解决了三个难题

安全网格的策略是将安全控制集成并将其覆盖范围扩展到广泛分布的资产。它解决了影响企业安全的三个现实难题。

(1) 攻击者不会孤立地思考，但组织经常部署孤立的安全控制。

(2) 企业的安全边界正变得更加支离破碎。

(3) 许多组织正在采用多云战略，这需要一种整合的安全方法。

攻击者不会孤立地思考。网络犯罪（尤其是勒索软件）已导致物理世界的破坏，尤其是当它针对关键基础设施时。

正确的防御态势需要从组织角度和技术角度消除孤岛和低效率。这是因为黑客不会孤立地思考。然而，许多组织都这样做了，而且许多安全工具依然"活在自己的世界观中"，与其他工具的互操作性很差。

黑客经常进行横向移动，利用一个区域的弱点来利用相邻区域。但希望就在眼前，一些安全分析和智能工具已经使用跨不同安全技术领域的特定领域信息来创建安全控制之间的连接。此外，安全标准已经上升到挑战并支持"一切，任何地方"机制。但是，这些标准中的某些功能尚未被普遍使用。

企业的防御边界正变得支离破碎。许多应用程序和数据不再位于公司拥有的数据中心，用户可以从任何地方访问基于云的应用程序。在传统的数据中心，网络外围安全是控制访问的常用机制。在支持无处不在的资产和从任何地方访问的分布式环境中，身份和上下文已成为最终的控制界面。

许多组织正在采用多云战略。根据多项研究，组织倾向于使用来自多个云提供商的服务。由于每个云提供商都支持不同的策略集，因此在云提供商之间创建一致的安全态势是一项挑战。在大多数组织中发现的大量本地服务资产只会加剧挑战。然而，新兴的标准和产品正在缩小这一差距。

3. 安全网格的四层架构

安全网格提供了四个基础支撑层，在集成不同的安全产品时可充当力量倍增器。

安全网格有针对性地促进了安全控制的可组合性、可扩展性和互操作性。它提供四个基础层，使不同的安全控制以协作的方式协同工作，并促进其配置和管理。

（1）安全分析和情报：结合其他安全工具的数据和经验教训，提供威胁分析并触发适当的响应。

（2）分布式身份结构：提供目录服务、自适应访问、去中心化身份管理、身份证明和授权管理等功能。

（3）整合策略和状态管理：可以将中央策略转换为单个安全工具的本地配置结构，或者作为更高级的替代方案，提供动态运行时授权服务。

（4）整合仪表板：提供安全生态系统的综合视图，使安全团队能够更快速、更有效地响应安全事件。

9.3 信息安全保障技术框架

《信息保障技术框架》（IATF）是美国国家安全局制定的，是其信息保障的指导性文件。国家973课题"信息与网络安全体系研究"将IATF 3.0版引进国内之后，IATF开始对我国信息安全工作的发展和信息安全保障体系建设起到重要的指导作用。

9.3.1 IATF概述

1. IATF形成背景

建立IATF主要是美国军方需求推动的。二十世纪四五十年代，计算机开始在军事中应用，二十世纪六七十年代网络开始发展，这些发展都对信息安全保障提出了要求。从1995年开始，美国国防部高级研究计划局和信息技术办公室就开始了对长期研发投资战略的探索，以开展信息系统生存力技术研究。

除了军事机构外，随着社会的发展，各种信息系统已经成为支持整个社会运行的关键基础设施，而且信息化涉及的资产也越来越多，由此产生的各种风险和漏洞也随之增多，现有的技术无法完全根除。面对这些威胁，人们越来越深刻地认识到信息安全保障的必要性。在此背景下，美国国家安全局历经数年完成了《信息保障技术框架》这部对信息保障系统的建设有重要指导意义的重要文献。

2. IATF 发展历程

IATF 的前身是《网络安全框架》(NSF)，NSF 的最早版本(1.0 和 2.0 版)对崭新的网络安全挑战提供了初始的观察和指南，NSF 1.0 版在 NSF 的基础上添加了安全服务、安全强健性和安全互操作性方面的内容。之后推出了 NSF 1.1 版。

之后 NSA 出版了 IATF 2.0，此时正式将 NSF 更名为《信息保障技术框架》。IATF 2.0 版将安全解决方案框架划分为 4 个纵深防御焦点域：保护网络和基础设施、保护区域边界、保护计算环境和支撑性基础设施。IATF 2.0.1 版本的变更主要以格式和图形的变化为主，在内容上并无很大的变动。IATF 3.0 版通过将 IATF 的表现形式和内容通用化，使 IATF 扩展出了 DoD 的范围。最新的 IATF 3.1 版本，扩展了"纵深防御"，强调了信息保障战略，并补充了语音网络安全方面的内容。

随着社会对信息安全的认识日益加深，以及信息技术的不断进步，IATF 必定会不断发展，其内容的深度和广度也将继续得到强化。

3. IATF 的焦点框架区域划分

IATF 将信息系统的信息保障技术层面划分成了四个技术框架焦点域：网络和基础设施、区域边界、计算环境和支撑性基础设施。在每个焦点领域范围内，IATF 都描述了其特有的安全需求和相应的可供选择的技术措施。IATF 提出这四个框架域，目的就是让人们理解网络安全的不同方面，以全面分析信息系统的安全需求，建立恰当的安全防御机制。

9.3.2　IATF 与信息安全的关系

IATF 虽然是在军事需求的推动下由 NSA 组织开发，但发展至今已经可以广泛地适用于政府和各行各业的信息安全工作，它所包含的内容和思想可以给各个行业信息安全工作的发展提供深刻的指导和启示。

1. IATF 的核心思想

IATF 提出的信息保障的核心思想是纵深防御战略(defense in depth)。所谓纵深防御战略就是采用一个多层次的、纵深的安全措施来保障用户信息及信息系统的安全。在纵深防御战略中，人、技术、操作是三个核心要素，要保障信息及信息系统的安全，三者缺一不可。

大家知道，一个信息系统的安全不是仅靠一两种技术或者简单地设置几个防御设施就能实现的，IATF 为我们提供了全方位、多层次的信息保障体系的指导思想，即纵深防御战略思想。通过在各个层次、各个技术框架区域中实施保障机制，才能最大限度地降低风险，防止攻击，保护信息系统的安全。

此外，IATF 提出了三个核心要素：人、技术、操作。尽管 IATF 重点讨论的是技术因素，但是它也提出了"人"这一要素的重要性，人即管理，管理在信息安全保障体系建设中同样起到了十分关键的作用，可以说技术是安全的基础，管理是安全的灵魂，所以在重视安全技术应用的同时，必须加强安全管理。

2. IATF 的其他信息安全原则

除了纵深防御这个核心思想之外，IATF 还提出了其他信息安全原则，这些原则对指导我们建立信息安全保障体系具有非常重大的意义。

(1) 保护多个位置，包括保护网络和基础设施、区域边界、计算环境等。这一原则提醒我们，仅仅在信息系统的重要敏感部位设置一些保护装置是不够的，任意一个系统漏洞都有可能导致严重的攻击和破坏后果，所以在信息系统的各个方位布置全面的防御机制，才能将风险降至最低。

（2）分层防御。如果说上一个原则是横向防御，那么这一原则就是纵向防御，这也是纵深防御思想的一个具体体现。分层防御是在攻击者和目标之间部署多层防御机制，每一个这样的机制必须对攻击者形成一道屏障。而且每一个这样的机制还应包括保护和检测措施，以使攻击者不得不面对被检测到的风险，迫使攻击者由于高昂的攻击代价而放弃攻击行为。

（3）安全强健性。不同的信息对于组织有不同的价值，该信息丢失或被破坏所产生的后果对组织也有不同的影响。所以对信息系统内每一个信息安全组件设置的安全强健性（强度和保障），取决于被保护信息的价值以及所遭受的威胁程度。在设计信息安全保障体系时，必须权衡信息价值和安全管理成本。

思政视窗

2022全国两会上的"网络安全"之声

网络安全作为数字经济发展的压舱石，在护航实体经济转型、促进共同富裕、保障国家安全方面发挥着不可或缺的重要作用。2022年全国两会多位全国政协委员、全国人大代表携网络安全相关提案、议案上会，内容聚焦个人隐私保护、数字安全建设、网络安全保险、5G应用安全、智能网联汽车安全等。

1. 网络安全升级为数字安全，亟待将数字安全纳入新基建

网络攻击已从虚拟世界影响到现实世界，以国家级黑客组织为代表的高级别专业力量入场，关键基础设施、城市、大型企业成为首选目标，数据成为新的攻击对象。周鸿祎建议将网络安全升级为数字安全，打造覆盖所有数字化场景的数字安全防范应急体系，包括应对工业互联网、车联网、智慧城市，以及云安全、数据安全、供应链安全等挑战。同时，建议国家把数字安全纳入新基建，各地数字化建设之初便将安全考虑在内，并互联互通，调集社会各方力量共同参与数字安全体系建设，真正提升国家的数字安全能力。

2. 建立"数字空间碰撞测试"机制，护航智能汽车产业发展

智能网联汽车发展迅猛，车联网作为数字化新场景，面临巨大的安全挑战。周鸿祎建议借鉴汽车物理碰撞测试的手段，建立智能网联汽车"数字空间碰撞测试"长效机制，强制要求在我国销售的智能网联汽车通过"数字空间碰撞测试"。同时，他还建议汽车行业尽快搭建一套以汽车安全大脑为核心的智能网联汽车态势感知体系，帮助监管部门和车企实现汽车安全实时全程"可见、可控、可管"，确保上路的智能网联汽车始终处于良好的安全状态。

3. 建立中国自主开源生态，改变开源软件"受制于人"状况

从安全的角度，开源软件很容易成为他国对我进行网络渗透攻击的渠道。周鸿祎建议加强对开源软件的代码审查，国内软件业应该积极参与国际开源社区互动，不断提高话语权，建立影响力。鼓励第三方市场力量参与国内开源生态建设，尽快掌控开源软件资源应用的主动权。

4. 帮扶中小企业数字化转型，数字安全"一个都不能少"

中小企业不仅数字化转型困难，同时普遍缺乏数字安全能力。随着万物互联时代的到来，中小企业的安全缺口不仅危及自身，还有可能成为攻击的跳板，对大型企业、单位，乃至国家安全造成伤害。为此，周鸿祎提出鼓励和支持大企业以创新轻量化产品、SaaS服务为抓手，消除中小微企业在认知、资金、技术、人才等方面的差距，推动中小企业实现数字化转型。

9.4 信息安全防范措施

近年来,随着各行各业信息化建设的发展,互联网和电子商务应用的不断普及与提高,人们参与互联网活动的需求越来越高。随之而来的网络信息安全问题也日益突出,安全已经成为当今网络世界必须考虑的一个重要问题。针对各种来自网上的安全威胁,怎样才能确保网络信息的安全性,尤其是网络上重要数据的安全性,这里我们做些探讨。

在互联网技术迅猛发展的今天,网络给人们提供了极大方便,在带来种种物质和文化享受的同时,我们也正受到日益严重的来自网络的安全威胁。黑客活动越来越猖狂,他们无孔不入,对社会造成了严重的危害。与此同时,更让人不安的是,互联网上黑客网站还在不断增加,学习黑客技术、获得黑客攻击工具变得轻而易举。使原本就十分脆弱的互联网越发显得不安全。

9.4.1 网络安全威胁的起因

为什么会存在这么多的网络安全问题,网络安全威胁的起因包括:

(1) 技术上的缺陷。互联网使用的是 TCP/IP 协议,最初设计时主要考虑的是如何实现网络连接,并没有充分考虑到网络的安全问题,而 TCP/IP 协议是完全公开的,这就导致入侵者可以利用 TCP/IP 协议的漏洞对网络进行攻击。另外,计算机使用的操作系统在设计上也存在安全漏洞,用户经常需要更新、下载它的安全补丁,修补它的安全漏洞。其他的技术缺陷还包括应用程序的编写对安全性考虑不足,网络通信设备存在安全的缺陷等,这些技术上的缺陷都容易被入侵者利用,从而构成安全威胁。

(2) 思想上不重视。由于企业的负责人、网络管理员思想上不重视或者疏忽,没有正视黑客入侵所造成的严重后果投入必要的人力、物力和财力来加强网络的安全性,也导致了网络的安全防范能力差。

9.4.2 网络安全技术

网络安全涉及网络安全体系结构、网络安全防护技术、密码应用技术、网络安全应用技术等方面。

(1) 网络安全体系结构。网络安全体系结构的研究主要涉及网络安全分析、网络安全模型与确定网络安全体系,以及对系统安全评估标准和方法的研究。

(2) 网络安全防护技术。网络安全防护技术涉及防火墙技术、入侵检测技术、防黑客攻击技术、防病毒技术安全审计技术、计算机取证技术和业务持续性规划技术等。

(3) 密码应用技术。密码应用技术涉及对称密码体制与公钥密码体制的密码体系,以及在此基础上主要研究的消息认证与数字签名技术、公钥基础设施(PKI)技术、信息隐藏技术等。

(4) 网络安全应用技术。网络安全应用技术主要涉及 IP 安全与 IPSec、VPN 技术、电子邮件安全技术、Web 安全技术、信息过滤技术等。

9.4.3 网络安全问题可能导致的后果

在现代网络信息社会环境下,存在各种各样的安全威胁,可能会造成重要数据文件的丢失。网络安全问题具体的后果如下。

（1）企业的资料被有意复文、网站的页面被丑化或者修改。

（2）破坏计算机的硬件系统。

（3）使得商业机密或技术成果泄露或者被散播。

（4）安全问题还可能使得服务被迫停止，并给客户层带来服务质量低劣的印象，使得企业形象被破坏，从而造成恶劣影响和难以挽回的损失。

9.4.4　网络攻击的分类

有经验的网络安全人员都有一个共识：知道自己被攻击就赢了一半。但问题的关键是怎么知道已经被攻击。入侵检测技术就是检测入侵行为，因此研究入侵检测技术一定是网络安全研究中重要的课题之一。

以前，网络攻击仅限于破解口令和利用操作系统漏洞等有限的方法。然而，随着网络应用规模的扩大和技术的发展，互联网上的黑客站点随处可见，黑客工具可以任意下载，黑客攻击活动日益猖獗，已经对网络的安全构成了极大的威胁。

研究黑客攻击技术，了解并掌握攻击术，才可能有针对性地进行防范。研究网络攻击方法已经成为制定网络安全策略、研究入侵检测技术的基础。法律对攻击的定义是：攻击仅仅发生在入侵行为完全完成，并且入侵者已在目标网络内。但是对于网络安全管理员来说，一切可能使网络系统受到破坏的行为都应视为攻击。

目前，网络攻击大致可以分为系统入侵类攻击、缓冲区溢出攻击、欺骗类攻击、拒绝服务攻击等。

系统入侵类攻击的最终目的是获得主机系统的控制权，从而破坏主机的网络系统，这类攻击又分为信息收集攻击、口令攻击、漏洞攻击。

缓冲区溢出攻击是指通过向程序的缓冲区写入超出其限制长度的内容，造成缓冲区的溢出，从而碰坏程序的堆栈，使程序转而执行其他指令。缓冲区溢出攻击的目的是使攻击者获得程序的控制权。

网络欺骗的主要类型有 IP 欺骗、ARP 欺骗、DNS 欺骗、Web 欺骗、电子邮箱欺骗、地址欺骗与口令欺骗等。

9.4.5　网络攻击的主要方式

（1）口令入侵。所谓口令入侵是指使用某些合法用户的账号和口令登录到目的主机，然后再实施攻击活动。这种方法的前提是必须先得到该主机上的某个合法用户的账号，然后再进行合法用户口令的破译。

（2）放置特洛伊木马程序。特洛伊木马程序可以直接侵入用户的电脑并进行破坏，它常被伪装成工具程序或者游戏等，诱使用户打开带有特洛伊木马程序的邮件附件或从网上直接下载，一旦用户打开了这些邮件的附件或者执行了这些程序之后，它们就会任意地修改用户计算机的参数设定、复制文件、窥视整个硬盘中的内容等，从而达到控制计算机的目的。

（3）WWW 的欺骗技术。在网上，用户可以利用浏览器访问各种各样的 Web 站点。然而，一般用户恐怕不会想到有这些问题存在：正在访问的网页已经被黑客篡改过，网页上的信息是虚假的。如黑客将用户要浏览的网页的 URL 改写为指向黑客自己的服务器，当用户浏览目标网页的时候，实际上是向黑客服务器发出请求，那么黑客就达到欺骗的目的了。

（4）电子邮件攻击。电子邮件是互联网上运用的十分广泛的一种通信方式。攻击者可以使用一些邮件炸弹软件或 CG 程序向目的邮箱发送大量垃圾邮件，从而使目的邮箱被撑爆而无法使用。当垃圾邮件的发送流量特别大时，还可能造成邮件系统反应缓慢，甚至瘫痪。

（5）网络监听。网络监听是主机的一种工作模式，在这种模式下，主机可以接收到本网段在同一条物理通道上传输的所有信息，而不管这些信息的发送方和接收方是谁。因为系统在进行密码校验时，用户输入的密码需要从用户端传送到服务器端，而攻击者就能在两端之间进行数据监听。此时，若两台主机进行通信的信息没有加密，只需使用某些网络监听工具就可轻而易举地截取包括口令和账号在内的信息资料。

（6）安全漏洞攻击。许多系统都有这样那样的安全漏洞（bugs），其中一些是操作系统或应用软件本身具有的。如缓冲区溢出攻击。由于很多系统不检查程序与缓冲之间变化的情况，就任意接受任意长度的数据输入，把溢出的数据放在堆栈里，系统还照常执行命令。这样攻击者只要发送超出缓冲区所能处理的长度的指令，系统便进入不稳定状态。

9.4.6　网络安全的主要防范措施

网络安全防范的目的是保护以网络为代表的系统资源不受攻击影响、发现可疑的行为、对可能影响安全的事件做出反应。网络系统安全的最终目标是要保证数据和信息的安全性。网络安全不单是单点的安全，而是整个系统的安全，需要专业的安全产品与网络产品紧密配合才能达到。网络安全的防范措施包括：

（1）安装防火墙。最常用的网络安全技术就是防火墙，防火墙是防止内部的网络系统被人恶意破坏的一个网络安全产品，通常是防范外部入侵的第一道防线，可以有效地挡住外来的攻击，对进出的数据进行监视。

（2）防止内部破坏。有了防火墙可以防范外部的攻击，这还不能完全有效地保障内网的安全，因为很多不安全因素来自内部非授权人员对涉密信息的非法访问和恶意窃取，因此在网络内部，也必须要有强有力的身份鉴别、访问控制、权限管理以及涉密文件的保密存储和传输等措施，才能有效地保障内部涉密信息的安全性。

（3）口令保护。口令攻击是常见的一种网络攻击方式，黑客可以通过破解用户口令入侵用户系统，因此，必须注重对口令的保护，特别是密码设置不要容易被别人猜出，重要的密码最好定期更换等。

（4）数据加密。在互联网出现后，特别是随着电子商务应用的普及，企业的许多数据要经过互联网传输，传输过程中间极有可能出现数据被窃取和被篡改的危险。因此，跨越互联网传输的数据都必须经过加密。以往发生的数据泄露事件中，内部数据泄露也比较多，因此网络内部的数据也应该采用一定的加密措施。加密技术的主要目标是确保数据的机密性、真实性、完整性，通过加密措施，使非法窃听者即使截获部分信息也无法理解这些信息。另外，通过校验技术可以使数据被篡改后还有机制去恢复被篡改的内容。

总之，网络安全防范是一个动态的概念，不可能做到一劳永逸，重要的是要建立网络安全防范体系。网络安全是一个广泛而复杂的课题，各种类型的企业对网络安全有不同的需求，必须进行具体的分析，才能制定出适合企业自身要求的网络安全解决方案。

思政视窗

国家网络安全宣传周是为了"共建网络安全，共享网络文明"而开展的主题活动，从 2014

年开始,我国每年 9 月第 3 周都会举办一届。该活动围绕金融、电信、电子政务、电子商务等重点领域和行业网络安全问题,针对社会公众关注的热点问题,举办网络安全体验展等系列主题宣传活动,营造网络安全人人有责、人人参与的良好氛围。2023 年 9 月 11 日~17 日,"2023 年国家网络安全宣传周"在全国 31 个省、自治区、直辖市统一开展,开幕式、网络安全博览会、网络安全技术高峰论坛等重要活动在福州市举行。

思考与练习 9

一、选择题

1. 计算机信息安全涉及( )三个方面。
   A. 物理安全　　　　　B. 化工安全　　　　　C. 运行安全　　　　　D. 信息安全

2. 国际标准化组织规定信息安全的四个特征中不包括( )。
   A. 操作性　　　　　　B. 保密性　　　　　　C. 完整性　　　　　　D. 可控性

3. ( )是为了保证数据的保密性和完整性,通过特定算法完成明文与密文的转换。
   A. 口令　　　　　　　B. 加密安全　　　　　C. 防火墙　　　　　　D. 运行安全

4. 国家根据秘密泄露对国家经济、安全利益产生的影响,将国家秘密分为( )三个等级。
   A. 秘密　　　　　　　B. 机密　　　　　　　C. 绝密　　　　　　　D. 加密

5. ( )是常见的一种网络攻击方式,黑客可以通过破解用户口令入侵用户系统。
   A. 秘密泄露　　　　　B. 机密篡改　　　　　C. 口令攻击　　　　　D. 加密

二、判断题

1. 信息安全指一个国家的社会信息化状态与信息技术体系不受外来的威胁与侵害。( )

2. 网络攻击从针对计算机逐步转向终端用户,攻击目的是企图窃取用户的机密信息。( )

3. 加密安全是为了保证数据的保密性和完整性,通过特定算法完成明文与密文的转换。( )

4. 三网融合主要指电信网、移动互联网和广播电视网的融合,此融合并非三网的物联融合,而是应用上的有机融合。( )

5. 网络安全防范的目的是保护以网络为代表的系统资源不受攻击影响、发现可疑的行为、对可能影响安全的事件做出反应。( )

三、简答题

1. 信息安全的定义是什么?

2. 网络攻击的主要方式有哪些?

3. 网络安全的主要防范措施有哪些?

参 考 文 献

[1] 熊茂华. 物联网技术及应用开发[M]. 北京:清华大学出版社,2014.

[2] 张璠. 物联网技术基础[M]. 北京:航空工业出版社,2018.

[3] 季顺宁. 物联网技术概论[M]. 北京:机械工业出版社,2018.

[4] 郎登何. 云计算基础及应用[M]. 北京:机械工业出版社,2019.

[5] 贲可荣,张彦铎. 人工智能(第3版)[M]. 北京:清华大学出版社,2014.

[6] 魏薇,牛金行,景慧昀. 人工智能[M]. 北京:化学工业出版社,2020.

[7] 韩伟. 虚拟现实技术[M]. 北京:中国传媒大学出版社,2019.

[8] 王丽娟. 平板显示技术[M]. 北京:北京大学出版社,2013.

[9] 范宝峡,杨梁,吴冬梅等. 高性能集成电路设计[M]. 北京:电子工业出版社,2015.